国家自然科学基金面上项目：

不同植被恢复策略下土壤与植物根系的协同演替机制（30872019）

林木幼苗对切根的生理生态响应及根－冠互作机制（31570613）

Study on the Collaborative Mechanisms of
Vegetation and Soil Restoration

植被与土壤
协同恢复机制研究

闫东锋 著

科学出版社

北 京

内 容 简 介

本书以太行山低山丘陵区植苗造林和播种造林所形成的典型植被为研究对象，通过野外调查和室内分析，采用数量化分析方法，研究了植被恢复措施与演替阶段植被群落数量特征、土壤发育特征及二者之间的协同机制。本书从物种多样性、地表层根系和凋落物、天然更新等方面系统开展了植被与土壤发育的协同机制研究，建立了植被群落演替-土壤发育协同度模型、修正演替度指数模型和土壤发育综合评价指数模型，研究成果对阐明植被群落演化机理、开展植被恢复机理研究和指导林业生态建设具有参考价值。

本书可供林学、生态学、生物学、环境科学、森林保护学等专业的本科生、研究生以及从事相关专业的研究人员、工程技术人员使用。

图书在版编目（CIP）数据

植被与土壤协同恢复机制研究 / 闫东锋著. —北京：科学出版社，2018.3
ISBN 978-7-03-056883-0

Ⅰ. ①植⋯　Ⅱ. ①闫⋯　Ⅲ. ①太行山-丘陵地-植被-生态恢复 ②太行山-丘陵地-土壤-生态恢复　Ⅳ. ①Q948.15 ②X171.4

中国版本图书馆 CIP 数据核字（2018）第 048371 号

责任编辑：孙　宇 / 责任校对：邹慧卿
责任印制：张欣秀 / 封面设计：有道文化

联系电话：010-64035853
电子邮箱：houjunlin@mail.sciencep.com

科学出版社 出版
北京东黄城根北街 16 号
邮政编码：100717
http://www.sciencep.com

北京虎彩文化传播有限公司 印刷
科学出版社发行　各地新华书店经销

*

2018 年 3 月第 一 版　开本：B5（720×1000）
2019 年 1 月第二次印刷　印张：14 1/2
字数：252 000

定价：85.00 元
（如有印装质量问题，我社负责调换）

　　植被恢复涉及不同生境类型和广泛区域，其作为生态修复工程的主要措施，在许多国家受到越来越多的重视。在全球范围内，通过人工造林或天然更新，20亿公顷的森林得以恢复。相较于退化的生态系统，植被恢复提升了15%～84%的生物多样性，提高了植被结构完整性的36%～77%。植被恢复是帮助受损的生态系统恢复的一个长期的动态过程，其最终目标是建立一个自我支持的生态系统，能够恢复生态系统的结构和功能。因此，植被恢复不但体现在植被种类组成和结构上，也体现在环境的改变上，而植被与环境之间的关系极为复杂，一直是生态学研究的重点之一。

　　植被恢复的过程也是生态系统的演替过程，在其演替过程中，生物中的植被演替与环境中的土壤发育是同时进行的，植被恢复与土壤发育是息息相关的一个过程的两个方面。植被演替的过程，是植物对土壤不断适应和改造的过程。在土壤-植被体系中，土壤和植被是相互依存的两个因子，两者总是协同发展的。土壤发育的过程影响了植被恢复的速率，而植被恢复进程又通过反馈制约着土壤的形成和发育过程。因此，在植被恢复与重建过程中，探索植被恢复过程中的植物群落演替规律以及土壤发育特征，揭示植被恢复和重建的生态学机理，建立一套成熟的植被恢复状态现时评价指标体系，确定明确的植被恢复目标成为恢复生态学的研究重点。

　　植苗造林和播种造林是最常见的造林技术措施，植苗造林和播种造林所形成的植被具有不同的演替进程，其植被-土壤协同机制存在一定差异性规律。研究不同植被恢复措施下植被演替与土壤发育的关系，揭示群落演替过程中土壤发育的演化机制，认识植被对土壤发育的作用，对探寻植被恢复机理具有重要意义。

但是，前人对植被与土壤关系的研究大多只对不同恢复状态或恢复年限区域做植被调查和土壤性质分析，再通过某些试验结果来归纳一般的规律。但由于植被恢复地的多样化，更需要通过不同演替阶段的比较研究，采用数量生态学和实验相结合的方法，才能得出更符合实际的结论和规律。鉴于此，本研究采用野外生态学调查方法，运用数量生态学的研究思路，探讨不同恢复阶段植被和土壤诸因子的变化规律，综合分析多个植被和土壤因子相互演变的关系，分析不同恢复阶段植被演替和土壤发育交互响应机制。该方法体系对于开展植被–土壤协同体系的研究具有重要参考意义。

河南太行山低山丘陵区属于易受破坏的生态脆弱地区，是河南省黄河流域水土流失最严重的区域，其生态系统退化问题在局部地区表现突出。因此，改善和恢复该区域的生态环境成为一项紧迫而艰巨的任务，而采用造林方式改善环境是其中最重要的措施之一。本研究以太行山低山丘陵区播种造林和植苗造林所形成的植被恢复区域为研究对象，以数量化研究方法为主要手段，对不同恢复阶段植被演替特征、土壤发育特征和植物根系分布特征等进行调查分析，探讨植被演替与土壤发育的协同关系，揭示植被恢复与土壤发育的正负反馈机制和关键影响要素，以深化植被演替与土壤发育理论的研究，为半干旱区退化生态系统植被建设提供科学依据。

闫东锋

2018 年 2 月 18 日

目 录

C ontents

1

植被恢复研究及其意义

1.1 恢复生态学理论与实践

森林是陆地生态系统的主体，具有复杂的结构和功能。森林在保障生态安全、保护生态环境、维持生物多样性、减免自然灾害、调节全球生物地球化学循环和碳平衡等方面起着极其重要和不可替代的作用。森林还为人类提供了大量的木质林产品和非木质林产品，并具有历史、美学、文化、休闲等方面的价值（P. Meli et al.，2017；R. Manning, et al.，1999；罗东辉等，2010）。恢复生态学是一门关于退化生态系统恢复的学科，这个学科术语最初是由英国生态学者 Aher 和 Jordan 于 1985 年提出的，他们奠定了恢复生态学的基础，他们虽然没有给出恢复生态学明确的学科定义，但强调了恢复与生态管理技术的概念（程冬兵等，2006；B. J. Browning et al.，2010；G. Campetella et al.，2011；M. A. Etterson et al.，2007；P. V. Gassibe et al.，2011）。恢复生态学始于 20 世纪 80 年代，它不仅与生态学的许多分支学科如群落生态学、景观生态学、保护生态学等密切相关，而且与生态学外的许多学科如地理学、土壤学、工程学、环境化学、经济学等存在着一定的交叉。国际恢复生态学会（SER）曾几次对生态恢复的定义进行修订，最终将其定义为：生态恢复（ecological restoration）是指依据生态学原理，利用生物技术和工程技术，通过恢复、修复、更新、改良、改造和重建受损或退化的生态系统和土地，恢复生态系统的功能，提高土地生产潜力的过程（C. A. Burga et al.，2010；安慧等，2011；张春雨等，2009）。

国外的相关研究主要有退化林地恢复、废矿地恢复、湿地恢复和草地恢复等。

我国是较早开展生态恢复实践和研究的国家之一，最初的研究以土地退化，尤其是土壤退化为主（蓝良就等，2011；赵伟等，2010；梅雪英和张修峰，2007；郑粉莉等，2010）。从 20 世纪 50 年代开始，许多专家学者对生态系统退化的过程、特点、机制及恢复与重建的理论、方法、技术和实践等方面开展了全面研究（彭少麟，2002；郭帅等，2011）。国际恢复生态学会（2013）提供了一个包括 9 个生态系统属性的指导方针：①与参考植被相比，多样性和群落结构的相似性；②本土物种的存在；③群落长期稳定所必需的功能群的存在；④物质环境保持繁殖种群的能力；⑤植被功能；⑥与景观融合；⑦消除潜在威胁；⑧抵御自然干扰；⑨可持续性。测度所有这些植被属性可能会对生态恢复有一个可信的评价，但是，这些指标的获取往往需要长期的研究，而大部分的生态恢复项目很少持续超过 5 年。

恢复生态学（Restoration Ecology）是一门在 20 世纪 80 年代以来得到迅速发展的现代生态学分支学科。重建已损害或退化的生态系统，恢复生态系统的良性循环和功能过程，称为退化生态系统的恢复。恢复生态学是研究生态系统退化的原因、退化生态系统恢复与重建的技术与方法、生态学过程与机理的学科。恢复生态学是一门综合性很强的学科，应针对不同的退化生态系统及所要达到的不同恢复目标采取不同的恢复措施。恢复生态学这一名称，基本上是以其功能来命名的。由于退化生态系统的恢复和重建过程有很大程度的人为促进因素，并且这个过程是相当综合及在生态系统层次上进行的，因而恢复生态学在一定意义上可以说是一门生态工程学（Ecological Engineering），或是在生态系统水平上的生物技术学（Biotechnology）（A. L. Clark et al.，2011）。有些学者因而以其技术特点为理由，称之为合成生态学（Synthetic Ecology）。

恢复生态学的研究对象为退化的生态系统，即由于人类和自然灾害的干扰作用，生态系统的原有特性受到破坏，生态系统的物质循环、能量流动和信息联系等诸多方面均发生了变化和障碍，形成破坏性的波动或恶性循环（马姜明等，2010；S. Matuszewski et al.，2010；E. Styger et al.，2007）。其研究内容可以粗略地概括如下：①干扰和受损，在人为或自然因素的干扰下，生态系统的结构与功能便会发生位移，原有生态系统的平衡被打破，系统的结构和功能发生变化，形成受损生态系统或退化生态系统；②受损机理与受损过程，即研究生物个体、种群、群落及环境在不同程度致损因子的作用下的反应和表现，找出生态系统受损害的临界值，从而为制定恢复措施和揭示退化的实质提供依据；③恢复目标与恢复措施。

1.2　植被恢复与重建研究

美国是世界上最早开展生态恢复研究与实践的国家之一，自 20 世纪 50 年代以来，就陆续在温带草原、北方阔叶林和混交林、热带雨林、采矿地以及沼泽地等生态系统开展了植被的恢复与重建研究，探讨了采伐破坏或干扰后系统生态学过程的动态变化及其机制研究，取得了重要发现（L. A. Villarin et al.，2009；N. P. Mcnamara et al.，2007；G. P. Karev et al.，2008）。另外，欧盟国家，比如德国在大气污染（酸雨等）胁迫下的生态系统退化、北欧国家在寒温带针叶林采伐迹地的植被恢复等方面开展了大量的恢复实验研究。而在澳大利亚、非洲大陆和地中海沿岸的欧洲各国，研究的重点则是干旱土地退化及其人工重建。当前在恢复生态学理论和实践方面走在前列的是欧洲和北美，在实践中走在前列的还有新西兰、澳大利亚和中国，其中欧洲偏重矿地恢复，北美偏重水体和林地恢复，而新西兰和澳大利亚以草原为主（N. J. C. Gellie et al.，2017；C. E. Wainwright et al.，2017）。

国外生态恢复研究主要表现出如下特点。①研究对象的多元化。主要包括森林、草地、灌丛、水体、公路建设环境、机场、采矿地、山地灾害地段等在大气污染、重金属污染、放牧、采用等干扰体影响下的退化与自然恢复。②研究积累性好、综合性强，涉及生态功能群的方方面面如植被、土壤、气候、微生物、动物。③生态恢复研究的连续性强，特别注重受损后的自然生态学的过程及其恢复机制研究。④注重理论与试验研究。良好的环境是人类赖以生存的基础，将来人类对环境会更加重视，生态恢复将成为一个热门。

我国是世界上生态系统退化类型最多、山地生态系统退化最严重的国家之一，同时也是较早开展生态重建实践和研究的国家之一（孙长安等，2008）。近年来，我国有关生态系统退化的研究除继承前期的研究内容外，重点逐渐转移到区域退化生态系统的形成机理、评价指标及恢复重建的研究上，在生态系统退化的原因、程度、机理、诊断以及退化生态系统恢复重建的机理、模式和技术方面做了大量的研究（周璟等，2009；李飞等，2011；曹靖等，2009），同时提出了一些具有指导意义的应用基础理论，对退化生态系统的定义、内容及恢复理论也有了一定的完善和提高，重点在侵蚀退化生态系统植被恢复的理论研究方面形成了以生态演替理论和生物多样性恢复为核心，注重生态学过程的多层次的、时空优化调控的植被恢复与重建理论与实践（任丽娜等，2010；陈英义等，2008；张野，2010）。这些研究为区域自然资源的持续利用和生态环境的改善发挥了重要的作用。我国近 40 年来的生态恢复重建研究的主要特点是：①涉及范围广，密切结合生产实际，研究范围涵盖森林、草地、农田到水域等方面；②实践重于基础理论研究；③注重人工重建研究，特别注重恢复有效的植物群落模式试验。

生态恢复与重建研究存在的问题主要有以下几个方面：①对植被恢复与重建的内涵认识不够，往往把植被恢复与造林等同起来；②恢复实践研究较多，基础理论研究偏少；③注重人工重建研究，相对忽视自然恢复过程的研究；④注重短期的恢复效益研究，缺乏生态恢复的长期定位研究；⑤生态要素退化方面主要关注土壤退化和植被退化，而对动物、微生物、水文等方面的研究较少；⑥对生态退化的原因、类型等研究较多，而对生态退化的驱动机制研究较少；⑦缺少从整个生态系统水平进行的生态退化的综合研究，缺乏对生态恢复重建的生态功能和结构的综合评价。

1.3 植被恢复技术措施

植被恢复工程，是指利用生物（主要指植物）措施对受害生态系统进行植被恢复，建立一个新的植物群落，以达到恢复生态环境之目的。对破坏的生态系统进行植被恢复，其作用主要表现为生态效应和景观效应。因此，植被恢复是生态恢复的重要研究内容。而生态恢复作为一种实践，它的理论基础是恢复生态学。恢复生态学这一名称最早由英国学者 Bradshaw 和 Chadwick 于 1985 年在研究废弃地的管理和恢复中提及。如今恢复生态学已成为一门独立的学科，但人们对这一概念的内涵仍存在着不同的理解。J. Aronson 等（2017）把恢复生态学定义为"有意识地改造一个地点，建成一个确定的、本土的、历史的生态系统的过程。这个过程的目的是竭力仿效生态系统的结构、功能、多样性和动态"。蒋高明等（1995）将恢复生态学定义为"对退化生态系统或破坏的生态系统或废地进行人工恢复途径研究的科学"。余作岳等（1996）则认为恢复生态学是研究生态系统退化的原因、退化生态系统恢复与重建的技术和方法、生态学过程与机理的学科。张光富等（2000）认为恢复生态学是研究退化生态系统的成因与机理，兼顾社会需求，在生态演替理论的指导下，结合一定的技术措施，加速其进展演替，最终恢复建立具有生态、社会、经济效益的可自我维持的生态系统。

通过植被恢复和重建，构建完整的植被生态系统，形成稳定的植物群落，可以实现人造景观与周围自然景观的协调，从而发挥森林改善生态环境、涵养水源、保土固土等作用，提高国土安全。植被护坡技术主要有播种造林和植苗造林两大类。植苗造林的应用范围很广，开展的研究工作也很多。播种造林由于存在种子发芽率及苗木成活率较低、早期生长慢、对不良环境条件的抵抗能力弱、易受到杂草压迫等缺点（J. Evants，1982），因而常常得不到理想的效果。但是近年来，播种造林在许多国家都得到了广泛的关注，特别是在以乡土树种为主的植被恢复技术中已经表现出了强大的应用潜力。目前，日本已经开发了 100 多种播种技术的施工方法，并建立了处于世界领先水平的绿化技术体系——通过播种早期实现森林化技术。我国也有关于干旱、半干旱地区播种造林技术的研究报道（杨喜田，2003）。人们逐渐认识到播种造林对于营造具有与天然林相近的功能和形态、结构复杂、抗逆性能强的植物群落或者说具有丰富的物种多样性的植物群落是十分重要的。植被生态功能的有效发挥，不仅仅看地表的覆盖，关键还要看其结构，特别是地下根系系统的结构。不同来源（播种造林和植苗造林）所形成的森林，其结构和功能必然存在较大的差异。另外，不同树种、树龄，不同立地条件（水分、土壤硬度、坡度等）下，所形成的根系系统的结构肯定会存在很大差异。

目前，植被恢复普遍采用的施工方法主要有植苗造林和播种造林。植苗造林虽然是一种最为传统和被普遍采用的施工方法，但与播种造林相比存在着许多缺点，如根系发育不健全，根量多，但是根细、根短，抵抗自然灾害的能力弱，易形成植物种单一的群落等。从自然现象中，我们也可以发现起源于植苗造林的树木，其根系细、短，数量多，垂直根消失，根系生长范围狭窄；而起源于播种造林的树木，其根系粗、长，数量少，垂直根发达，根系生长范围广。因此，播种造林能迅速形成结构复杂、抗逆性能强的植物群落，是较为理想的植被恢复方法，并且在许多国家都得到了广泛的关注（D. Sun et al.，1995）。但是，这些研究都是在气候湿润的地区进行的。在自然气候条件和土壤条件都比较严酷的干旱、半干旱地区，采用简单的播种造林技术常常得不到理想的效果。营养钵苗由于比裸根苗具有更加良好的根系系统，近年来在植被恢复过程中得到了普遍应用。但是，营养钵苗又存在着根系团绕、地上部生长不良以及成活率低等缺点。

　　植被的恢复与重建是退化生态系统恢复与重建的重要内容。被恢复的植被生态系统，其功能的有效发挥，不仅仅要看地表的覆盖，关键还要看其结构，特别是地下根系系统的结构。根系作为植物直接与土壤接触的器官，是构成植物的主要部分，是陆地生态系统生物能存在的一种形式。根系不仅支撑着地上部，而且还起着吸收水分、养分，以及保护土壤安定和树木本身安定的作用，根系还直接参与土壤中物质循环和能量流动两大生态过程，对土壤结构的改善、肥力的发展和土壤生产力的提高，均起着重要的作用。

　　大面积植被破坏后的严重水土流失，是加剧生态系统退化的主要原因。这类退化生态系统土地贫瘠、水源枯竭、生态环境恶化，从而严重地制约着农业生产的发展和影响人类生存空间的质量。如华南地区每年约有 500 万～600 万 hm^2 的土地失去再生产能力。如何进行综合整治、使退化生态系统得以恢复，是提高区域生产力，改善生态环境，使资源得以持续利用、经济得以持续发展的关键。显然，植被恢复与重建具有重大的生态效益、经济效益和社会效益，对生态环境和国民经济建设均具有重要的现实意义和深远的历史意义。

2

植被与土壤协同机制研究进展

2.1 植被恢复特征

2.1.1 植被演替及恢复理论

演替是生态学的一个普遍的法则（M. Fukushima et al.，2008；G. Campetella et al.，2011），是指一个植物群落为另一个植物群落所取代的过程，这个过程是持续的、永不停止的（J. Leprun et al.，2009；L. Neumann-cosel et al.，2011）。演替按起始条件可分为原生演替（Primary Succession）和次生演替（Secondary Succession）。从原生裸地上开始的群落演替，即为群落的原生演替；次生演替的最初发生是外界因素的作用所引起的（A. Rammig et al.，2007）。与次生演替相比，原生演替的速度要缓慢得多。同时，原生裸地一般都是在特殊的气候或地质条件下形成的，容易获得的原生演替的事例相对较少，所以，对植被原生演替的研究也很少（S. Matuszewski et al.，2010；J. Hartter et al.，2008）。但是近年来人类活动的加剧导致了大量人工原生裸地的产生，这些人工裸地产生了许多环境问题，所以对人工原生裸地进行植被恢复的问题日益受到人们的关注（M. Kalacska et al.，2007）。而且植被原生演替理论是原生裸地植被恢复的理论基础，所以，近年来对植被原生演替过程和规律的研究有逐渐增加的趋势（N. C. Banning et al.，2008；刘宪钊等，2010；佟静秋等，2009）。

植被演替是生态学的重要研究内容，也是生物界最常见的自然现象之一（D. R. Visscher et al.，2009）。长期以来，生态学家相继提出了各种各样的演替理论或假说（D. Liebsch et al.，2008），迄今还没有一个统一的演替理论或模式（T.

E. Lebrija et al., 2010)，这主要是由于地域、顶级群落的确定等条件的限制。国内外许多学者从生态系统（C. M. Gough et al., 2010)、种群动态（郭利平等，2011；高俊香等，2010)、群落层面（刘中奇等，2010；杨宁等，2010；袁金凤等，2011）等各方面进行了大量的研究，取得了很多新成果，但关于群落顶级演替或生态系统的稳定性的争论较大，没有一个统一的认识。按照顶级演替理论，植物群落的演替总是从先锋群落经过一系列的中间阶段达到动态稳定的顶极群落，物种的替代是有序的和可预见的，即随着时间的推移，自然状态下的森林会朝着其最优势的顶级群落发展，形成各自的顶级演替群落，并保持其结构和功能的绝对稳定性。这种理论强调了气候是形成群落的主导因素，其他因素都居于次要地位（S.K. Hassler et al., 2011；龚直文等，2009)。然而更多研究发现森林是不会绝对稳定的，而始终是一个不断变化的群落。因此，它在演替的后期也和植物演替早期的表现一样，处于激烈的演变过程中（李翠环等，2002)。

对于退化的生态系统，在其未达到相对稳定状态之前，微弱的干扰可能会使其延缓或停止顺向演替，强度大的干扰甚至可能导致逆行演替。相反，人为地配置多样性的生态系统无疑是促进植被恢复的重要手段，是提高退化生态系统稳定性的有效手段之一（赵成章等，2010；姚强等，2010)。实践已经充分证明，适当强度的人为措施可以加速植被的正向演替进程，不科学的人为干扰可以使植被的正向演替进程停止，甚至出现逆向演替（魏振荣等，2010)。因此，人类可以通过人工干预来引导和加速植被的演替过程。植被恢复工程就是其中最重要的措施，它是指利用生物（主要指植物）措施对受害生态系统进行植被恢复，建立一个新的植物群落，以达到恢复生态环境之目的（赵伟等，2010)。对破坏和受损的生态系统进行植被恢复，其作用主要表现为生态效应和景观效应。而森林生态恢复作为在林业生态工程中的一种实践，它的理论基础是恢复生态学，方法是造林。部分研究认为，恢复生态学是研究退化生态系统的成因与机理，兼顾社会需求，在生态演替理论的指导下，结合一定的技术措施，加速其进展演替，最终恢复建立具有生态、社会、经济效益的可自我维持的生态系统（张红等，2010；V. R. Fabienne，2009)。

2.1.2 植被恢复的研究方法与实践

植被演替研究的方法大致可以可分为两类：一是以定性描述为主的研究方法；二是以数学、地统计学、数值仿真和实验室模拟为特征的定量的现代研究方法（程小琴等，2010）。随着研究的深入，传统研究方法越来越不能适应研究的需要（王乃江等，2010）。因此，从 20 世纪 70 年代以来，生态学家们在原有方法的基础上，将之与现代各横断学科渗透结合，形成了现代演替研究方法的框架，使演替研究在从定性到定量、线性到非线性、一维到多维、确定到随机这样一些根本性转变之间搭起了一座桥梁（M. J. Falkowski et al.，2009）。特别是近年来，不少学者正在尝试将全新的理念和前沿的信息技术应用于植被恢复研究，并取得了重要的创新性成果（张斌等，2009）。数学模型能够综合考虑各种生态因子的影响，定量化描述生态过程，阐明生态机制和规律，在植被演替研究中最为常见（薛萐等，2009）。日本学者诏田真于 1919 年提出演替度的概念，并建立了演替度指数，该指数主要考虑物种的优势度和物种寿命（张金屯，2010）。熊利民（1992）指出，对于处于强度干扰的非线性演替，可以对各个演替阶段进行分割，局部线性化处理后再用马尔可夫模型预测，其结果与实际调查吻合较好。李兴东（1993）把常绿阔叶林次生演替的随机过程看成一个近似线性过程，用马尔可夫链测得自然次生演替过程和干扰演替过程群落乔木优势树种的更新概率。由于数学方法非常多，因此广大生态学学者也在不断探索植被恢复研究的新方法。杜峰等（2005）用系统聚类法划分了陕北黄土丘陵区撂荒地的次生演替阶段，并结合 DCA 数量排序，成功确定了撂荒地的演替阶段或序列；杜晓军等（2001）在对辽宁西部地区植被演替分析的基础上，选用不同演替阶段的生境指标，应用聚类分析方法定量确定了辽宁西部低山丘陵区退化生态系统的退化程度；王占孟（1993）基于模仿自然、效法自然的观点，根据天然植被恢复规律，在无林区进行模拟试验，获得了沟谷地形稳定、树种稳定、林型稳定的研究成果；杨海龙等（2008）采用聚类分析和演替分析方法，分别对晋西黄土区植物群落类型与演替过程进行了研究，明确指出了该区的演替顶级群落为以油松或刺槐为建群种的植物群丛。

植被恢复的野外调查方法主要有两大类。一类为直接方法，主要方法就是通过在森林中设置永久样地，长期观察记录森林内所有树种及影响它们生长发育之环境因素的各项数据及其动态变化过程，虽然这类方法提供的资料、结论较为可靠，但因为森林演替历时一般较长，时间长达数十年，有的甚至上百年至数百年，所以它们往往在实际工作中难以实行。因此，间接法或称推断法在森林植被演替研究中开始盛行起来，这是目前使用最广泛的方法（H. Ladislav et al.，2008；李帅锋等，2011）。一般来说，不同地段上生长的森林，只要各地段环境条件一致，其演替过程就应该一致。正是基于此，人们可以通过对森林群落空间变化序列的观测研究来替代对时间变化序列的观测研究。

量化分析和识别自然植物群落所处的状态,对于植被自然恢复人工调控具有重要的指导意义(温仲明等,2009;张会儒等,2009)。前人一般都用定性的方法划分不同的演替阶段,演替从低级阶段向高级阶段的进程可以划分为阳性先锋树种入侵阶段、中期耐荫性树种阶段和演替顶级阶段。这些研究对演替阶段以定性划分为主,而演替过程的阶段划分是很复杂的,每一个阶段的长短和结构特点都要取决于立地条件、植被和干扰特点,故一个森林群落演替系列中如何定量化划分不同的演替阶段是一个关键(陈俊华等,2010;赵勇等,2009)。演替阶段的数量化分类方法在近年来得到广泛的重视。例如,植被数量分类和排序方法对于合理、客观地揭示植物群落之间、植被与环境之间的生态关系具有重要作用,二者已成为现代植被生态学研究必不可少的技术手段(司彬等,2008;赵德怀等,2011;张会儒等,2009;范玮熠等,2006)。但这些方法主要基于群落的物种组成,较少考虑土壤养分、水分等环境要素,对植物群落的量化分析不够全面。根据前人的研究,对于演替阶段的划分方法至少有 6 种:①生理组织特征法;②种间联结-最优分割法;③植被年龄法;④遥感方法;⑤林分平均高和平均断面积法;⑥林分特征因子法。

对退化生物群落进行分类是识别群落特征的基础(章家恩,1997;刘国华,2000),它对快速恢复植被和抑制生态退化具有重要意义。随植被退化(恢复)过程的不同,植物种类和群落特征都表现出较大的差异,研究这些差异是退化阶段分类的基础。目前关于退化群落分类的流行的方法主要是采用数学的方法(如W1NSPAN,DCC,PCA 和聚类分析等),这些方法在一定程度上具有计算简单、目的明确和结果符合实际的特点,因此被广泛应用。也有一些研究者不断采用新的手段进行这方面的探索,如杜晓军(2001)尝试选用不同演替阶段的生境指标,应用聚类分析和相异系数等方法对辽宁西部低山丘陵区退化生态系统的退化程度进行了研究,并利用相异系数综合反映了其在生态系统演替(退化)中的相对位置,取得较好的效果。由于以往研究所采用的方法多种多样,指标的选取更是差异很大,因此植被退化的因子的选取和计算方法存在不确定而造成分类上的困难,这种带有地域性特征的研究方法在其他地区应用有一定困难。相对而言,当前国内外对于恢复程度的判断大多停留在定性水平上,定量的方法还很缺乏,演替阶段的生态解释还很不成熟和完善,群落恢复进程的指标选取和数据处理方法还有待深入,生态恢复阶段的判别方法和简单明确的生态退化阶段的判别方法还需要进一步的研究。

不同的演替阶段，群落结构、生物多样性等存在不同，在植被恢复过程中，群落结构会发生一系列的变化（熊能等，2010；俞筱押等，2010；张象君等，2011）。首先，群落结构总趋势是朝向合理的状况发展的，但由于气候环境、地形地貌，特别是人类活动等多种因素的干扰，群落物种多样性、生态位等的变化趋势大多不明显，有时会出现波动，这在一定程度上说明了自然恢复是一个比较缓慢的生态过程。

物种多样性是生态系统植被恢复过程的重要特征，因此研究群落物种多样性，对深入了解群落的组成、结构、功能、演替动态和群落的稳定性具有重要意义（尹锴等，2009）。森林演替过程中，物种多样性变化是生物多样性研究的热点（姚强等，2010）。袁金凤等（2011）通过空间变化代替时间差异和样地法等手段，对浙江省 4 种不同演替阶段森林群落的物种组成和多样性、群落间相似性进行了研究，发现随着演替的进行，群落物种数、各层次的多样性指数基本上呈现先下降后上升的趋势。闫明等（2009）发现随着演替的进行，霍山植被的物种多样性指数、丰富度指数和均匀度指数都呈增加的趋势，并在演替的中后期（混交林过渡群落阶段）达到最大值，而在不同的演替阶段，乔木层、灌木层和草本层的物种多样性指数的变化趋势也不同。

近年来，植被恢复过程中，更新生态位的变化越来越受到重视（张传余等，2011；许建伟等，2010）。更新生态位是一个新成熟个体成功代替另一个成熟个体所要求的可能生态位，是植物群落中物种共存的潜在机制和影响物种共存的关键因子，更新生态位分化表现为群落中共存物种间在较小时空尺度上的多种权衡。目前关于植物群落生态位的研究，大多侧重于对某一群落主要物种或优势物种的研究（席青虎等，2009），或对不同立地条件下群落生态位的比较研究（Fonseca et al.，2011）。对于动态研究，如处于演替过程中的群落种群生态位动态研究极少，仅沙地环境下植被次生演替过程中的种群生态位的研究相对较多（马姜明等，2009；高俊香等，2010）。杨宁等（2010）采用定量分析法对衡阳盆地紫色土丘陵坡地植物群落自然恢复演替进程中种群生态位动态进行了研究，结果发现在不同演替阶段，群落的优势种群生态位占绝对优势，揭示了它们较强的环境适应能力和较高的资源利用能力。种群生态位动态较好地表征了演替过程中对应种群与生境的动态变化，尤其是优势种群的更迭。

2.2 植被凋落物及根系的生态功能

2.2.1 根系特征及其生态功能

林木根系生态功能的优劣与林木根系的构型以及林木根系的生物量有着密切关系，同时林木根系对土壤环境的作用、对土壤抗冲抗侵蚀性的提高等都可以用来直观地评价林木根系生态功能。植物为了自身的生存和繁衍，必须把大部分年净物质生产分配给根系用作生长和生命的维持。国内外的最新研究结果表明，林木根系的生物量占林分总生物量的 10%~20%。可见林木根系的生物量是森林生态系统总生物量的重要组成部分。

根系作为植物直接与土壤接触的重要功能器官，是构成植物的主要部分，是陆地生态系统生物能存在的一种形式（K. A. Vogt et al.，1996；刘建军，1998）。它不但是植物吸收养分和水分、固定地上部分的重要器官，而且还通过呼吸和周转消耗光合产物并向土壤输入有机质，直接参与土壤中物质循环和能量流动两大生态过程，对土壤的结构改善、肥力的发展和土壤生产力的发挥起着重要的作用（杨喜田等，2009；罗东辉等，2010；权伟等，2010）。根系作为生态系统中一个重要组成部分，在植被恢复过程中占有重要地位。目前有关根系生态功能的研究主要集中在根系生物量、林木根系的生态可塑性、林木根系在生态系统物质循环中的作用及林木根系改善土壤物理性质的作用等方面。森林演替不仅与生境有关，还与根系对养分的竞争有着密切关系（J. B. Gaudinski et al.，2001；G. Dirk et al.，2008）。相关研究表明：在森林演替初期，群落根系可塑性强，分布较浅，且水平根系发达；演替中期的根系呈镶嵌分布，根系密度增加，分布范围加深；演替后期的根系分布趋于稳定（W. Gordon et al.，2000；Z. C. Zhou et al.，2007；H. Dietrich et al.，2009；王树堂等，2010）。

根系可以通过改善土壤的物理性状、促进土壤团粒结构形成等途径增加土壤孔隙度和通透性，从而增加土壤的抗冲性。森林植被的固土功能是通过根系改善土壤的物理性质，创造具有抗冲能力的生物土壤复合体结构实现的（I. Ostonen et al.，2005；王志强等，2007；张秀娟等，2006；毛齐正等，2008）。庄家尧等（2007）在安徽省大别山区研究发现，不同演替阶段的土壤的抗冲性与土壤非毛管孔隙度具有很高的相关性，这表明同一植被类型表土层土壤抗冲能力大于心土层。植物根系，尤其是根径≤2.0mm 的细根具有较强的固持土壤能力。综合相关研究（王迪海等，2010；G. Dirk et al.，2008；梅莉等，2006），根系的固土作用主要表现为三种方式：一是根系的网络作用，根系的交织穿插，把较小结构的土块组成大的土块，使之在水流的冲击作用下，不易被分散解体；二是护挡作用，即受水流的冲刷而部分外露的根系，对上面冲来的土块起阻挡缓冲的作用；三为牵拉作用，也即有些土粒紧密地附着在根系的四周，即使根系在水中漂动，土粒也不易被冲走。

陈存根等（1996）通过对红桦林、华山松林、油松林、锐齿栎林生物量的研究，认为不同森林类型在其分布的海拔范围内，地上、地下部分生物量比值随海拔升高而减小，并分别建立了根系生物量与胸高直径相关的回归方程。马钦彦（1988）根据油松分布区内的 244 株标准木的根量实测资料的研究分析，认为根量约为地上部分生物量的 23%，但各调查区有明显差异，其中鲁中南最低，为19.76%，陕北最高，为 28.65%，这反映出油松是通过增加吸收器官的量来适应干旱气候的。

同龄纯林中，林木个体间由于竞争而出现的个体大小差异现象称为林木分化。林木生长级反映出林木在竞争中所处的地位。孙多等（1994）研究了天然次生栎林根系生物量结构，对不同生长级林木根系生长量进行了比较，发现优势木的根系分布深度大，最大根量部位下移，须根在各层次中分布均匀，而被压木生物量仅分布于 0~40 cm 的土层中，此外，不同根级的生物量所占比例也有明显差异，优势木须根占 5.34%，远大于被压木的 3.36%和平均木的 4.24%，这说明林木是通过增加吸收根（须根）以提高自身在竞争中的地位的。

湛小勇等（1996）对不同湿地松林分生物量进行研究，认为单株根生物量随密度增加而缓慢减少，林分总生物量增加，根冠比随密度增加变化不大。李振问等（2001）、翟明普等（1993）的研究结果表明，混交林细根生物量、全根量均比纯林大，特别是细根量占全根量的比例明显提高了。这说明恰当的混交可以明显地提高根系，特别是细根的生物量，有利于提高林分的生产力。

细根的生态作用是根系研究的热点（R. Fujimaki et al.，2004；王迪海等，2010；王琳琳等，2010；张小朋等，2010）。细根是根系的主要组成部分，根系分解是养分从生物库转移到土壤库的关键环节，细根在森林生态系统初级生产力分配中占有较大比例，在资源利用及物质和养分循环中起着重要作用。大量的研究证实，细根的分解，可将大量的养分归还到森林生态系统中。研究证实（王树堂等，2010；

郝艳茹等，2005；胡小宁等，2010），生态系统中细根（≤2 mm）占总生物量的55%和氮元素总归还量的50%，这一点对于提高和保持林地的生产力具有十分重要的意义。而细根生物量的分布和季节变化不仅受土壤垂直特征的影响，同时也与距树干不同的水平距离有很大的关系。

随着对研究的不断深入，根系生态研究呈现如下趋势：

一是开展林木根系生态可塑性研究，为揭示不同立地条件下生物产量构成及不同树种适应环境的生态机制奠定基础。内容包括不同立地条件吸收根系生物产量在根系总生物产量中所占的比例及根系总生物产量在树木体总生物量中所占的比例。

二是开展演替过程中树种的竞争对根系形态、分布及生物产量的影响的研究，进一步探讨植被恢复过程中树种生态协调机理。包括竞争树种间根系形态、分布及生物产量在空间、时间上的差异规律。

三是大力开展细根的生长、周转研究，以丰富和完善森林生态系统的能流和物质循环的研究内容。包括不同生态条件下细根的生产力和周转率比较，弄清细根的生长、死亡的动态规律及其控制因子，不同生态条件下细根的分解过程、矿质养分归还及其在森林生态系统养分循环中的作用。

2.2.2　凋落物特征及其生态功能

凋落物是指在生态系统内，由地上植物组分产生并归还到地表面的，作为分解者的物质和能量来源，以维持生态系统功能的所有有机质的总称（M. Faleelli et al.，1991；郭伟等，2009）。目前，研究人员对凋落物按照其表象进行了分类，将直径小于 2.5cm 的落枝、落叶、落皮、动物残骸及代谢产物，林下枯死的草本植物和枯死的树根归为森林凋落物（曾锋等，2010；韩学勇等，2007），而对直径大于 2.5cm 的落枝、枯立木、倒木统称为粗木质残体（Coarse Woody Debris，CWD）。森林凋落物是土壤动物、微生物的能量和物质的来源，在养分循环中是连接植物与土壤的"纽带"，是养分的基本载体。因而，在维持土壤肥力，促进森林生态系统正常的物质循环和养分平衡方面，凋落物有着特别重要的作用。因此，森林凋落物的相关研究受广大林学家、微生物学家、生态学家、土壤学家以及森林经营工作者的广泛关注（刘海岗等，2008；吴承祯等，2000；陈金玲等，2010；Frouz，2008）。

早在 1876 年，德国 Ebermayer 就开始研究枯落物在养分循环中的作用（E.

Ebermayer，2013)，而后国外许多学者大量报道世界范围内森林枯落物的分解及养分释放等方面的研究（B. Berg et al.，1993；R. L. Edmonds et al.，1995)。我国在森林凋落物方面的研究起步较晚，直到20世纪80年代后才有类似研究报道（田大伦等，1989；陈永亮等，2004)。从那时开始，人们开展了大量针对不同地区、不同树种的凋落物与养分动态以及土壤理化性质等方面的研究（田大伦等，1989；杨丽韫等，2002；周存宇，2003；殷秀琴等，2007；阎恩荣等，2008a)。目前，凋落物分解与碳平衡问题，氮沉降和凋落物动态以及土壤微生物与凋落物分解等方面的研究成为森林凋落物研究的热点和难点（彭少麟等，2002；陈金林等，2002；莫江明等，2004；张东来等，2006；杨万勤等，2007；邓小文等，2007)。

对于凋落物的生态功能，目前的研究主要集中在凋落物对土壤肥力、幼苗更新生长、杂草生长和植物生长等方面上（赵鹏武等，2009；许松葵等，2010；肖洋等，2010)。一方面，凋落物可以增加有机质、土壤的含水量，降低土壤温度，增加土壤酶的种类；另一方面，凋落物的积累可以大大提高土壤酶的活力及土壤无脊椎动物的多样性。作为养分的基本体，在维持土壤肥力，促进森林生态系统正常的物质循环和养分平衡方面，凋落物起着特别重要的作用。

近年来，人们开展了大量对于森林凋落量影响因子的研究（沈会涛等，2010；许松葵等，2010；吕刚等，2010；J. Groeneveld et al.，2009；陈光升等，2008)。气候区不同，森林的年凋落量有异，森林凋落量随纬度增加而减少。森林凋落物受森林发育阶段的影响，在森林从幼龄到成熟龄的各个阶段，凋落物的数量及组成成分会发生明显的改变，凋落物的积累具有明显的季节变化规律，有单峰型的，也有双峰型或不规则类型，个别的还有三峰型。凋落物的积累主要依赖于林分组成树种的生物学和生态学特性，这些特性又受到气候因素主要是温度和降水等的影响。森林凋落物除了受气候等因素影响外，还受林分密度的影响。

2.3　土壤发育与质量评价

2.3.1　土壤质量评价理论与应用

土壤质量（soil quality）或土壤健康（health of soils）是指土壤维持生态系统生产力和动植物健康而不发生土壤退化及其他生态环境问题的能力，表示从土壤生产潜力和环境管理的角度监测和评价土壤的一般性健康状况的那些性状、功能或条件，是评价土壤质量的重要参数（J. Wang et al.，2009；S. Chen et al.，2014；L. Zhang，2015；葛东媛等，2010）。就土地状态指标而言，土壤质量就是土壤的许多物理、化学和生物学性质，以及形成这些性质的一些重要过程的综合体，土壤质量的评价过程就是用众多的土壤质量评价指标组成最小数据集，用来间接地评价土壤功能，表示从土壤生产潜力和环境管理的角度监测和评价土壤的一般性健康状况（韩路等，2010；戴全厚等，2008；郭宁等，2010）。目前国际上比较通用的土壤质量概念是从土壤生产力、土壤环境质量和土壤健康质量三个角度对土壤质量的定义：土壤在生态系统中保持生物生产力、维持环境质量和促进植物和动物健康的能力（J. M. Gray et al.，2009；陶宝先等，2009）。

土壤质量可以通过土壤质量评价指标来推测，选择合适的土壤质量指标是评价土壤质量的基础和关键（胥晓刚等，2004）。明确规定的土壤质量指标所含的范围非常狭窄，要想准确反映植被恢复对土壤质量改善的综合效应，应当从物理、化学和生物因子等方面出发对土壤质量综合考虑，通过建立土壤质量综合评价指标体系和计算土壤质量综合指数，用土壤质量综合指数反映土壤质量综合效应，这种方法是今后植被恢复评价土壤质量的主要方法（张林海等，2010）。

对土壤质量进行综合评价，一般有指标的采集和筛选、指标权重的确定以及选用评价方法、建立评价模型等几个步骤。评价体系建立在系统工程理论的多目标分析原则基础上，首先针对特殊的问题、过程、管理措施或政策，确定评价的关键功能；然后在不同研究水平上进行物理和化学测定，定量描述评价系统对这些功能的反应；最后各个参数和功能都被赋予一个权重，通过加成预算计算土壤质量指数（张林海等，2010；张伟等，2007；刘鸿雁等，2010）。郑粉莉等（2010）认为，反映土壤质量与健康的诊断特征可以分成两组：一组是描述土壤健康的描述性特征；另一组是分析性指标，具有定量单位，常为科学家所用。分析性指标通常包括物理指标、化学指标和生物指标，在土壤质量评价中需要根据不同的土壤、不同的评价目的，按照上述指标选择原则对这些指标进行取舍组合。美国水土保持学会提出（A. B. Hingston et al.，2010），由于土壤有机质可以对土壤质量和作物产生有益的影响，近来的研究认为土壤有机质是土壤质量的中心指标，甚至把它看作土壤质量衡量指标中的唯一重要的指标（S. Matuszewski et al.，2010）。目前，我国学者在土壤质量评价方面做了大量而卓有成效的工作（王韵，2007）。如：刘世梁（2003）等采用综合土壤质量指数和土壤退化指数比较了天然林地、灌木林地、草地、次耕地和退耕地等土地类型的土壤质量状况，结果表明灌木可以很好地恢复土壤性质，综合土壤质量指数和土壤退化指数可以很好地评价土壤质量水平；马强等（2004）建立了黑土肥力评价指标体系，运用模糊数学和因子分析方法对黑土肥力水平进行评估和分级；孙波等（1999）首先提出了红壤质量评价指标的选择原则，并从化学、物理学和生物学 3 个方面探讨了评价红壤质量动态变化可采用的指标体系。

综上所述，目前评价土壤质量研究中存在的问题是：一是在定量研究上显得不足；二是一般仅为单因素或几个因素的分析，缺少综合因素的分析；三是短时段的研究居多，长时段的研究相对较少。

2.3.2　植被恢复与土壤发育

土壤物理性质作为土壤环境的一部分，对植被恢复有着极其重要的作用。植被的演替和土壤质量的演变是相互制约、互为动力的（刘勇等，2010；Y. Yin et al.，2009；I. Yassir et al.，2010）。在植被的演替过程中，随着凋落物的积累，凋落物腐解过程中产生的物质，有些又可以促进植被生长。凋落物分解腐化一方面把大部分无机营养元素归还土壤，另一方面改善了土壤的物理性质。可见，植被恢复具有明显改善土壤环境的作用。

对植被恢复过程中土壤理化特性尤其是土壤水分和养分变化的深入研究是研究土壤发育与植被演替关系的基础。因此，与土壤理化特性变化有关的问题引起了土壤科学工作者的高度关注（Y. S. Negrete et al.，2007；李灵等，2011；常超等，2009）。相关研究结果表明（华娟等，2009；李志勇等，2010；孟京辉等，2010；欧芷阳等，2009；齐泽民等，2009），在复杂的丘陵地区，土壤理化特性如黏粒含量、砂粒含量和 pH 值与地形位置均有高度的相关性；地形是影响硝态氮的重要因素，对土壤肥力和有效水有较大影响；在坡度相似的位置，土壤理化特性趋于相似，在植被演替过程中，气候、土壤母质、地形等均对土壤理化特性产生了重要影响；土壤结构、土壤水分是土壤物理性质的另一个重要方面，土壤水分往往是植被演替的制约因子，其水平的好坏将直接影响到土壤的通气、透水性、保水性，而最终对土壤质量产生影响，在植被演替过程中，这些土壤物理性质也会发生一系列的变化。森林群落生物量普遍高于森林草原地带，同一类型的群落在不同地带也呈现同样的现象，这显然是不同地带水热和土壤条件影响的结果，这说明演替过程中水分对植物的生长起了关键性作用（杜峰等，2007；李朝等，2010；孙昌平等，2010；杨刚等，2009）。

大量研究结果表明（H. H. Jr et al., 2008；任建宏等，2010；阎恩荣等，2008b；刘鸿雁，2005），没有植被的恢复就没有土壤肥力的恢复，植被群落类型的恢复是土壤肥力恢复的前提条件，土壤肥力的恢复与植被的物种组成、性状及生物多样性的增加密切相关。植被演替过程中，土壤化学特性如土壤有机质、全氮、有效氮、速效磷以及土壤蔗糖酶、脲酶、中性磷酸酶活性也会发生变化，在剖面的分布上，为上高下低，并随着土层的加深而降低。不同的植被类型和研究地区对土壤的改良与土壤发育有着不同的影响，有关研究表明（王鑫等，2008；杨新兵等，2010）：林草复合措施植被恢复效果最好；灌木林地植被恢复效果普遍好于乔木林地；乔木林和草被都有良好的改善土壤物理性能、化学特性和土壤入渗能力的效应，且对上层土壤的改良效果好于下层。乔木林对土壤物理性能的改良优于草本，草本对土壤化学特性和土壤入渗性能的改良优于乔木林，另外，随着恢复时间的增长和植被类型的变化，土壤酸化速度也可能降低（A. Rammig et al., 2009；周会萍等，2010）。

因此，植被的演替与生长进程受到土壤水分和土壤养分等土壤理化特性的限制。不同立地条件下，土壤水分、土壤养分和土壤通透性等状况不同，林木的生长情况也就不同。不同土壤理化特性对植物的生长发育产生重要影响，且不同立地条件土壤理化特性的变异也对植被生长和发育产生重要影响。各种土壤理化特性中，土壤水分和养分对植物的生长影响最大。

植被演替的过程是植物与土壤相互影响和相互作用的过程，植被与土壤之间是一种相互依赖和相互制约的关系（K. J. Vander et al., 2009；杜丽等，2004；郭志彬，2010）。植被演替的过程，是植物对土壤不断适应和改造的过程，而土壤的物理化学性质是植被演替的一种重要驱动力，影响着群落优势种的拓殖和更替，土壤肥力提高有利于演替后续种的生长和发展，促进群落演替进程（张江英等，2007；赵景学等，2011）。植被与土壤的相互关系随时间尺度的变化而变化，植被演替的机制除来自于外界的干扰外，还存在着内因的变化，在某些阶段外界干扰占主要因素，而大部分时间，土壤与植被的内因占主导地位（武春华等，2008）。因此，植物演替过程，也是物种对土壤特性不断适应和改造及不同物种在不同肥力梯度下相互竞争和替代的过程。在植物群落演替过程中，某一演替阶段土壤的肥力状况，不仅反映了在此之前群落与土壤协同作用的结果，同时，也决定了后续演替过程的土壤肥力基础和初始状态。

研究表明（刘丽丽等，2010；杨小林等，2010；万猛等，2008），植被与土壤的互动效应体现在诸多方面，如土壤为植物生长提供水分和养分以及矿质元素，这些物质的含量甚至对植物群落的类型、分布和动态产生重要影响；土壤理化性质及种子库特征等影响着植被发育和演替速度；植被的土壤养分效应与植物群落的地上和地下生物量的大小、保存率和周转率等是分不开的，植物通过吸收和固定 CO_2、群落生物量的积累和分解等，使得土壤养分在时间和空间尺度上出现了各种动态变化过程。生态学家们发现（彭晚霞等，2010；何志华等，2008；王俊明等，2010），在植被演替过程中，根系的直接穿插作用和凋落物腐解所产生的间接作用，使得土壤结构稳定性增加，不易被冲蚀，进而使水土流失得到控制，从而改善土壤质地。土壤-植被的互动效应决定了土壤与植被总是处在不断的演化与发展之中，在植被演替过程中，土壤发育状况不断改善，土壤发育状况的改善又转过来促进植被的恢复。

大量植被-土壤系统实践研究表明，植被-土壤之间存在诸多不确定的相关性（赵勇等，2008；S. D. Allison et al.，2010；任晓旭等，2010）。张江英等（2007）研究发现，在景观尺度研究范围内，植被盖度与土壤因子之间具有相关性，土壤有机质、全氮、全磷的含量影响着植物群落类型的分布，不同群落类型的分布格局还受所处地形、地貌、温度、光照及人类活动干扰等因素的影响，导致植被分布格局的复杂性和多变性。但是，许多研究在土壤发育方面都集中于土壤理化性质，而没有关注土壤的稳定性；在植被演替研究方面主要集中于地上部群落结构特征和生物多样性，而没有对植物地下根系的发育过程给予足够的关注。Ladislav 等（2010）指出土壤 N 的供应能力和吸收性根量有相关关系。在立地条件较差的情况下，植物常常将营养更多地分配给地下部，说明植物生长受到了土壤资源的限制。宋洪涛等（2007）在研究滇西北亚高山地区黄背栎林植被演替过程中林地土壤化学性质的变化时发现，不同的植被演替阶段，其林地土壤的化学性质与之响应。随着植被的正向演替，林地土壤各项化学指标均向良性发展。

土壤性质与植被群落相互影响、相互制约的关系，表明了土壤因子在植物演替过程中的作用，也揭示了植被恢复对土壤性质的改善作用。这种彼此影响、相互促进的作用是生态环境恢复的动力，当这种作用达到一定程度时，土壤和植被群落都受气候的限制，达到稳定状态和顶级群落阶段（郭志彬，2010；王莹等，2005）。综合以上国内外研究进展，关于土壤质量对植被自然恢复过程的响应已经取得了较大的成果，尤其是土壤理化性质对植被自然恢复过程的响应研究方面。但对生物量、生态位、根系等方面的研究比较薄弱，而且对土壤质量对植被自然恢复过程的响应缺乏系统的研究。

2.4 存在的问题

目前有关植被恢复与土壤发育的关系研究主要集中在土壤理化性质对植被恢复的响应、植被恢复过程中物种多样性变化及水土保持效应研究等方面；而对植被恢复过程中植被优势种生态位、根系结构与分布、生物量、地表凋落物等动态变化缺少系统的研究，特别是比较不同植被恢复措施下的植被恢复与土壤演替耦合关系以及建立耦合模型的，未见报道。主要存在的问题有以下几点：

（1）不同植被恢复措施（植苗造林和播种造林）所形成的植被恢复规律及其差异性缺乏系统的研究。

（2）植苗造林群落结构变化、稳定性和土壤种子库贡献等方面还缺乏深入系统的研究。

（3）植被恢复过程中，优势种的生态位、更新种的生态位及其多样性的研究缺乏。

（4）土壤与植被地下部分之间的相关性研究对生态环境恢复有重要的意义，但目前对于地下根系部分与地下土壤性质之间的相关性研究较少。

（5）凋落物随植被恢复的变动及其与土壤发育的关系研究较少。

（6）土壤-植被耦合作用机理研究较少，缺乏模型支持。

3

本书研究区概况

　　本书研究区位于河南省济源市周边的低山丘陵地带,为太行山南麓余脉,境内山峦起伏,丘陵绵延,沟壑纵横,水土流失较严重,为河南省黄河流域水土流失最严重的区域,生态系统退化问题在局部地区表现突出。由于降雨常年偏少,土壤条件恶劣,因此植被恢复困难,物种多样性偏低。太行山低山丘陵区属平原植被与太行山山地植被的生态过渡带,由于长期人为过度开发利用,现有植被处在不同的退化阶段,以天然植被稀疏、低矮,部分地段裸露并镶嵌类型各异的人工植被为主要特点,植被的生态防护调节功能和生物生产功能低下。

3.1　地　形　地　貌

　　太行山是中国东部地区的重要山脉和地理分界线,耸立于北京、河北、山西、河南四省、市间。位于 N35°~40°15′,E112°~116°,北起北京西山的拒马河,南至河南北部的卫河,西接山西高原,东临华北平原,南北长约 600 km,东西宽约 180 km。太行山北高南低,大部分海拔在 1200 m 以上,山势东陡西缓,西翼连接山西高原,东翼由中山、低山、丘陵过渡到平原。本研究区地貌主要为侵蚀剥蚀的低山和丘陵,海拔从西北向东南逐渐降低,为 300~700 m,山脉多为南北走向。

3.2　气候和土壤

本区属于暖温带大陆性季风气候带，年平均气温为 13.1℃，极低温出现在 1 月，1 月的平均气温为 0.5℃，高温出现在 7 月，7 月的平均气温为 26.2℃。据统计，全年无霜期平均为 235 天，年均积温在 3600～4400℃；年最大降雨量为 1060 mm，年最小降雨量为 360 mm，年降雨量一般为 600～800 mm。年内降雨量分配极不均匀，春季、冬季降雨量偏少，夏季、秋季偏多，7 月、8 月、9 月这 3 个月份的降雨量可占全年降雨量的 60%左右，秋季容易形成内涝，造成水土流失。

本区土壤主要为在花岗片麻岩的土壤母质上发育而来的山地褐土（赵勇，2007）。研究区土壤多属粗骨土，易侵蚀，土壤结构不良，石砾含量较大；研究区土壤土层浅薄，土壤贫瘠，且保肥保水能力差。

3.3　植被概况

研究区的植被区系在中国植被分区上属于暖温带落叶阔叶林区。境内山峦起伏，丘陵绵延，沟壑纵横，地形破碎，水土流失较严重。由于人为干扰严重，加之相对海拔低，因而植被的垂直地带性分布规律不明显，植被的分布主要是以土壤条件和坡向而产生的水热条件的分异为基础的。

由于本地区所处地理位置比较特殊，其植物区系具有多方交汇的特点，总体上以暖温带的华北植物区系成分为主，兼有其他区系成分。按照《中国植被》的分类系统，该区的植被可以划分为 5 个植被型，即：常绿针叶林、落叶阔叶林、落叶阔叶灌丛、灌草丛、草丛。研究区主要植被类型是低山丘陵地带阔叶林破坏后发育的次生旱生灌草丛，以及人工栽培植被。由于环境条件的限制，研究区以草本植物分布面积最大，主要以耐旱的种类为主，植被低矮、盖度较低是该区植被的主要特征。

乔木林以栓皮栎、刺槐和侧柏林为主，主要树种有侧柏、刺槐、栓皮栎、黄连木、臭椿和火炬树等。

天然植被灌木组成种类主要有荆条、酸枣、胡枝子、唐棣、锦鸡儿、黄刺玫、连翘和杠柳等。

天然植被草本组成种类主要有苔草、狗尾草、茜草、茵陈蒿、野艾蒿、蒲公英、苦荬菜、白草、紫花地丁、白蒿、中华卷柏、地黄、黄背草、隐子草、防风草和地梢瓜等。

3.4 生 境 特 点

在太行山低山丘陵区，由于人类的开发历史悠久，原生植被基本荡然无存，植被退化为处于不同演替阶段的次生植被，甚至退化为原生裸地（赵勇等，2010）。因人口数量的不断增加，开垦利用趋势正在向着海拔更高、坡位更上和坡度更陡的地段发生位移，结果导致植被退化步入恶性循环，天然植被盖度下降，结构简化，生物多样性锐减，继而出现水蚀、风蚀甚至导致山体滑坡的生态后果。太行山低山丘陵区是地形由平原同质性趋于山地异质性的生态过渡区。复杂多变的地形是形成生境异质性以及由此生长分布较丰富的生物多样性的基础（方精云等，2004），太行山山地和丘陵表现为坡位递变后的环境梯度变化和局部生境小尺度空间异质性非线性变化的组合。坡位的生态效应主要是通过影响土壤属性和土壤发育过程而产生的，土壤及其中的水分和养分形成一个由源到汇的生态梯度（方精云等，2004），而且低坡位的生态干扰往往较高坡位更为频繁和强烈（沈泽昊，2002）。所以，在一定的海拔范围内，坡位是影响天然植被组成特点的重要因素。

研究地区属于暖温带平原和太行山山地生态过渡区，受农业生态系统和森林生态系统双重复合影响，既具有生态脆弱不稳定的特点，又具有农林复合生态系统的特征。过去该地区植被恢复尚未完全体现自然生态属性制约，偏重于经济属性制约，生态稳定性低，生境多样性和梯度变化未受到应有重视。由于人们掠夺式利用资源，各种干扰如坡地垦荒、过牧、樵采、采石和不合理的种植模式导致植被盖度下降，组成种类减少，土壤表土层失去植被保护而受到水蚀和风蚀的复合影响，结果天然植被结构功能及其土壤肥力状况不断退化。

4

研究内容、关键问题和技术路线

4.1 研究内容

1）不同植被恢复措施、不同演替阶段植被恢复特征分析

在对研究地区演替阶段进行定量划分和识别的基础上，研究不同植被恢复措施（播种造林和植苗造林）、不同演替阶段植被群落结构特征的变化规律，包括群落物种组成、优势种群重要值、物种多样性、更新特征、植被生物量和植被营养元素等表征植被恢复特征的数量指标的变化规律。在前面研究的基础上，对表述植被恢复综合特征的演替度指数进行了修正，建立了修正演替度指数，计算了不同植被恢复措施、不同演替阶段的植被演替度指数。

2）不同植被恢复措施、不同演替阶段土壤发育特性分析

通过实地调查和室内分析，研究不同植被恢复措施、不同演替阶段土壤含水量、土壤容重、土壤持水特性等土壤水分物理特性指标的变动规律，用典型相关分析方法探寻影响土壤渗透能力的因素，并建立相关模型；研究植被演替过程中，土壤 pH 值、土壤有机质、全 N、全 P 和全 K 等土壤化学特征指标的变化规律。在上述研究的基础上，通过建立土壤发育状态评价指标体系，利用主成分分析方法确定权重，建立土壤发育综合评价指数，评价土壤发育随植被演替的变化趋势。

3）不同植被恢复措施、不同演替阶段植被演替特征与土壤发育耦合机制

采用 RDA、PCA 和逐步回归分析方法，分析植被演替过程中，物种多样性与土壤发育的耦合关系，并建立相关模型；在相关分析基础上，分别研究植被地表地上部分生物量及养分、地下部分生物量及养分和凋落物生物量及养分与土壤

发育指标的关系，并建立回归模型，分析它们之间的交互关系；在研究不同演替阶段地表根系生物量、根系结构及其分布特征的基础上，用典型相关分析方法研究地表根系结构参数与土壤发育指标之间的典型相关关系，研究土壤有机质、全N与根系结构参数的相关关系并建立相应的回归模型；在主成分分析和相关分析基础上，用通径分析方法研究植被更新特征与土壤发育指标之间的关系，并用逐步回归分析方法建立它们之间的耦合模型。

在分析植被演替与土壤发育关系的基础上，建立了植被演替与土壤发育协同效应现时评价模型，定义了协同度指数，并对该模型进行了检验。

4.2 研 究 目 标

1）不同植被恢复措施下，植被特征和植物根构型特征研究

在太行山封山育林区，以近似立地条件下的植苗造林地和播种造林地为研究对象，研究在植被演替过程中，植苗造林与播种造林所形成的森林群落的结构（地上、地下）差异，弄清两种恢复措施所形成的植被类型的植被演替规律。

2）不同植被恢复措施下，近地表层和土壤发育特征研究

通过剖面调查和室内分析，研究林地土壤的物理特性、化学特性、地表凋落物和地表根系等指标的变化特征，探讨地表层和土壤随植被演替变化的规律，弄清不同植被恢复措施之间地表层和土壤发育的差异规律。

3）植被演替与土壤发育的协同机制

在分析物种多样性、更新特征、植被生物量和地表根系等植被演替特征与土壤发育特征之间交互作用的基础上，分别建立它们之间的关系模型。通过建立植被-土壤协同度现时评价模型，以对现时植被-土壤系统协同程度进行现时评价，分析植被演替与土壤发育的协同关系，分析植苗造林和播种造林协同关系的差异性。

4.3 关 键 问 题

1）不同植被恢复措施下，植物根构型特征如何？植被恢复措施是如何影响根系发育进程的？

长期以来，如何恢复被破坏的天然植被，使人工植被与生态环境重新融合为一体，并获得与天然植被相当的生态（服务）功能和生态产出效益，一直是一个既紧迫又为人们所忽视的问题。目前，人们更多地仅将植被看成是一种孤立的生命现象，甚至割裂植物地上部与地下部之间的联系。其后果就是克隆出以亿万公顷计的"绿色沙漠"。而这一切都驱使我们认真思考有关的生态学原则。如何营建强健的根系结构，充分保障森林各种生态功能的发挥，应该是植被恢复研究中的一个关键问题。因此，通过分析地表根系结构及其分布特征，并研究不同植被恢复措施下地表根系结构差异规律，进而找寻影响根系结构的因素，对于构建合理人工林生态系统具有重要的理论意义。

2）植被演替与土壤发育的协同机制如何？不同恢复措施对其正负反馈的影响差异性在什么地方？

植被恢复与重建的目的不仅是要恢复一个在一定时间，或一定空间尺度上自我维护的生态系统，而且是以实现适宜的顶级植被为目标，最终达到人们对它的价值期望值。因此，在植被恢复时，采用不同植被恢复措施，建立土壤发育特征值与植被演替结构特征值的相关模型，进而分析植被演替与土壤发育的协同关系，以及植被演替与土壤发育的交互作用，必将有利于可持续生态系统的建立。

4.4 技术路线

首先采用不同植被恢复措施（植苗造林和播种造林），利用主要物种重要值，通过主成分分析、DCA 排序和灰色关联聚类方法对不同植被恢复措施下的全部调查样地进行演替阶段的划分，定量识别演替阶段，并描述其特征。在此基础上，对不同植被恢复措施、不同演替阶段的植被优势种群结构特征、物种多样性、更新特征、根系结构、植被生物量、土壤水文物理特性、土壤化学特性和地表凋落物等特征进行定量描述。进而采用不同植被恢复措施、不同演替阶段，分别研究物种多样性、生物量、更新特征和根系结构与土壤发育之间的耦合关系，建立基于植被演替指标和土壤发育指标的植被-土壤系统现时评价模型，判读植被-土壤演替协同程度，技术路线如图 4-1 所示。

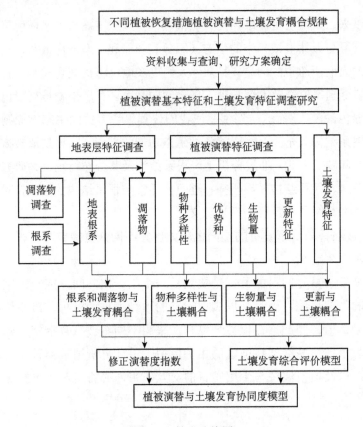

图 4-1 技术路线图

4.5 关键技术

（1）植被演替规律与土壤发育耦合关系的数量生态方法。目前，数量化分析方法在生态学研究的应用上仍然是生态学研究的薄弱环节，应找寻能准确、快速和有效描述植被演替与土壤发育关系的数量分析方法，为植被-土壤系统研究提供科学的研究方法。

（2）科学描述植被恢复数量特征和土壤发育数量特征。

（3）把握植被演替与土壤发育的协同机制和理论基础，准确找出相互间正负反馈的关键约束条件，为指导森林生态系统经营与管理提供理论支撑。

（4）建立定量评价植被演替和土壤发育协同程度的协同度模型。该技术的解决，对于正确、早期评价植被恢复措施将起到巨大作用。

5

样地设置与调查

5.1 样 地 选 择

对河南太行山低山丘陵典型地带植被恢复过程中的植被进行群落和物种调查，根据研究区域森林分布图、地形图和植被分布图，并结合踏查资料，在植被演替的不同地段，以"时空替代法"为主要方法，选择分别代表播种造林植被恢复和植苗造林植被恢复两种恢复措施的典型样地。在不同恢复措施内，尽量选择海拔、坡向、坡位、坡度等相似的环境条件，分别用乔木林、灌丛、草丛以及裸露地代表不同的演替阶段，每种植被类型设置一定数量的重复。在选择样地的时候，尽量避免跨越河流、道路和山脊，也不能靠近林缘，选择人为干扰较少的区域。乔木群落有栓皮栎林、刺槐林、侧柏针叶林等；灌丛有酸枣、荆条和胡枝子等类型；草本植物群落有白草、荩草和茵陈蒿等优势种。

本研究共设置样地 54 个，其中乔木样地 33 个，灌木样地 11 个，草本样地 7 个，裸露地 2 个，样地基本情况见表 5-1、表 5-2。

表 5-1 乔木样地基本情况

样地编号	公里网横坐标	公里网纵坐标	主要树种	海拔/m	坡向/(°)	坡度/(°)	坡位	郁闭度/%	林分密度/（株·hm^{-2}）
1	0614209	3888261	刺槐	593	WS10	30	中	70	2400
2	0614121	3888306	刺槐	595	WS30	35	中	60	2900
3	0616646	3888678	侧柏	598	E	10	上	20	3200
4	0616319	3888710	侧柏	600	S	5	上	70	3500

续表

样地编号	公里网横坐标	公里网纵坐标	主要树种	海拔/m	坡向/(°)	坡度/(°)	坡位	郁闭度/%	林分密度/（株·hm⁻²）
5	0615803	3889751	侧柏	264	ES15	15	上	45	2100
6	0616108	3889564	栓皮栎	625	WS10	6	中上	75	3400
7	0616279	3889123	栓皮栎	619	ES20	5	上	75	3400
8	0614732	3882603	刺槐	544	ES30	13	上	30	1500
9	0615834	3877834	侧柏	512	ES10	20	中上	20	4600
10	0620760	3877107	侧柏	327	WS30	15	上	40	3200
11	0622523	3879766	侧柏	465	WS40	20	上	5	2000
12	0622734	3884935	栓皮栎	562	WS10	15	上	75	3100
13	0622727	3885004	栓皮栎	565	ES10	23	上	76	2800
14	0616289	3888963	刺槐	602	ES30	8	上	63	3200
15	0635687	3879014	侧柏	350	ES40	26	上	10	3100
16	0634624	3879156	侧柏	412	S	8	上	85	2900
17	0634638	3879186	侧柏	398	S	8	上	83	2600
18	0635021	3877406	刺槐	420	WS20	5	上	40	1500
19	0633202	3880368	栓皮栎	380	WS10	18	上	40	2100
20	0632946	3879927	栓皮栎	373	WS20	15	上	73	2700
21	0634651	3879608	侧柏	394	S	8	上	80	3300
22	0634183	3878885	栓皮栎	379	WS15	20	中	70	2300
23	0634217	3878918	栓皮栎	408	S	21	上	85	2600
24	0612070	3884612	刺槐	478	WS20	23	上	90	2800
25	0615977	3891283	侧柏	670	WS40	5	上	89	4500
26	0616057	3889934	栓皮栎	625	S	31	上	89	5500
27	0616330	3888501	刺槐	592	WS40	27	中	70	3300
28	0616327	3888490	栓皮栎	586	WS10	26	中上	80	2900
29	0613920	3888906	刺槐	561	S	25	中	86	1700
30	0623042	3886424	栓皮栎	570	ES20	18	上	76	5000
31	0621984	3887306	栓皮栎	561	S	25	上	90	3100
32	0624121	3871211	刺槐	386	S	15	中	40	2400
33	0622946	3871052	侧柏	337	S	8	上	15	1600

表 5-2　灌丛、草本和裸露地样地基本情况

样地编号	公里网横坐标	公里网纵坐标	主要物种	海拔/m	坡向/(°)	坡度/(°)	坡位	地被物覆盖度/%
34	0616121	3886002	白草	558	WS20	12	中	35
35	0622860	3879287	白草、蒿	478	WS40	16	中上	35
36	0612220	3887225	荩草	512	S	28	中下	40
37	0634489	3896476	白草、荩草	394	S	25	下	50

续表

样地编号	公里网横坐标	公里网纵坐标	主要物种	海拔/m	坡向/(°)	坡度/(°)	坡位	地被物覆盖度/%
38	0634338	3896919	菭草	457	WS40	32	中	65
39	0635345	3879321	白草、蒿	450	S	15	下	60
40	0634456	3879321	菭草	425	S	13	下	55
41	0616121	3886002	荆条灌木丛	557	WS80	12	中	75
42	0610733	3888677	黄刺玫、荆条	556	WS50	17	中	75
43	0616916	3887619	荆条、白羊草	550	WS10	25	山脊	60
44	0622856	3879286	荆条	482	WS30	16	中上	70
45	0612233	3887224	荆条	516	WS30	28	中下	45
46	0634489	3896476	荆条	394	S	25	下	60
47	0634289	3896939	荆条	453	ES20	25	中	40
48	0622997	3886671	酸枣、荆条	556	WS20	15	中上	70
49	0621968	3887362	酸枣、荆条	554	S	15	上	55
50	0623672	3871365	荆条、酸枣	339	S	26	上	45
51	0622923	3871036	酸枣	346	S	25	上	20
52	0616704	3888669	裸露地	560	S	21	中上	
53	0622859	3879277	裸露地	470	S	16	中上	
54	0634337	3896918	裸露地	459	S	35	下	

5.2 样地设置

各乔木样地形状为四方形，面积为 20 m×20 m，每个样地内沿对角线设置 4 个 2 m×2 m 的灌木样地，在每个灌木样地下各设置一个 1 m×1 m 草本样地；灌丛样地面积为 5 m×5 m，在每个灌丛样地内设草本样地 2 个，面积为 1 m×1 m；草丛、裸露地样地面积均为 1 m×1 m。在样地地点选定后，用罗盘仪测量边界，坡度大于 5°时要进行斜距改正，测量的闭合差不超过 1/500。

5.3 植被调查

5.3.1 乔木层调查

5.3.1.1 测树学调查

对标准地内所有在起测径阶（4.5 cm）以上的林木进行每木检尺，分别树种、活立木、枯立木、倒木，调查每个乔木树种的林龄、树种、树高、冠幅、胸径、郁闭度、枝下高、林木分级、病虫害情况、生活力、乔木层盖度、所在林分层次等诸项因子。调查时，首先从坡下开始，呈 S 形由下而上。调查过的林木，在胸高部位编号作记，记号面向上坡，便于查找，以免漏检或重检。

林木可分为四级：一级是极个别处于林层顶端的占有绝对优势的生长良好的优势木；二级为处于林冠上层，具有较强竞争力的林木；三级为生长状况良好，处于林冠中下层，生长受限的林木；四级为处于林冠下层，生长状况很差的林木。

生活力分为三级：弱（矮小、发育差、不能开花结果）、中等、旺盛。

郁闭度的测定采用冠层分析仪测定。

5.3.1.2　生物量调查

5.3.1.2.1　平均木的选择

选择该区域具有代表性的栓皮栎、刺槐和侧柏等 3 种典型乔木树种作为乔木生物量测定试验树种，并获取平均解析木，将之作为计算各样地乔木生物量的依据。平均木的选择是先在选择好的样地里按要求进行编号和每木调查的基础上，选取胸径的平方平均数作为样地的平均木。

在所调查的 33 块乔木样地中，选择 20 年生、30 年生、40 年生栓皮栎和刺槐各一块样地，10 年生、30 年生、50 年生侧柏各一块样地，每块样地各选一株平均木，作为演替初期、演替中期和演替后期等 3 个不同演替阶段的代表性样地树种，一共 9 株平均木。

5.3.1.2.2　生物量的测定

测定林分生物量的现存量和生产力，用样地-平均木-分层切割法，即在样地每木检尺基础上，选择平均木、林分平均木以所有林木的算术平均数为标准选择平均木，对平均木用"分层割切法"分层实测鲜重，在现地对各层器官分别取样，取样重量在 300~500 g，带回实验室于 105 ℃烘至恒重，计算绝对干重及各层器官生物量；同时，按测树树干解析的要求锯取圆盘，分层测定树干、树枝、树叶和树皮的鲜重计算林木生长量。以伐桩为圆心，以单株平均营养面积为标准划圆，用"分层挖掘法"挖掘根系，测定根系鲜重并取样。将所取林木各器官的样品在 85 ℃下烘干至恒重，求出含水率，计算出各器官干物质重，然后用相对生长法估算全林的生物量。以此测定值和胸径（D）或胸径的平方×树高（D^2H）建立相对生长方程来对全林进行估计。

5.3.2　演替与更新层调查

5.3.2.1　演替特征调查

把要调查的森林群落分成 3 个层次：更新层、演替层和主林层。把林分内的所有幼苗、幼树定义为更新层，把处于林冠主体的林木定义为主林层，把剩下的定义为演替层。这 3 个层次分别代表了 3 种年龄分布：更新层是幼年个体，演替层是未成熟的个体，而主林层是成年个体。然后根据不同层次的树种分布或者所占的比例来分析这片森林的进展种、衰退种和巩固种，从而研究森林群落的演替规律。具体如下：

更新层：距地面高度 2 m 以下，主要根据当地灌木或下木高度而定；

演替层：距地面高度 2 m 以上到主林层下限；

主林层：森林优势树种的林冠层。

在每个乔木样地内，主林层按 5 m×5 m，演替层、更新层按 2 m×2 m 设置小样方。

对于演替调查，在每个小样方中，按高度分层标准，调查各树种在各层出现的频度和株数，不管个体多少，只记录有无。

5.3.2.2　更新层调查

在每个 20 m×20 m 的样方中随机设置 25 个 2 m×2 m 的小样方调查幼苗、幼树和小树的更新状况。参照 Chrimes 和 Nilson（2005）对幼苗、幼树和小树的划分标准，定义幼苗（$H<0.5$ m）、幼树（0.5 m$\leqslant H<2.0$ m）、小树（$H\geqslant 2.0$ m，$d<5.0$ cm）。在样地调查时，将乔木样地分割成若干个小样地，记录幼苗、幼树和小树的地径、高度和频度等。

5.3.3　灌木层与草本层调查

5.3.3.1　样地设置与调查

在乔木样地和灌丛样地内调查灌木、草本等活地被物时，沿样地对角线在样地四角各设置一个面积为 2 m×2 m 的灌木样地和一个面积为 1 m×1 m 的草本和活地被物样地，调查顺序为先调查灌木，再调查草本和活地被物。调查内容主要有：灌木层的盖度、种类、个体数量、高度、冠幅、基径、多度和盖度等；草本层的盖度、种类、个体数量、高度、冠幅、基径（丛径）、多度和盖度等。同时，选择 2 个 2 m×2 m 的灌木样地和 2 个 1 m×1 m 草本样方，测定分地上部分和地下部分全部砍伐装入塑料袋，若灌木较大，将灌木切成小块儿，称各部分鲜重，并取混合样品，以备实验室内测定生物量。

盖度综合级采用 Braun-Blauquet 分级方法，共设 5 个等级和 2 个辅助级，它们用数字表示为：

　　5 = 不论个体多少，盖度>75%；

　　4 = 不论个体多少，盖度为 50%～75%；

　　3 = 不论个体多少，盖度为 25%～50%；

　　2 = 不论个体多少，盖度为 5%～25%，或者盖度虽然<5%，但个体数很多；

　　1 = 个体数量较多，盖度为 1%～5%，或者盖度虽然>5%，但个体数稀少；

　　+ = 个体数稀少，盖度<1%；

　　r = 盖度很小，个体数很少（常常只有 1～3 株）。

群集度或称聚生度是指植物个体在群落内的聚生状况，是指它们的个体是分散的还是聚集生长的。聚生状况反映了群落内环境的差异和植物的生态生物学特性以及种间竞争状况等。分为五级：

　　5 = 大片生长：覆盖着整个样地，通常是纯一的种群；

　　4 = 小片生长：常在样地内形成大斑块；

　　3 = 小块生长：在样地内呈小斑块或大丛；

　　2 = 成丛生长：样地内成小群或小丛生长；

　　1 = 单株散生：植株在样地内单个彼此分散生长。

5.3.3.2　灌木、草本样品调查

将外业调查所取得的植物样品和根系样品带回实验室（鲜重应以现地测定为准），将其浸入水中 6 h，然后取出将其空干（以无水滴滴下为标准），称其质量，测定其持水量（持水量=浸水后重-浸水前鲜重），然后将其放于 70 ℃的烘箱中烘 48 h，称其干重。

测定营养元素含量时，在 105 ℃下烘 3 h 烘干，粉碎，装瓶，准确称样，用 H_2SO_4-H_2O_2 凯氏消煮法溶样备用。

植物全 N 用硫酸-高氯酸消煮-靛酚蓝分光光度法测定；

植物全 P 用钼锑钪分光光度法测定；

植物全 K 用火焰光度法测定。

5.3.4　凋落物层调查

5.3.4.1　凋落物的收集

在乔木样地和灌丛样地内调查凋落物时，沿样地对角线在样地四角各设置一个面积为 1 m×1 m 的样方，在每个小样方内将之沿对角线分为四个部分，选取对角的两个部分凋落物未分解层、半分解层和分解层 3 个层次收集凋落物，并在每个收集袋上进行编号，并现场记录各层厚度和称鲜重。未分解凋落物为基本上保持其原有形状及质地的枯枝落叶；半分解层凋落物为未完全腐烂、肉眼观察能分辨出其枝叶大体形状的枯枝落叶；分解层凋落物为完全腐烂、肉眼不能分辨出枝叶形状的枯枝落叶层。

首先，将所采集的枯落物进行烘干（75℃，12 h）并称重，取部分样品作元素测定之用，其余用于持水特性的测定；将称重后的枯落物原状放入预先做好的细孔纱布袋（纱布袋预先称重、标记）；再将装有枯落物的纱布袋完全浸没于盛有清水的容器中；将枯落物浸入水中后，待浸泡 0.5 h 后将枯落物连同纱布袋一并取出，静置 5 min 左右，直至枯落物不滴水为止，迅速称枯落物的湿重；之后，分别待浸泡 1 h、1.5 h、2 h、4 h、6 h、8 h、10 h、12 h、24 h 时，将枯落物连同纱布袋一并取出静置后称重，称重方法同上。每次从浸泡容器中取出称重所得枯落物湿重与浸水前总干重（包括枯落物和纱布袋的干重）的差值，即为枯落物浸泡不同时间的持水量，该差值与浸水时间的比值即为该时刻枯落物的吸水速率。

5.3.4.2　凋落物生物量的测定

将外业收集的凋落物在 85℃下烘干后称重，计算单位面积的凋落物蓄积量。将烘干后的凋落物粉碎，取 5 g 装入广口瓶密封，用于营养元素的测定。

凋落物全 N 用硫酸-高氯酸消煮-靛酚蓝分光光度法测定；

凋落物全 P 用钼锑钪分光光度法测定；

凋落物全 K 用火焰光度法测定。

5.3.5　地表根系调查

根系调查是在各样地随机选取 5 个样点挖掘根系，样点布置在四株林木的对角地带，在各样点挖掘土样深度为 20 cm。对各样点地表以上的凋落物及灌木、草本清理后，采用大环刀法（大环刀标准是直径为 7.5 cm，高 10 cm，体积 441.6 cm³）分两层挖取根系和土壤（0~10 cm、10~20 cm），将土壤样柱（包括根系）分别装入塑料袋中，密封后带回实验室；在各样点挖掘土壤剖面，用铝盒分层取样（0~10 cm、10~20 cm），取混合土样带回实验室。

将大环刀带回实验室，先进行根系清洗，然后将根从筛子中挑出并吸干水分并扫描，采用根系扫描系统 WINRhizo 对根系特征指标根长密度（Root Length Density，RLD）、根表面积密度（Root Surface Area Density，RSAD）、根体积密度（Root Volume Density，RVD）、比根长（Specific Root Length，SRL）、根平均直径（Root Average Diameter，RAD）等根系结构参数进行测定，然后将其置于鼓风干燥箱中，在 70 ℃恒温下经 48 h 烘干，再称其干重。

5.4 土壤调查

5.4.1 土壤调查与取样

土壤水分-物理性质及部分土壤物理性质，须采集原状样品。如测定土壤密度、孔隙度和持水量等物理性质和水分-物理性质，直接用环刀在各土层中部取样。在研究土壤结构性时，采样需注意土壤湿度，不宜过干或过湿，以在不粘铲的情况下采样最好。在采样过程中，须保持土块不受挤压，不使样品变形，并剥去土块外面直接与土铲接触而变形的部分，保留原状土样，然后将样品置于铝盒中保存，带回室内进行分析。

按照 S 形取样法，依样地面积的大小和地形地势确定取样点数，一般每个样地取 3 个土样。在样地内挖取土壤剖面，记录土壤基本情况；依据土壤厚度分层取样，一般取 0~20 cm 和 20~40 cm 两层，土层较厚或特别薄的样地，取样根据情况而定。

土壤原状土采用环刀法分层取样，主要用于土壤物理性质的测定。将环刀托放在已知重量的小环刀上（小环刀标准是直径50.46 mm，高50 mm），将环刀刃口向下垂直压入土中，直至环刀筒中充满样品为止。环刀压入时要平稳，用力一致，用削土刀切开环刀周围的土壤，取出已装满土的环刀，细心削去环刀两端多余的土，并擦净环刀外面的土。环刀两端立即加盖，以免水分蒸发。

分析土样采用分层混合土采样方法，每层采取1kg左右，去除根系、石块等，及时带回实验室，鲜样保存在4℃的冰箱中，同时记录采样地点、日期、采样深度、土壤名称、编号及采样人等。土样用于容重、含水量、土壤粒径、营养元素等的测定。同时测定土壤剖面各层次的硬度，土壤硬度采用山中式土壤硬度计（PIK-5552型，日本大起理化工业株式会社）测定，单位为mm。

用铝盒采取土样，直接将分层次的土壤装入铝盒内即可，需要及时盖上盒盖、称重。

5.4.2 土壤物理性质测定

土壤物理性质的测定包括土壤硬度、土壤容重、土壤饱和持水量、土壤毛管持水量、田间持水量、土壤孔隙度、土壤通气度和土壤渗透性等。具体测定方法按照《土壤理化分析》（中国科学院南京土壤研究所，1978）和《土壤农业化学常规分析方法》（中国土壤学会农业化学专业委员会，1984）进行。

土壤含水量的测定采用烘干法。

土壤容重的测定采用环刀法。

土壤渗透特性的测定采用双环入渗法，在内环使土壤表层保持 $4 \sim 5$ cm 水层，每更换一次烧杯要将上面环刀水面加至原来高度，直到渗出水量基本稳定为止。记录数据包括初始入渗速率（前 5 min 平均入渗速率）、稳定入渗速率、前 30 min 累计入渗量等。

为避免水分一开始速率不匀、波动过大，取前 3 段共 5 min 内的平均渗透速率为初渗速率（统一单位：mm·min^{-1}）；当同等时间段内（本实验为 3 min）水分渗透量（计测单位：ml）不再随时间增减时即达到稳渗时间，此时的渗透速率为稳渗速率。

5.4.3 土壤化学性质测定

pH 值用电位法进行分析测定；

有机质测定方法采用重铬酸钾氧化外加热法；

全 N 采用用半微量开氏法；

全 P 采用 NaOH 熔融-钼锑抗比色法；

全 K 采用火焰原子吸收分光光度法。

5.5　环境因子调查

在植被调查的同时，现场测定并记录各样地的海拔、坡向、坡度和坡位等环境因子，同时记录样地 GPS 坐标；记载群落地段四周的环境情况以及其他的植被类型等，尽可能正确估计周围地区的环境条件以及人类活动对该植物群落可能产生的影响，包括了解是否存在疏伐、整枝、樵采、烧炭、狩猎、放牧、开矿等人类影响；注意野生动物的活动状况，特别是虫害的存在及影响程度；以及火灾、风灾、冻害、雪压等自然灾害。

海拔、GPS 坐标用手持 GPS 在样地中心点进行测定。

坡向、坡度：根据手持罗盘确定。坡向用方向角表示，如南偏东 25°（SE 25°），北偏西 80°（NW 80°）。

6

播种和植苗造林条件下植被恢复数量特征

6.1　演替阶段的量化与识别

　　量化分析和识别植物群落恢复过程所处的阶段，对于植被自然恢复人工调控具有重要的指导意义。认识和了解植被恢复，对生态恢复重建具有重要的作用。它不仅可以为植被恢复目标的确立提供参考，也可为植被恢复物种选择、植被恢复评价、植被自然恢复人工调控等提供依据。其中对植物群落在演替过程中的位置和状态的识别，对于植被自然恢复人工调控具有重要的指导意义。

　　对群落恢复阶段的量化分析，是群落生态学研究的重要内容。其中对植被恢复状态的分析，除常用的植物群落演替的指标外，也将物种数量变化、优势物种生物量、土壤水分、有机质、根系、凋落物等因子纳入评价指标体系，以对植物群落所处的阶段或状态做出综合分析与判断，为人工调控提供科学依据，与单纯的植被演替研究略有不同。由于该评价过程既涉及定量化因子，也涉及非定量的因子，并且评价本身需要一定的参照系统，因此，需要建立一个评价指标体系，采用相关数量化方法进行划分。

6.1.1　研究方法

6.1.1.1　数据来源

　　数据来源于太行山低山丘陵区 54 块样地调查数据，具体调查与外业取样方法见第 5 章。演替阶段的识别与量化分析分植苗造林植被恢复措施和播种造林植被恢复措施两种进行：植苗造林植被恢复措施下，共选取乔木样地 12 块；播种造林植被恢复措施下，共选取乔木样地 21 块。11 块灌丛样地和 7 块草丛样地均参与两种不同恢复措施演替阶段的量化与识别分析。

6.1.1.2 数据整理与统计方法

6.1.1.2.1 演替阶段识别与量化评价指标体系的建立

本研究共选取 17 个相关指标构成识别与量化评价指标体系，分别代表地形因子、生产力、物种多样性和土壤物理化学特性指标，分别为：郁闭度（植被覆盖度）X_1、海拔 X_2、坡度 X_3、坡向 X_4、坡位 X_5、植被生物量 X_6、所有植物 Simpson 指数 X_7、所有植物 Shannon-Wiener 指数 X_8、所有植物 Pielou 均匀度指数 X_9、土壤 pH 值 X_{10}、土壤有机质 X_{11}、土壤全 N X_{12}、土壤全 P X_{13}、全 K X_{14}、土壤容重 X_{15}、土壤饱和持水率 X_{16} 和土壤总孔隙度 X_{17}。

6.1.1.2.2 数据处理方法

为了定量地对不同恢复措施下各群落的演替阶段进行量化分析，首先选用主成分分析法（principal components analysis，PCA）筛选主导因子，然后采用灰色关联聚类分析法对样地分类，并利用除趋势对应分析法（detrended correspondence analysis，DCA）排序方法对所有样地进行排序，综合灰色关联聚类和 DCA 排序结果，最终对不同恢复措施下演替阶段进行识别与量化。灌丛和草丛样地均参与植苗造林植被恢复措施和播种造林植被的主成分分析、灰色关联聚类和 DCA 排序。

主成分分析法使用 SPSS 19.0 进行数据分析；灰色关联聚类采用 DPS 13.5 进行数据分析；DCA 排序采用 CANOCO 4.5；排序图制作采用 CanoDraw。

1）主成分分析法

主成分分析法是多变量数据处理的重要方法之一。在大部分实际问题中，变量之间是有一定的相关性的。人们自然希望用较少的变量来代替原来较多的变量，并且这些较少的变量能够尽可能地反映原来变量的信息。该方法可将收集到的众多指标，进行坐标的刚性旋转与投影导出新指标（即主成分），使得新指标既能反映原指标提供的大部分信息，彼此又无相关性，从而使问题变得简单明了。

主成分分析法是把原来多个变量化为少数几个综合指标的一种统计分析方法。从数学角度来看，这是一种降维处理技术。假定有 n 个样本，每个样本共有 p 个变量描述，那么如何从这么多变量的数据中抓住地理事物的内在规律性呢？要解决这一问题，自然要在 p 维空间中加以考察，这是比较麻烦的。为了克服这一困难，就需要进行降维处理，即用较少的几个综合指标来代替原来较多的变量指标，而且使这些较少的综合指标既能尽量多地反映原来较多指标所反映的信息，同时它们之间又是彼此独立的。那么，这些综合指标（即新变量）应如何选取呢？显然，其最简单的形式就是取原来变量指标的线性组合，适当调整组合系数，使新的变量指标之间相互独立且代表性最好。

分析过程如下：

对 n 块样地的 p 个指标经标准化变换后，得矩阵 X。

$$X = \begin{bmatrix} x_{11} & x_{12} & \cdots & x_{1p} \\ x_{21} & x_{22} & \cdots & x_{2p} \\ \vdots & \vdots & & \vdots \\ x_{n1} & x_{n2} & \cdots & x_{np} \end{bmatrix} \tag{6.1}$$

当 p 较大时，在 p 维空间中考察问题比较麻烦，记 $x_1, x_2, \cdots, x_p$ 为原变量指标，$z_1, z_2, \cdots, z_m$（$m \leqslant p$）为新变量指标。

$z_1, z_2, \cdots, z_m$ 分别称为原变量指标 $x_1, x_2, \cdots, x_p$ 的第一，第二，$\cdots$，第 m 主成分。

$$\begin{cases} z_1 = l_{11}x_1 + l_{12}x_2 + \cdots + l_{1p}x_p \\ z_2 = l_{21}x_1 + l_{22}x_2 + \cdots + l_{2p}x_p \\ \qquad\qquad\vdots \\ z_m = l_{m1}x_1 + l_{m2}x_2 + \cdots + l_{mp}x_p \end{cases} \tag{6.2}$$

主成分分析的主要任务就是确定每一个主成分 z_i 在原变量 x_j 上的载荷 l_{ij}，系数 l_{ij} 的确定原则：

①z_i 与 z_j（$i \neq j$；$i, j = 1, 2, \cdots, m$）相互无关；

②z_1 是 $x_1, x_2, \cdots, x_p$ 的一切线性组合中方差最大者，z_2 是与 z_1 不相关的 $x_1, x_2, \cdots, x_p$ 的所有线性组合中方差最大者；$\cdots\cdots$；z_m 是与 $z_1, z_2, \cdots, z_{m-1}$ 都不相关的 $x_1, x_2, \cdots, x_p$ 的所有线性组合中方差最大者。

计算相关系数矩阵：

$$R = \begin{bmatrix} r_{11} & r_{12} & \cdots & r_{1p} \\ r_{21} & r_{22} & \cdots & r_{2p} \\ \vdots & \vdots & & \vdots \\ r_{p1} & r_{p2} & \cdots & r_{pp} \end{bmatrix} \tag{6.3}$$

r_{ij}（$i, j = 1, 2, \cdots, p$）为原变量 x_i 与 x_j 的相关系数。

计算步骤：

①解特征方程 $|\lambda I - R| = 0$ 求出特征值，并使其按由大到小的顺序排列，即：

$$\lambda_1 \geqslant \lambda_2 \geqslant \cdots \geqslant \lambda_p \geqslant 0。$$

②分别求出对应于特征值 λ_i 的特征向量 e_i（$i=1,2,\cdots,p$）要求 $\|e_i\|=1$，其中 e_{ij} 表示向量的 j 个分量。

③计算主成分贡献率及累计贡献率。

贡献率：

$$\frac{\sum_{k=1}^{i} \lambda_k}{\sum_{k=1}^{p} \lambda_k} \quad (i=1,2,\cdots,p) \tag{6.4}$$

累计贡献率：

$$\frac{\lambda_i}{\sum_{k=1}^{p} \lambda_k} \quad (i=1,2,\cdots,p) \tag{6.5}$$

计算主成分载荷：

$$l_{ij} = p(z_i, x_j) = \sqrt{\lambda_i} e_{ij} (i,j=1,2,\cdots,p)$$

各主成分的得分：

$$Z = \begin{bmatrix} z_{11} & z_{12} & \cdots & z_{1m} \\ z_{21} & z_{22} & \cdots & z_{2m} \\ \vdots & \vdots & & \vdots \\ z_{n1} & z_{n2} & \cdots & z_{nm} \end{bmatrix} \tag{6.6}$$

在主成分分析之前，对所选取的 17 个指标，将呈负相关的指标采用其倒数（$1/x_i$）进行数学处理，纳入稳定性指标体系。因 17 个指标的量纲各异，对指标的原始数据进行正态标准化处理，得：

$$U = \frac{x_i - \overline{x}}{S_d} \quad (i=1, 2, 3, \cdots, 17) \tag{6.7}$$

式中：U 为第 i 个指标的第 j 个样地观测值的标准化数据，为无量纲的相对值；x_i 为第 i 个指标在某个样地的观测值；$\overline{x}$，S_d 分别为第 i 个指标的平均值及标准差。

2）灰色关联聚类法

灰色关联聚类法是根据灰色关联矩阵将一些观测指标或观测对象聚集成若干个可以定义类别的方法。灰色关联聚类法主要用于同类因素的归并，以使复杂系统简化。由此，我们可以检查许多因素中是否有若干个因素关系十分密切，使我们既能够用这些因素的综合平均指标或其中的某一个因素来代表这几个因素，又可以使信息不受到严重损失，从而使得我们在进行大面积调研之前，通过典型抽样数据的灰色关联聚类，可以减少不必要变量（因素）的收集。

灰色关联聚类实际上是利用灰色关联的基本原理计算各样本之间的关联度，根据关联度的大小来划分各样本的类型。其计算的原理和方法如下。

在进行灰色关联聚类计算之前，首先对原始数据进行标准化处理。本研究采用均值化处理方法：

$$x'_{ij} = \frac{x_{ij}}{\bar{x}_j} \tag{6.8}$$

式中：x'_{ij} 为均值化后的数据；$\bar{x}_j$ 为第 j 个指标的平均值，x_{ij} 为第 i 个样地第 j 个指标的原始数据。

设有 n 个聚类对象，m 个聚类指标，得到原始数据序列：

$$\begin{cases} x_1 = (x_1(1), x_1(2), \cdots, x_1(n)) \\ x_2 = (x_2(1), x_2(2), \cdots, x_2(n)) \\ \vdots \\ x_m = (x_m(1), x_m(2), \cdots, x_m(n)) \end{cases} \tag{6.9}$$

令：

$$x_i^0(k) = x_i(k) - x_i(1) \tag{6.10}$$

利用式（6.9）中的数据序列，采用公式（6.10）计算，得到下面的数据序列的始点零化对象：

$$\begin{cases} x_1^0 = (x_1^0(1), x_1^0(2), \cdots, x_1^0(n)) \\ x_2^0 = (x_2^0(1), x_2^0(2), \cdots, x_2^0(n)) \\ \vdots \\ x_m^0 = (x_m^0(1), x_m^0(2), \cdots, x_m^0(n)) \end{cases} \tag{6.11}$$

令：

$$|s_i| = \left| \sum_{k=2}^{n-1} x_i^0(k) + \frac{1}{2} x_i^0(n) \right| \tag{6.12}$$

$$|s_j| = \left| \sum_{k=2}^{n-1} x_j^0(k) + \frac{1}{2} x_j^0(n) \right| \tag{6.13}$$

$$r_{ij} = \frac{1 + |s_j| + |s_i|}{1 + |s_j| + |s_i| + |s_j - s_i|} \tag{6.14}$$

r_{ij} 为各聚类对象的灰色绝对关联度。

3）DCA 排序法

排序是在对植被的连续性质认识的基础上发展起来的。排序作为一种方法，实质在于按环境因子的抽象梯度或在一个理论空间把植物群落定位。极点排序是由威斯康星学派于 20 世纪 50 年代创立的一种排序方法，其排序过程首先是计算各组分之间的相异系数，这一计算具有严格的几何基础，避免了主观性。DCA 是现代植被梯度分析与环境解释的流行方法（程小琴等，2010），该方法能通过排序图将植物物种和样地的排序与多个环境因子变量的作用联系起来。DCA 排序过程是以任意样方排序为初始值，通过加权平均求种类排序值，再通过种类排序求样方排序新值，由新值再求种类排序，如此反复进行种类排序和样方排序，直到排序值收敛于一个稳定值而获得最终排序结果。这种方法在第二轴上进行除趋势时必须将第一轴分为数个区间。这种做法在数学上被认为是不严谨的，但因其确实是一个有效的方法而被其他排序方法所效仿。

植被数量分类和排序研究，多从生态学的群落概念出发，以群落为研究单位进行类型的划分，即乔、灌、草各层物种均统计在内。它的优点在于可以进行群落类型划分及环境解释分析。应用除趋势对应分析法对灰色关联聚类得到的初步分类结果进行排序，分植苗造林植被和播种造林植被两种模式分别进行DCA 排序。

根据所调查的群落特征数据，计算每一个样地内不同物种的重要值（IV），计算公式如下：

$$乔木重要值=（相对高度+相对盖度+优势度）/3 \qquad (6.15)$$

$$灌木重要值=（相对高度+相对盖度）/2 \qquad (6.16)$$

$$草本重要值=（相对盖度+相对高度）/2 \qquad (6.17)$$

为了满足数据分析的需要，将 17 项指标中地形因子的非数值指标按经验公式建立隶属函数换算成编码，坡向：阳坡（0.3），半阳（0.5），半阴（0.8），阴坡（1.0）；坡位：上坡位（0.4），中坡位（1.0），下坡位（0.8）。

在植苗造林植被恢复措施下，参与排序的 30 块样地中，剔除出现次数少于 3 次的物种，剩余 30 个物种，因而得到 30×30 样地-物种重要值数据矩阵；播种造林植被恢复措施下，参与排序的 39 块样地中，剔除出现次数少于 3 次的物种，剩余 33 个物种，因而得到 39×33 样地-物种重要值数据矩阵。在 CANOCO 4.5 中，首先对数据矩阵进行平方根转换，然后进行排序和绘图。

6.1.2 演替阶段识别评价指标体系

对选取的郁闭度（植被覆盖度）（%）X_1、海拔（m）X_2、坡度（°）X_3、坡向 X_4、坡位 X_5、所有植物 Simpson 指数 X_6、所有植物 Shannon-Wiener 指数 X_7、所有植物 Pielou 均匀度指数 X_8、植被生物量（t·hm^{-2}）X_9、土壤 pH 值 X_{10}、土壤有机质（g·kg^{-1}）X_{11}、土壤全 N（g·kg^{-1}）X_{12}、土壤全 P（g·kg^{-1}）X_{13}、全 K（g·kg^{-1}）X_{14}、土壤容重（g·cm^{-3}）X_{15}、土壤饱和持水率（%）X_{16}、土壤总孔隙度（%）X_{17} 等 17 项评价指标进行简单描述统计，结果见表 6-1 和表 6-2，然后采用公式（6.7）进行标准正态标准化。

表 6-1 植苗造林植被恢复措施下演替阶段识别评价指标描述统计

评价指标	极小值	极大值	均值	标准差	偏度	峰度
X_1	5.000	89.000	50.570	3.581	−0.252	−0.861
X_2	264.000	670.000	463.470	7.858	−0.007	−0.646
X_3	5.000	32.000	17.270	7.688	0.136	−1.116
X_4	0.300	0.800	0.550	0.233	0.044	−1.932
X_5	0.400	1.000	0.513	0.215	1.521	0.650
X_6	0.374	1.447	0.760	0.224	0.768	2.168
X_7	0.700	2.272	1.428	0.420	0.430	−0.360
X_8	0.343	0.914	0.768	0.174	−1.484	0.811
X_9	0.888	610.128	186.162	193.096	0.713	−1.331
X_{10}	5.190	8.070	7.596	0.552	−3.206	12.480
X_{11}	4.251	72.516	26.132	5.788	1.231	1.115
X_{12}	0.078	0.517	0.304	0.114	0.202	−0.445
X_{13}	0.243	0.786	0.447	0.166	0.798	−0.595
X_{14}	21.569	51.608	31.396	6.329	1.341	2.156
X_{15}	1.006	1.714	1.308	0.125	0.429	3.500
X_{16}	20.120	73.630	42.738	18.067	0.300	−1.385
X_{17}	31.840	92.900	57.667	22.281	0.536	−1.327

从表 6-1 和表 6-2 可以看出，不同指标之间存在一定的差异。有些指标变异较小，其极差、标准差均较小。有些指标变异较大，如：郁闭度最小值仅有 5%，最大值达到 89%；生物量变动较大，这是因为，对于乔木群落，其地上、地下部生物量均较草丛地大很多。对于标准差较大的指标，将在主成分分析占据较大的份额，是评价的主要因子。但这些指标都是有量纲的，不能简单比较。因此，必须先对这些指标进行标准化，然后才能进行主成分分析。

表 6-2　播种造林植被措施下演替阶段识别评价指标描述统计

评价指标	极小值	极大值	均值	标准差	偏度	峰度
X_1	20.000	90.000	11.740	18.434	-0.381	-0.790
X_2	339.000	625.000	22.590	87.170	-0.393	-1.220
X_3	5.000	35.000	9.850	7.690	-0.162	-0.700
X_4	0.300	0.800	0.587	0.231	-0.269	-1.842
X_5	0.400	1.000	0.595	0.270	0.729	-1.425
X_6	0.374	1.071	0.746	0.153	-0.879	0.964
X_7	0.355	2.272	1.253	0.488	0.379	-0.313
X_8	0.343	0.980	0.743	0.176	-1.009	0.035
X_9	0.888	976.546	174.422	308.955	0.848	-0.313
X_{10}	5.180	7.980	7.143	0.883	-1.108	-0.020
X_{11}	6.456	59.973	7.173	13.721	0.785	-0.415
X_{12}	0.167	0.691	0.318	0.112	1.022	1.756
X_{13}	0.296	1.278	0.523	0.222	1.276	1.933
X_{14}	23.502	47.581	4.135	6.824	0.439	-1.191
X_{15}	1.005	1.714	1.339	0.126	-0.064	2.094
X_{16}	20.120	78.390	45.132	18.485	0.201	-1.423
X_{17}	31.840	109.870	61.950	24.230	0.351	-1.349

6.1.3　基于主成分分析的演替阶段的量化与识别

6.1.3.1　植苗造林植被演替识别评价指标体系及主成分分析结果

6.1.3.1.1　主成分的提取

利用 SPSS 19.0 统计分析软件对 30 块样地、17 项评价指标数据采用公式（6.7）进行标准化，然后对标准化后的数据进行主成分分析，其载荷量结果见表 6-3，这里只列出前 6 个主成分的因子负荷和特征值。提取对分析结果起决定性作用的前 m 个主要因子，这里提取的原则是根据特征值大于 1，共提取 6 个主成分的特征值，使得累积贡献率达到 79.469%，接近 80%。从表 6-3 可以看出，第 1 个主成分的特征根为 4.483，它解释了总变异的 26.373%；第 2 主成分的特征根为 2.650，它解释了总变异的 15.587%；其余变量依次类推，而累积贡献率是各个变量的贡献率之和。由表 6-3 下半部的特征根、贡献率和累积贡献率可见，前 6 个主成分的累积贡献率已达 79.469%，这说明前 6 个主成分包含了评价指标体系原始数据的绝大部分信息量，符合主成分分析的条件。

表 6-3　总方差解释表

主成分	特征值及其贡献		
	特征值	方差的贡献率/%	累积贡献率/%
1	4.483	26.373	26.373
2	2.650	15.587	41.96
3	2.210	13.002	54.962
4	1.836	10.798	65.76
5	1.307	7.687	73.447
6	1.024	6.022	79.469

6.1.3.1.2　因子负荷矩阵分析

因子负荷矩阵用来反映各个主成分的变异主要可以由哪些因子解释,可以清晰反映各变量的贡献能力。表 6-4 中绝对值较大的数字即对各对应主成分影响最大的正或负指标。对第 1 主成分正效应最大的是土壤饱和持水率(%)、土壤总孔隙度(%)、土壤有机质(g·kg^{-1})和土壤全 N(g·kg^{-1})等 4 个指标,负效应最大的是所有植物 Shannon-Wiener 指数;由第 2 主成分负荷量可以看出,负效应较大的是坡度,正效应最大的为植被生物量(t·hm^{-2}),由于第 1、第 2 主成分对评价指标体系的影响是最大的,可以认为对植苗造林植被恢复措施下演替识别评价指标体系影响最大的 7 个因子分别为:土壤饱和持水率(%)、土壤总孔隙度(%)、土壤有机质(g·kg^{-1})、土壤全 N(g·kg^{-1})、所有植物 Shannon-Wiener 指数、坡度和植被生物量(t·hm^{-2})。

表 6-4　各参评因子的负荷矩阵

评价指标	主成分因子负荷量					
	1	2	3	4	5	6
X_1	0.438	0.368	0.482	0.302	−0.311	−0.234
X_2	−0.108	0.325	0.379	0.670	0.262	−0.079
X_3	−0.388	−0.714	0.195	−0.230	0.053	−0.159
X_4	−0.335	0.351	0.357	0.303	0.468	−0.260
X_5	−0.537	−0.150	−0.400	0.452	−0.442	−0.080
X_6	−0.357	0.401	−0.591	−0.036	0.270	0.157
X_7	−0.740	0.132	−0.075	0.444	−0.424	0.122
X_8	−0.584	0.529	−0.167	0.213	−0.184	0.114
X_9	0.370	0.628	−0.507	−0.181	0.235	0.077
X_{10}	−0.554	−0.401	0.117	0.097	0.204	0.206
X_{11}	0.695	−0.159	−0.187	0.333	0.091	−0.329
X_{12}	0.610	−0.208	−0.289	0.401	0.164	−0.241
X_{13}	0.307	0.200	0.476	−0.318	−0.454	−0.099

续表

评价指标	主成分因子负荷量					
	1	2	3	4	5	6
X_{14}	−0.098	0.536	0.642	−0.169	0.141	0.302
X_{15}	−0.195	−0.557	0.307	0.338	0.246	0.326
X_{16}	0.820	−0.009	−0.047	0.239	−0.115	0.413
X_{17}	0.774	−0.185	0.026	0.298	−0.081	0.467

6.1.3.2 播种造林植被演替识别评价指标体系及主成分分析结果

6.1.3.2.1 主成分的提取

利用 SPSS 19.0 统计分析软件对播种造林植被恢复措施下不同演替序列的 39 块样地、17 项评价指标数据采用公式（6.7）进行标准化，然后对标准化后的数据进行主成分分析，其载荷量结果见表 6-5。可以看出，第 1 个主成分的特征根为 3.779，它解释了总变异的 22.231%；第 2 个主成分的特征根为 3.046，它解释了总变异的 17.916%，前 2 个主成分累积贡献率最高，前 6 个主成分的累积贡献率达 76.588%。

表 6-5　总方差解释表

主成分	特征值及其贡献		
	特征值	方差的贡献率/%	累积贡献率/%
1	3.779	22.231	22.231
2	3.046	17.916	40.147
3	2.049	12.050	52.197
4	1.559	9.172	61.369
5	1.510	8.883	70.252
6	1.077	6.336	76.588

6.1.3.2.2 因子负荷矩阵分析

从表 6-6 可知，对第 1 主成分正效应最大的是土壤饱和持水率（%）、土壤总孔隙度（%）、郁闭度（植被覆盖度）（%）和植被生物量（t·hm^{-2}）4 个指标，负效应较大的是所有植物 Shannon-Wiener 指数、土壤 pH 值两个指标；由第 2 主成分负荷量可以看出，负效应较大的是土壤有机质（g·kg^{-1}），正负效应最大的是所有植物 Simpson 指数。因此，可以认为对播种造林植被恢复措施下演替识别评价指标体系影响最大的 8 个因子是：土壤饱和持水率（%）、土壤总孔隙度（%）、郁闭度（植被覆盖度）（%）、植被生物量（t·hm^{-2}）、所有植物 Shannon-Wiener 指数、土壤 pH 值、土壤有机质（g·kg^{-1}）和所有植物 Simpson 指数。

表 6-6 各参评因子的负荷矩阵

评价指标	主成分因子负荷量					
	1	2	3	4	5	6
X_1	0.604	0.371	0.021	−0.278	−0.246	0.133
X_2	0.186	0.318	0.53	−0.409	−0.42	0.154
X_3	−0.062	0.224	−0.378	0.453	−0.501	0.036
X_4	0.005	0.32	0.348	−0.028	0.165	0.725
X_5	−0.244	0.361	0.477	0.448	0.02	−0.299
X_6	−0.057	0.702	0.289	0.254	0.22	−0.3
X_7	−0.655	0.044	0.057	−0.203	0.581	−0.091
X_8	−0.225	0.518	0.179	−0.154	0.536	0.149
X_9	0.544	0.361	0.499	0.349	−0.062	−0.176
X_{10}	−0.737	−0.361	0.13	0.033	−0.111	0.055
X_{11}	0.427	−0.642	0.477	0.05	0.13	0.029
X_{12}	0.326	−0.603	0.527	0.203	0.028	−0.034
X_{13}	0.423	0.389	−0.459	−0.263	0.181	−0.272
X_{14}	0.465	0.635	−0.181	0.192	0.054	0.191
X_{15}	−0.053	−0.106	−0.319	0.698	0.228	0.382
X_{16}	0.832	−0.266	−0.076	−0.07	0.295	−0.08
X_{17}	0.785	−0.297	−0.192	0.118	0.338	0.026

在播种造林植被恢复措施下,对评价指标体系影响的主要指标与植苗造林植被恢复措施模式有所差异,也有共同之处。在土壤方面,土壤饱和持水率(%)、土壤总孔隙度(%)和土壤有机质(g·kg^{-1})均为两种植被恢复措施下的主要影响因子;在植被方面,植被生物量(t·hm^{-2})、所有植物 Shannon-Wiener 指数均为影响植被演替进程的主要因子。但在播种造林恢复措施下,郁闭度(植被覆盖度)和土壤 pH 值是演替进程的主要指示因子。

6.1.4 基于灰色关联聚类的演替阶段的量化与识别

主成分分析结果表明,在植苗造林植被恢复措施下,土壤饱和持水率(%)、土壤总孔隙度(%)、土壤有机质(g·kg^{-1})、土壤全 N(g·kg^{-1})、所有植物 Shannon-Wiener 指数、坡度和植被生物量(t·hm^{-2})为影响植苗造林植被恢复措施下演替识别评价指标体系的主要因子。为了提高灰色关联聚类的精度,我们选取这 7 个指标作为 30 个样地的聚类指标。

始点零化对象值是计算 S_i（S_j）的基础，而 S_i（S_j）又是计算绝对关联度的基础，利用公式（6.9）～公式（6.13）分别计算各样地的始点零化对象和 S_i（S_j），结果见表 6-7。利用公式（6.14）及表 6-7 的数据，计算出不同样地的灰色绝对关联度。为了体现不同样地之间的演替差异，进而将演替阶段进行识别与分析，并将其进行分类，计算出关联矩阵来反映序列间关联程度。

表 6-7　各样地 7 个评价指标的始点零化对象及 S_i（S_j）

样地号	始点零化对象							S_i（S_j）
3	0.000	0.363	2.359	−0.416	0.298	0.328	0.331	3.098
4	0.000	0.568	2.100	2.496	1.445	0.754	0.679	7.702
5	0.000	0.003	2.273	0.606	−0.606	0.143	−0.067	2.384
9	0.000	−0.040	0.932	−0.155	0.463	−0.049	−0.218	1.043
10	0.000	−0.032	0.734	0.139	0.256	−0.138	−0.007	0.956
11	0.000	−0.431	0.937	−0.538	0.025	−0.455	−0.411	0.668
15	0.000	−0.594	−0.394	−0.632	−0.648	−0.252	−0.104	2.572
16	0.000	0.479	2.486	0.458	0.382	0.762	0.638	4.886
17	0.000	0.200	2.814	1.064	1.230	0.723	0.645	6.354
21	0.000	0.278	2.543	1.257	1.220	1.250	1.219	7.158
25	0.000	0.734	2.794	0.272	0.853	0.964	1.011	6.123
33	0.000	0.565	1.700	0.065	−0.015	0.732	0.704	3.399
34	0.000	−0.556	−1.614	−1.018	−1.060	−0.988	−0.963	5.718
35	0.000	−0.810	−1.443	0.477	−0.190	−0.012	0.003	1.976
36	0.000	−0.390	−1.440	0.533	−0.373	0.110	−0.721	1.921
37	0.000	−0.285	−0.864	1.014	0.426	0.691	0.675	1.320
38	0.000	−0.242	−0.863	1.035	0.480	0.673	0.774	1.469
39	0.000	−0.759	−1.500	−0.475	−0.050	−0.568	−0.283	3.493
40	0.000	−0.954	−1.442	−1.200	−0.398	−0.980	−0.871	5.410
41	0.000	0.662	−0.857	−0.142	0.011	−0.348	−0.132	0.740
42	0.000	0.701	−0.742	−0.073	0.203	0.973	0.983	1.555
43	0.000	−0.307	−1.612	−0.905	−0.790	−1.091	−1.024	5.218
44	0.000	−0.203	−1.438	−0.744	−0.770	−0.808	−0.878	4.403
45	0.000	0.349	−0.684	−0.015	0.275	0.942	1.094	1.413
46	0.000	0.052	−0.977	−0.382	−0.447	−0.423	−0.355	2.354
47	0.000	−0.608	−1.844	−1.132	−0.800	−1.151	−1.303	6.186
48	0.000	−0.321	−1.439	−0.921	−0.950	−0.812	−0.742	4.815
49	0.000	−0.006	−0.918	−0.322	−0.389	−0.312	−0.380	2.137
50	0.000	0.909	−0.688	−0.051	0.024	−0.218	−0.047	0.048
51	0.000	0.677	−0.914	−0.293	−0.104	−0.443	−0.250	1.202

表 6-8　植苗造林植被恢复措施下灰色聚类结果

组别	样地号	类型描述
第一组	3、4、5、9、10、11、15、16、17、21、25、33	侧柏乔木林
第二组	41、36、38、39、40	白草为主
第三组	34、35、37	荩草、白草
第四组	42、43、44、45、46、49	荆条为主
第五组	47、48、50、51	酸枣为主

确定聚类临界值为 0.90，挑出 r_{ij} 大于 0.90 的灰色绝对关联度，选择每组中标号最小的标号为一类的代表进行归类，结果如表 6-8 所示。可以看出，利用灰色关联聚类方法，大致可以把植苗造林植被恢复措施下的全部样地划分为五组，各组的主要植被分别为侧柏乔木林、白草为主的群落、荩草和白草为主的群落、荆条为主的群落和酸枣为主的群落。

主成分分析结果显示，土壤饱和持水率（%）、土壤总孔隙度（%）、郁闭度（植被覆盖度）（%）、植被生物量（$t \cdot hm^{-2}$）、所有植物 Shannon-Wiener 指数、土壤 pH 值、土壤有机质（$g \cdot kg^{-1}$）和所有植物 Simpson 指数为影响播种造林植被恢复措施下演替阶段识别评价指标体系的主要指标。

利用公式（6.9）～公式（6.13）对播种造林植被恢复措施下的 39 块样地的上述 8 个指标，分别计算各样地的始点零化对象和 S_i（S_j），结果见表 6-9。利用公式（6.14）及表 6-7 的数据，计算出播种造林植被恢复措施下 39 个不同样地的灰色绝对关联度。确定聚类临界值为 0.90，从灰色绝对关联度表中第一列开始检查，挑出 r_{ij} 大于 0.90 的灰色绝对关联度，选择每组中标号最小的标号为一类的代表进行归类，结果如表 6-10 所示。可以看出，播种造林植被恢复措施下大致可以分为六组，从第一组到第六组，主要植被类型分别为：刺槐群落、栓皮栎群落、白草为主的群落、荩草和白草为主的群落、荆条为主的群落和酸枣为主的群落。

表 6-9　各样地 8 个评价指标的始点零化对象及 S_i（S_j）

样地号				始点零化对象					S_i（S_j）
1	0.000	−0.364	−0.512	−0.011	−0.251	−0.349	−0.101	−0.275	1.726
2	0.000	0.022	−0.351	−0.076	−0.265	0.169	0.188	0.455	0.085
6	0.000	−0.032	−0.205	−0.212	−0.482	−0.220	0.594	0.183	0.467
7	0.000	−0.380	−0.481	−0.355	−0.565	−0.815	−0.677	−0.672	3.608
8	0.000	−0.090	−0.036	−0.035	0.038	1.237	0.112	0.003	1.226
12	0.000	−0.411	−0.570	−0.512	−0.560	−0.517	−0.552	−0.382	3.312
13	0.000	0.469	−0.365	−0.022	0.102	−0.416	−0.063	0.077	0.256

样地号				始点零化对象					S_i（S_j）
14	0.000	0.554	0.292	0.676	0.120	−0.068	0.727	1.010	2.807
18	0.000	−0.228	−0.403	0.025	−0.410	−0.600	−0.140	−0.002	1.757
19	0.000	−0.337	−0.770	−0.133	−0.641	−0.128	0.311	0.613	1.390
19	0.000	−0.157	−0.133	0.787	−0.126	0.367	0.557	0.757	1.674
20	0.000	0.704	0.486	1.405	0.600	1.091	0.433	0.494	4.966
22	0.000	0.533	0.079	1.380	0.447	0.086	0.002	−0.043	2.506
23	0.000	−0.071	−0.333	0.874	−0.076	−0.092	−0.259	−0.248	0.081
24	0.000	−0.238	−0.467	0.851	−0.264	0.249	−0.374	−0.467	0.478
26	0.000	−0.493	−1.068	0.829	−0.470	−0.541	0.069	0.138	1.604
27	0.000	−0.114	−0.946	1.009	−0.504	−0.949	−0.076	0.060	1.550
28	0.000	−0.148	−0.942	2.263	−0.236	−0.176	−0.646	−0.571	0.171
30	0.000	0.078	−0.302	1.857	−0.364	0.413	0.344	0.451	2.251
31	0.000	−0.196	−0.164	1.920	−0.451	−0.316	−0.134	−0.222	0.548
32	0.000	0.415	0.646	2.846	0.345	1.343	0.611	0.523	6.468
34	0.000	0.583	1.259	−0.562	0.549	0.112	−0.090	0.081	1.891
35	0.000	0.606	1.259	−0.559	0.422	0.126	−0.083	0.110	1.825
36	0.000	0.445	0.848	−0.641	0.457	0.047	−0.117	−0.050	1.015
37	0.000	0.200	0.607	−0.803	0.297	−0.118	−0.170	−0.240	0.107
38	0.000	−0.033	0.364	−1.046	0.065	−0.361	−0.350	−0.502	1.612
39	0.000	0.187	0.770	−0.964	0.139	−0.279	−0.451	−0.235	0.714
40	0.000	0.209	0.765	−0.883	0.217	−0.224	0.835	0.845	1.341
41	0.000	−0.485	−0.027	−1.207	−0.239	−0.546	0.423	0.574	1.794
42	0.000	−0.217	−0.035	−1.209	−0.112	−0.624	−0.653	−0.585	3.143
43	0.000	−0.084	0.311	−0.966	0.126	−0.381	−0.336	−0.266	1.462
44	0.000	−0.251	−0.085	−1.128	−0.033	−0.543	−0.519	−0.587	2.852
45	0.000	0.160	0.484	−0.723	0.352	−0.138	−0.095	−0.070	0.005
46	0.000	−0.469	−0.245	−0.968	0.116	0.889	0.464	0.479	0.026
47	0.000	0.240	0.556	−0.642	0.443	0.801	0.910	0.079	2.347
48	0.000	−0.597	−0.469	−1.130	−0.038	0.297	0.426	0.410	1.307
49	0.000	−0.338	−0.178	−0.887	0.186	0.975	0.651	0.752	0.784
50	0.000	−0.160	0.122	−0.725	0.330	0.281	0.209	0.494	0.303
51	0.000	0.488	0.238	−0.320	0.735	−0.081	0.144	0.253	1.331

表 6-10　播种造林植被恢复措施下灰色聚类结果

组别	样地号	类型描述
第一组	1、2、8、14、18、24、27、29、32	刺槐群落
第二组	6、7、12、13、19、20、22、23、26、28、30、31	栓皮栎群落
第三组	34、36、37、39、40	白草为主

续表

组别	样地号	类型描述
第四组	35、38	莨草、白草
第五组	42、43、44、45、46、49、51	荆条为主
第六组	41、47、48、50	酸枣为主

6.1.5　基于 DCA 排序的演替阶段的量化与识别

灰色关联聚类分析结果只能描述各样地所在的大的植被类型如乔木林、灌丛、草丛等，并不能进行细化到各植被类型的不同演替阶段，为此必须对灰色关联聚类得到的各样地进行排序，以便细化到各个演替阶段。

为了更直观地观察样地分类结构，精确划分演替阶段，依据灰色关联聚类分析得到的植被分类结果，在植苗造林植被恢复措施下，对样地和物种重要值组成而得到的 30×30 样地-物种重要值数据矩阵，采用 CANOCO4.5 软件进行分类与排序。DCA 排序结果显示，前 4 个排序轴的特征值分别为 0.571、0.341、0.216、0.126。其中第一、第二排序轴特征值较大，包含的生态信息较多，显示出重要的生态意义，采用前两个轴的数据做样地的二维排序图见图 6-1。在播种造林植被恢复措施下，对样地和物种重要值组成而得到的 39×33 样地-物种重要值数据矩阵，经 DCA 分析后，结果显示，前 4 个排序轴的特征值分别为 0.475、0.273、0.167、0.116。排序图见图 6-2。

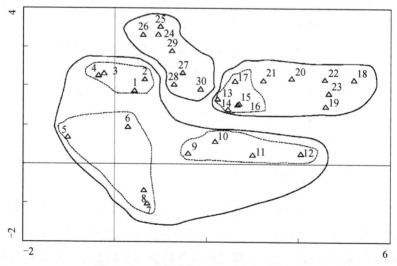

图 6-1　30 个样地的 DCA 二维排序图

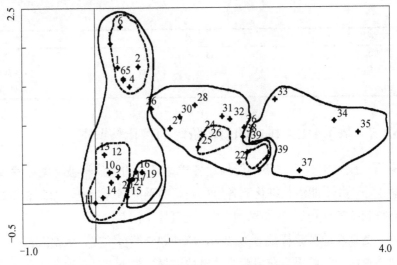

图 6-2　39 个样地的 DCA 二维排序图

在植苗造林植被恢复措施下，结合样地主要植被类型和图 6-1 所显示的生态信息，沿第一、第二排序轴可以将整个植苗造林植被恢复措施下的全部 30 个样地划分为 3 个大的区域。沿第二排序轴，从上到下分别为草丛、灌丛和乔木林。第二排序轴基本反映了植物群落所处生境的水分状况，表现出植物群落所在环境水分变化的趋势，即从下至上，土壤中的水分含量逐渐减少，即使在同一植被型中，不同群丛所处生境的水分状况也不一样，到了乔木演替后期，水分状况较为稳定。在乔木演替序列内，沿第二排序轴从上到下，可以将乔木林划分为 3 个演替阶段，分别为演替初期、演替中期和演替后期。

在播种造林植被恢复措施下，结合样地主要植被类型和图 6-2 所显示的信息，沿排序图第一轴从左到右，可将所有 39 块样地划分为乔木林、灌丛和草丛。在乔木林中，沿第二轴又可以分为 3 个演替阶段，分别为演替初期、演替中期和演替后期。在灌丛阶段，又可以分为 3 个演替阶段，沿第二轴从下到上，分别为演替初期、演替中期和演替后期。

6.1.6　演替阶段划分与识别结果

依据灰色管理聚类结果和 DCA 排序结果，结合样地植被和土壤特征，可以将该区域典型植被的演替阶段进行划分和识别，结果如表 6-11 所示。

在植苗造林植被恢复措施和播种造林植被恢复措施下，由于灌丛和草丛都为其演替序列的早期演替阶段，因此，在样地分类时，将草丛和灌丛演替阶段作为两种恢复措施的共同演替阶段。到了乔木演替阶段两者开始分支，即分为植苗造林植被恢复措施和播种造林植被恢复措施两个不同演替序列。

表 6-11　不同植被恢复措施演替序列划分结果

恢复措施	演替阶段	样地号	主要特征
植苗造林	演替初期	3、9、11、15	以人工侧柏幼树为主，林龄在 20 年以下；主要灌木为荆条和酸枣，草本植物以白羊草为主
	演替中期	4、10、25、33	主要为人工侧柏林，林龄在 20～40 年；主要灌木为荆条、胡枝子等
	演替后期	5、16、17、21	主要为人工侧柏林，林龄在 40 年以上；主要灌木为荆条，主要草本植物为隐子草、白羊草等
播种造林	演替初期	2、7、14、20、24、30、31	主要植被类型为栓皮栎幼林和刺槐幼林，林龄在 20 年以下；主要灌木和草本植物分别为荆条和茵陈蒿等
	演替中期	1、8、12、19、22、23、32	主要为林龄在 20～40 年的刺槐林和栓皮栎林，伴生有黄连木等；主要灌木为荆条，草本为白羊草
	演替后期	6、13、18、26、27、28	主要为林龄在 40 年以上的刺槐林和栓皮栎林
灌丛	演替初期	50、51	一般在山坡上部，以酸枣灌木群落为主，土壤条件瘠薄，水分条件极差
	演替中期	43、44、47	一般在山坡中上部，阳坡为主，以荆条、胡枝子为主
	演替后期	41、42、45、46、48、49	一般分布在乔木林周围，以荆条为主，间或有一些栓皮栎幼苗出现
草丛		34、35、36、37、38、39、40	分布在山坡顶部或坡度较大的地段，以白草、荩草、蒿类为主的草本植物群落

6.2　不同演替阶段植被优势种群数量特征

6.2.1　研究方法

6.2.1.1　优势种群的确定

本研究运用物种重要值作为判断优势度的指标。在植被数量生态学中，常用重要值来表示不同优势种所占的比重，本研究利用公式（6.15）～公式（6.17）分别计算各样地的乔木、灌木和草本重要值，然后分演替阶段求其平均值，最终选出重要值高于其他物种的优势种群。

6.2.1.2 树高、直径分布规律研究方法

林分直径分布是林分内不同直径林木按径阶的分布状态。无论从理论上还是实践上，林分直径是最重要、最基本的林分结构，它直接影响着林木的树高、干形、材积、材种及树冠等因子的变化，是许多森林经营技术及测树制表技术理论的依据。从自然保护区经营管理的角度看，林分直径分布不仅可以直接检验经营措施的效果，而且也能反映林分的生态利用价值。林分树高分布规律是不同树高的林木按树高组进行分配，与直径密切相关，均是林分结构的最基本结构。

为了深入研究优势乔木种群树高和直径分布规律，在对不同演替阶段所有调查树种分组整理的基础上，对乔木阔叶树种以 4.5 cm 为林木胸径的起测标准，对所调查的所有树木分别采用 2 cm 和 2 m 为一个径级和高度级，统计不同径级和高度级内林木分布株数和频数；对侧柏等针叶树种以 0.5 cm 为起测径阶标准进行每木检尺，对所调查的所有树木分别采用 2 cm 和 2 m 为一个径级和高度级，分别统计不同径级和高度级内林木株数和频数。

本研究采用正态分布、Gamma 分布、对数正态分布、Weibull 分布和 Beta 分布 5 种分布的概率密度函数以及偏度和峰度加以描述，其概率分布函数和特征数计算公式如下：

正态分布：

$$f(x) = \frac{e^{-\frac{x^2}{2}}}{\sqrt{2\pi}},$$ (6.18)

式中：

$$x = \frac{D - \overline{D}}{\sigma}; \overline{D} = \frac{1}{n}\sum_{i=1}^{n} D_i; \sigma = \sqrt{\frac{1}{n}\sum_{i=1}^{n}(D_i - \overline{D})^2}$$ (6.19)

对数正态分布：

$$f(x) = \begin{cases} 0, x \leqslant 0 \\ \frac{2}{x\sigma\sqrt{2\pi}}\exp\left\{-\frac{1}{2}\left(\frac{\ln y - a}{\sigma}\right)^2\right\}, x > 0 \end{cases}$$ (6.20)

式中：参数 a、σ 为随机变量 $y = \ln x$ 的平均数和标准差。

Weibull 分布：

$$f(x) = \begin{cases} 0, x \leqslant 0 \\ \dfrac{c}{b}\left(\dfrac{x}{b}\right)^{c-1} \exp\left\{-\left(\dfrac{x}{b}\right)^c\right\}, x > 0 \end{cases} \tag{6.21}$$

式中：c 一般取值为 $1 \sim 3.6$，当 $c < 1$ 时，为倒 J 型分布；$c = 1$ 时，为指数分布；$c = 2$ 时，为 χ_2 分布；$c = 3.6$ 时，为近似正态分布；c 趋向于无穷大时，为单点分布。

Gamma 分布：

$$f(x) = \begin{cases} 0, x \leqslant 0 \\ \dfrac{\beta^\alpha}{\Gamma(\alpha)} x^{\alpha-1} e^{-\beta x}, x > 0 \end{cases} \tag{6.22}$$

式中：α、$\beta > 0$，$E_x = \dfrac{\alpha}{\beta}$，$D_x = \dfrac{\alpha}{\beta^2}$。当 $\alpha = 1$ 时，Γ 分布的特殊情形为指数分布。

Beta 分布：

$$f(x) = \begin{cases} 0, x \leqslant 0 \text{ 或 } x > 1 \\ \dfrac{1}{\beta(m,n)} x^{m-1}(1-x)^{n-1}, 0 < x < 1 \end{cases} \tag{6.23}$$

式中：m、$n > 0$；$E_x = \dfrac{m}{m+n}$；$D_x = \dfrac{mn}{(m+n)^2(m+n+1)}$。

直径分布特征数包括：

变动系数，反映分布大小，c 大则离散程度大，分布范围也大。计算公式为

$$c = \frac{S}{\bar{x}} \times 100\% \tag{6.24}$$

式中：S 为标准差，$\bar{x}$ 为平均直径。

偏度 $\alpha_3 > 0$ 时为左偏，$\alpha_3 < 0$ 时为右偏。计算公式为

$$\alpha_3 = \frac{m_3}{\sigma^3} \tag{6.25}$$

式中：m_3 为三阶中心矩。

偏度表示非对称分布的偏斜方向与偏斜程度，偏度大于 0 为左偏，偏度小于 0 为右偏。偏度的绝对值愈大则表明偏斜程度越大。

峰度用于说明峰态变化，α_4 值越大，概率密度曲线越尖峭；反之，则概率密度曲线越平坦。计算公式为

$$\alpha_4 = \frac{m_4}{\sigma^4} - 3 \tag{6.26}$$

式中：m_4 为四阶中心矩。

峭度表示分布的尖峭或平坦程度，ST>0 表示尖峭，ST<0 表示平坦，正态分布的峭度 ST=0，ST 的绝对值越大表明与正态分布的差别越大。

6.2.1.3 生态位研究方法

生态位（ecological niche）是指一个种群在生态系统中，在时间和空间上所占据的位置及其与相关种群之间的功能关系与作用（胡建忠等，2005）。生态位是一个物种所处的环境以及其本身生活习性的总称。生态位的定义必须与物种所栖息的群落生境相联系，也就是说，物种的生态位是指物种在群落生境中对资源的利用能力，这种能力体现在物种在群落中的分布范围、分布形式及生物量的占有上。物种生态位受其所生存的群落内部生物与非生物环境的共同影响，因此物种在不同的群落生境中拥有不同的生态位。

重要值反映物种在群落中的优势度，而生态位宽度是度量植物种对环境资源利用状况的尺度。种群生态位宽度越大，则说明它对环境的适应能力越强。本研究主要利用以下 4 种生态位宽度指数：

Levins 生态位宽度（LB）：

$$B_i = -\sum_{j=1}^{r} P_{ij} \log P_{ij} \tag{6.27}$$

式中：B_i 为种 i 的生态位宽度；r 为资源等级数；$P_{ij} = \dfrac{n_{ij}}{N_i}$，其中，$N_i = \sum_j n_{ij}$，$n_{ij}$ 为物种 i 在资源位 j 的重要值，N_i 为物种 i 在所有资源位的重要值之和。

Hurlbert 生态位宽度指数（HB）：

$$B_\alpha = \frac{B_i - 1}{r - 1} \tag{6.28}$$

其中，$B_i = \dfrac{1}{\sum_{j=1}^{r} \left(p_{ij}^2 \right)}$，$B_\alpha$ 为生态位宽度，P_{ij} 和 r 的含义同上式，该方程的值域为[0, 1]。

Evenness 均匀度测度指数（J）：

$$H' = -\sum_{j=1}^{n} p_j \ln(p_j)$$

$$J' = \frac{H'}{\ln(n)} \tag{6.29}$$

式中：p_j 为利用资源 j 的个体的比例，n 为可能的资源状态总数。

Smith 生态位宽度测度（*FT*）：

$$FT = \sum_{j=1}^{n} \sqrt{p_j \alpha_j} \tag{6.30}$$

式中：p_j 为利用资源 j 的个体的比例；α_j 为整个资源中资源 j 所占比例；n 为可能的资源状态总数。

了解群落组织结构的一个方面是测度生物群落不同生物物种在资源利用方面的重叠程度。它表示种间竞争中，某一物种与竞争种共存的极限相似性。研究所应用的生态位重叠度指标为 Pianka 测度指标：

$$O_{jk} = \frac{\sum_{i=1}^{n} p_{ij} p_{ik}}{\sqrt{\sum_{i=1}^{n} p_{ij}^2 \sum_{i=1}^{n} p_{ik}^2}} \tag{6.31}$$

本研究运用物种重要值作为判断优势度的指标。在植被数量生态学中，常用重要值来表示不同优势种所占的比重，本研究利用公式（6.15）～公式（6.17）分别计算各样地的乔木、灌木和草本重要值，分演替阶段求其平均值，选出重要值高于其他物种的优势种群。

6.2.2 不同演替阶段乔木优势种群特征

6.2.2.1 重要值

对所有调查样地的乔木种重要值进行计算，并求其平均值，选取重要值较高的树种（表 6-12），可知，刺槐、侧柏、栓皮栎的在各发育阶段优势地位均突出，重要值均大于 0.750。

从表 6-12 可以看出，随着各优势树种林木年龄的增加，重要值表现出不同的变化趋势。随着林木年龄的增加，刺槐重要值先增加后减少，3 个年龄段分别为 0.844、0.850 和 0.797。刺槐 20 a 以下的树种在维持群落结构和功能方面占据重要的地位，刺槐萌蘖能力较强；到了 20～35 a 的时候，刺槐仍在群落中占据重要地位；到了 35 a 以后，新增加的物种已占有较大的比例，明显改变了原有群落的结构，刺槐优势地位有所下降。随着林分年龄增加，侧柏重要值逐渐增大，从 0.752 增加到 0.897；而栓皮栎重要值呈下降趋势，从 0.854 减小到 0.792。侧柏为植苗造林树种，在其幼龄阶段有一些当地的小乔木存在，如构树和臭椿等，但到了 40 a 以后，侧柏林完全郁闭，阻碍了其他阔叶树种的生长发育。栓皮栎为当地的乡土树种，属先锋树种，在其幼龄阶段，有大量幼树存在，使得其他耐阴树种无法生长。但是栓皮栎到了中龄之后，随着土壤环境条件的改善，其他一些耐阴的树种开始出现。

表 6-12　主要树种重要值

优势树种	年龄/a	相对密度	相对优势度	相对频度	重要值
刺槐	20 以下	0.994	0.958	0.550	0.844
	20～35	0.996	0.975	0.567	0.850
	35 以上	0.961	0.979	0.450	0.797
侧柏	10 以下	0.990	0.966	0.300	0.752
	10～40	0.993	0.997	0.550	0.847
	40 以上	0.983	0.993	0.716	0.897
栓皮栎	20 以下	0.993	0.995	0.575	0.854
	20～35	0.989	0.974	0.538	0.833
	35 以上	0.817	0.849	0.550	0.792

6.2.2.2　生长特征指标

由表 6-13 可以看出，随着演替的正向进行，在不同演替阶段的 3 种乔木优势种平均胸高断面积、平均胸径和平均树高均呈现增大趋势。35 a 以上的刺槐平均胸高断面积达 127.22 cm^2，40 a 的侧柏平均胸高断面积为 101.44 cm^2，35 a 以上的栓皮栎平均胸高断面积为 118.67 cm^2；从平均胸径和平均树高来看，到了成熟林时，树种的平均胸径和平均树高仍然较低，刺槐的 2 个指标分别为 11.67 cm 和 10.63 m，而栓皮栎的仅为 13.95 cm 和 12.25 m，与其他地区相比，平均胸径和树高数值较小。这和华北丘陵山区的水分条件有关，研究区域降雨量偏低，土壤条件较差，这是影响林木生长的主要因素。而由于林分自疏现象，树种密度呈减少趋势，但是不同优势树种之间有一定的差异性，刺槐的树种密度减少幅度最小，而侧柏和栓皮栎减少幅度较小。随着林分年龄增加，1 级木、2 级木所占比例逐渐增加，3 级木所占比例逐渐减少。

表 6-13　主要乔木种群生长特征

优势树种	年龄/a	平均胸高断面积/cm^2	树种密度/（株·hm^{-2}）	平均胸径/cm	平均树高/m	1 级木所占比例/%	2 级木所占比例/%	3 级木所占比例/%
刺槐	20 以下	58.70	2967	8.29	7.35	3.41	37.50	59.09
	20～35	69.07	2167	9.08	7.92	9.52	47.62	42.86
	35 以上	127.22	2100	11.67	10.63	16.92	52.31	30.77

续表

优势树种	年龄/a	平均胸高断面积/cm²	树种密度/（株·hm⁻²）	平均胸径/cm	平均树高/m	1级木所占比例/%	2级木所占比例/%	3级木所占比例/%
侧柏	10以下	8.72	3900	2.87	3.04	—	—	—
	10～40	27.81	3200	5.38	4.95	10.16	34.38	55.47
	40以上	101.44	2725	10.94	8.67	9.17	57.80	33.03
栓皮栎	20以下	53.28	3550	7.97	7.64	3.52	27.46	69.01
	20～35	73.94	2900	9.39	9.18	7.92	45.54	46.53
	35以上	118.67	2525	13.95	12.25	11.64	52.05	34.93

6.2.2.3 树高分布

按 2 cm 径阶距和 2 m 树高距分别统计刺槐、栓皮栎、侧柏等 3 个树种在不同植被恢复措施下乔木层的林木株树百分比，然后用正态分布、Weibull 分布、对数正态分布和Gamma分布4种概率分布函数来描述优势种个体树高分布状态，并进行显著性检验，同时用峰度和峭度描述树高分布特征。

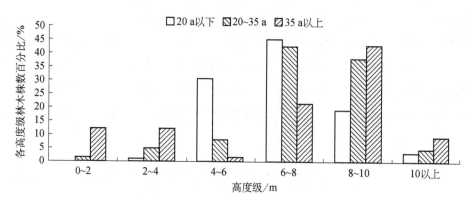

图 6-3 刺槐各高度级林木株数百分比

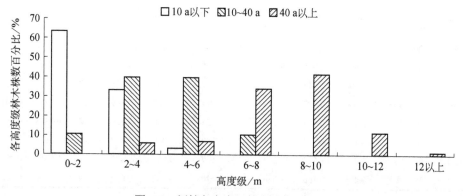

图 6-4 侧柏各高度级林木株数百分比

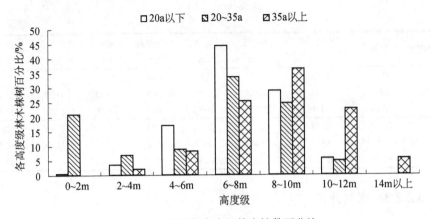

图 6-5　栓皮栎各高度级林木株数百分比

从图 6-3 和表 6-14 可以看出，20 a 以下和 20～35 a 的刺槐个体高度级主要分布在 6～8 m，35 a 以上的刺槐个体高度级主要分布在 8～10 m，3 个林龄段分布范围最大的区间分别占全部个体的 45.45%、42.86% 和 43.08%。在树高分布状态上，20a 以下的刺槐服从正态分布和 Gamma 分布。其偏度和峭度分别为 0.371 和 −0.242，说明为左偏的正态分布，树高分布较为平坦，树高分布离散程度较大。而其他林龄段没有很好的分布模型对树高分布进行拟合。刺槐 3 个不同演替阶段的偏度值分别为 0.371、−0.811、−0.997，树高分布从左偏逐渐趋向于右偏，且偏度绝对增加，说明在刺槐林演替过程中，刺槐树高分布向大高度级偏移。

表 6-14　主要优势种树高分布模型特征数及 χ^2 检验

| 树种 | 林龄 | 偏度 | 峭度 | 各种分布的 χ^2 值及显著性概率 | | | | | | | |
| | | | | 正态 | | 对数正态 | | Weibull | | Gamma | |
				χ^2	P	χ^2	P	χ^2	P	χ^2	P
刺槐	20 a 以下	0.371	−0.242	2.984	0.225	0.766	0.682	5.648	0.017	0.680	0.410
	20～35 a	−0.811	1.454	13.259	0.004	81.000	0.000	12.941	0.002	997.348	0.000
	35 a 以上	−0.997	−0.656	35.630	0.000	95.819	0.000	49.981	0.000	94.811	0.000
侧柏	10 a 以下	0.996	−0.046	2.929	0.403	2.929	0.403	0.478	0.787	1.147	0.564
	10～40 a	0.000	−0.497	0.956	0.812	19.482	0.000	1.809	0.405	6.363	0.042
	40 a 以上	−0.538	0.515	13.127	0.011	37.081	0.000	9.839	0.020	40.729	0.000
栓皮栎	20 a 以下	−0.335	0.378	3.486	0.323	189.678	0.000	3.810	0.149	304.597	0.000
	20～35 a	−0.278	−1.024	37.842	0.000	107.344	0.000	60.029	0.000	93.866	0.000
	35 a 以上	−0.418	−0.166	1.246	0.871	20.022	0.000	0.634	0.889	14.500	0.002

结合图 6-4 和表 6-14 可以看出，随着侧柏林演替的进行，3 个年龄段的侧柏个体树高分别主要分布在 0~2 m、4~6 m、8~10 m，分别占全部林木个体数的 63.85%、40.04% 和 41.67%；在树高分布状态上，正态分布、对数正态分布、Weibull 分布和 Gamma 分布均能描述 10 a 以下的侧柏优势种的树高分布状态，偏度值为 0.996，说明为左偏正态分布，树高集中在高度级较小的区域；从偏度值和正态分布显著性概率可以看出，10~40a 的侧柏优势种服从正态分布和 Weibull 分布。

从图 6-5 和表 6-14 知，3 个年龄段的栓皮栎个体树高分别主要分布在 6~8 m、6~8 m 和 8~10 m，分别占全部林木个体数的 44.37%、33.67% 和 36.30%；正态分布和 Weibull 分布能很好地描述 20 a 以下和 35 a 以上栓皮栎的树高分布状态。栓皮栎 3 个林龄段的偏度值分别为 -0.335、-0.278 和 -0.418，树高分布曲线均为右偏，说明树高高度级大的林木较多。

6.2.2.4 直径分布

直径（DBH）分布与树高分布（H）一样，是乔木层林分结构的主要特征。对调查的优势种林木，在其起测径阶以上，按 2 cm 径阶距统计林木个体数量及其所占百分比，用正态分布、对数正态分布、Weibull 分布、Gamma 分布 4 种概率分布函数来模拟林木的直径分布，结果见图 6-6、图 6-7 和图 6-8 及表 6-15。根据径级划分标准对上述侧柏、刺槐和栓皮栎优势种种群的野外取样数据进行整理分级，以径级为横坐标，各径级个体数百分比为纵坐标，绘制各优势种的径级结构图（图 6-6~图 6-8）。

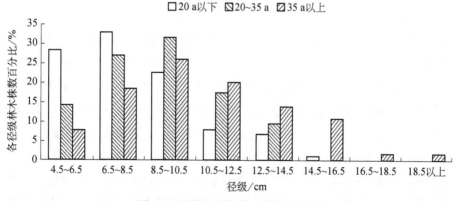

图 6-6 刺槐各径级林木株数百分比

在刺槐、侧柏和栓皮栎林演替过程中，径级分布均向大径级偏移，如刺槐和栓皮栎优势种群，随着林木年龄增大，$DBH<8.5$ cm 的林木个体数所占比例逐渐减少，而 $DBH>10.5$ cm 的个体数逐渐增加。从偏度值可知，3 个优势种所有林龄段的偏度值均大于 1，这说明直径分布呈现左偏状态，林木个体主要集中在较低径阶范围，种群仍处于较为激烈的演替进程。

在刺槐种群在由小到大的 3 个林龄段内，直径分布最大值分别集中在 6.5～8.5 cm、8.5～10.5 cm、8.5～10.5 cm，分别占林木总个体数的 32.95%、31.75%和26.25%；20～35 a 和 35 a 以上的刺槐优势种直径分布最大值均出现在相同区间范围内，说明刺槐到了 35 a 以上生长缓慢，已处于成熟阶段，幼龄个体严重不足，从种群发展趋势来看，已呈衰退趋势。从表 6-15 的分布模型可知，正态分布、对数正态分布和 Gamma 分布均能很好地描述各个林龄段的刺槐优势种直径分布状态，Weibull 分布能描述 20～35a 区间的刺槐优势种直径分布状态。

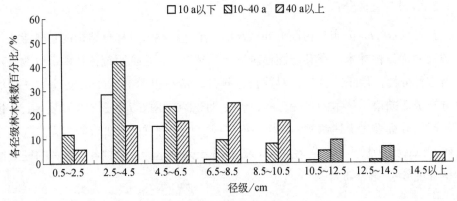

图 6-7　侧柏各径级林木株数百分比

从图 6-7 可知，侧柏种群在由小到大的 3 个林龄段内，林木直径最大值分别集中在 0.5～2.5 cm、2.5～4.5 cm、6.5～8.5 cm，分别占林木总个体数的 53.85%、42.19%和24.77%。40 a 以前的侧柏种群，直径主要集中于较低的径阶内，这主要是因为侧柏生长缓慢。但从偏度值来看，3 个林龄段的偏度值分别为 1.492、1.001 和 0.557，呈逐渐减小的趋势，直径有逐渐向更大区间范围内进展的趋势；除了 Gamma 分布和 Weibull 分布能描述 40 a 以上的侧柏种群直径分布状态，其他年龄段的侧柏种群均没有很好的分布模型进行描述，这也说明由于侧柏为植苗造林所形成，在其生长早期，人为干扰非常严重，其直径分布无法描述，只有到了演替后期，由于林木的自然演替，才呈现一定的自然分布状态。

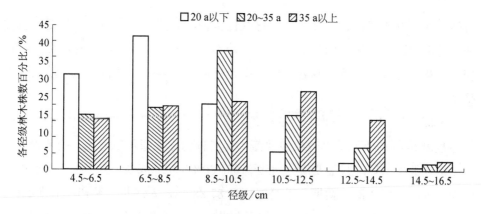

图 6-8 栓皮栎各径级林木株数百分比

从图 6-8 知，栓皮栎种群在由小到大的 3 个年龄段内，直径最大值分别集中在 6.5～8.5 cm、8.5～10.5 cm、10.5～12.5 cm，分别占林木总个体数的 41.55%、37.38%和 24.60%；3 个林龄段的偏度值分别为 1.012、0.244 和 0.051，呈逐渐减小的趋势；正态分布和 Weibull 分布能很好地描述 20～35 a 和 35 a 以上栓皮栎种群的直径分布状态，对数正态分布和 Gamma 分布可以描述 20 a 以下栓皮栎种群直径分布。

表 6-15 主要优势种直径分布模型特征数及 χ^2 检验

| 树种 | 林龄 | 偏度 | 峰度 | 各种分布的 χ^2 值及显著性概率 | | | | | | | |
| | | | | 正态分布 | | 对数正态分布 | | Weibull 分布 | | Gamma 分布 | |
				χ^2	P	χ^2	P	χ^2	P	χ^2	P
刺槐	20 a 以下	0.825	0.083	7.088	0.069	3.529	0.317	7.679	0.022	3.083	0.214
	20～35 a	0.194	−0.736	2.048	0.562	3.904	0.272	2.047	0.359	2.913	0.233
	35 a 以上	0.612	0.429	12.960	0.054	10.231	0.748	21.134	0.001	3.331	0.649
侧柏	10 a 以下	1.492	3.237	1 138.650	0.000	10.200	0.037	7.815	0.050	7.185	0.046
	10～40 a	1.001	0.466	32.791	0.000	8.007	0.091	13.720	0.003	8.923	0.030
	40 a 以上	0.577	0.225	18.525	0.005	16.254	0.012	7.481	0.187	9.204	0.101
栓皮栎	20 a 以下	1.012	1.239	22.417	0.000	0.861	0.835	120.337	0.000	2.283	0.319
	20～35 a	0.244	−0.325	4.314	0.229	9.337	0.025	4.843	0.089	6.940	0.031
	35 a 以上	0.051	−0.968	5.706	0.127	18.198	0.000	3.731	0.155	13.781	0.001

6.2.3 不同演替阶段灌木优势种群特征

6.2.3.1 重要值

据调查统计，该地区灌木主要种类为荆条、扁担杆子、酸枣、黄刺玫、雀

梅藤、乌头叶蛇葡萄、胡枝子等。这些优势种的共同特点是耐干旱瘠薄、抗性
强、能够忍耐恶劣环境的胁迫。为了比较不同演替阶段主要灌木种的数量特征
变化趋势，对灌丛、乔木林各样地分别计算灌木重要值，并按照演替阶段求其
平均值。

6.2.3.1.1　灌丛主要灌木优势种重要值

从表 6-16 的不同演替阶段主要灌木优势种的重要值可以看出，荆条为演替
中、后期的指示种，其重要值分别达到 68.180% 和 79.590%；酸枣在 3 个演替阶
段均有分布，但在演替初期，重要值达到 87.882%，为灌丛演替初期的指示种；
黄刺玫仅见于演替中期，而短梗胡枝子和截叶铁扫帚在 3 个演替阶段均有分布，
生态适应性较好。

表 6-16　灌丛不同演替阶段主要灌木优势种重要值　（单位：%）

种名	演替初期	演替中期	演替后期
荆条	0.000	68.180	79.590
黄刺玫	0.000	9.163	0.000
酸枣	87.882	22.657	11.320
短梗胡枝子	3.838	2.444	2.583
截叶铁扫帚	9.606	2.072	2.349

6.2.3.1.2　植苗造林植被恢复措施下乔木林主要灌木优势种重要值

表 6-17 是植苗造林植被恢复措施下，乔木林不同演替阶段主要灌木优势
种重要值变化趋势。从表中可以看出，从演替初期到演替后期，荆条和黄刺玫
的重要值总体上呈下降趋势，分别从 69.728%、15.790% 下降到 18.685%、
11.450%；在演替初期和演替中期，荆条处于绝对优势地位，重要值分别为
69.728% 和 32.163%，到了演替后期，重要值只有 18.685%。这说明，随着灌
木种类增多，荆条在林地内的出现频率下降，在单一林种林分内，荆条占主导
地位为优势种，而随着林分环境和土壤环境的改变及其他灌木种类数量的增
加，荆条所占的比重也呈下降趋势。随着演替的进行，扁担杆子与雀梅藤重要
值不断升高，重要值达到最高状态的 41.490% 和 22.580%。这说明，扁担杆子
与雀梅藤不适应演替初期光照比较丰富的环境，比较适应侧柏林下的生长，是
耐阴的灌木种。

表6-17　植苗造林植被恢复措施下乔木林不同演替阶段主要灌木优势种重要值

（单位：%）

种名	演替初期	演替中期	演替后期
荆条	69.728	32.163	18.685
黄刺玫	15.790	13.525	11.450
扁担杆子	2.303	12.580	41.490
雀梅藤	4.443	14.313	22.580
酸枣	0.000	17.915	6.435
乌头叶蛇葡萄	7.738	25.000	0.000
圆叶胡枝子	0.000	8.365	1.279

6.2.3.1.3　播种造林植被恢复措施下乔木林主要灌木优势种重要值

表6-18显示的是播种造林植被恢复措施下，乔木林不同演替阶段主要灌木优势种重要值变化趋势。随着演替的进行，优势种荆条的重要值逐渐增加，这主要是因为到演替中后期，刺槐林和栓皮栎林完全郁闭，林下凋落物积累较多，不利于那些喜光的灌木生长，而荆条仍然具有一定的生长优势。

表6-18　播种造林植被恢复措施下乔木林不同演替阶段主要灌木优势种重要值

（单位：%）

种名	演替初期	演替中期	演替后期
荆条	48.611	54.201	67.067
扁担杆子	25.613	22.227	20.774
雀梅藤	9.619	8.359	0.000
酸枣	11.574	11.346	10.499
截叶铁扫帚	6.065	0.925	0.000
圆叶胡枝子	0.541	6.722	2.857

6.2.3.2　生态位

6.2.3.2.1　灌丛主要灌木优势种生态位

利用公式（6.27）～公式（6.30）分别计算灌丛各个演替阶段主要优势种的生态位宽度指标值，分别为Levins（LB）、Evenness（J）、Hurlbert（LB）和Smith FT（FT），结果见表6-19。生态位宽度是度量植物种群对资源环境利用状况的指标。种群生态位宽度越大，它对环境的适应能力越强，对资源的利用越充分。

表 6-19　灌丛演替阶段主要优势种生态位宽度

演替阶段	种名	Levins	Evenness	Hurlbert	Smith FT
演替初期	酸枣	3.000	1.000	1.000	1.000
	短梗胡枝子	2.927	0.989	0.976	0.997
	截叶铁扫帚	1.000	0.010	1.000	1.000
演替中期	荆条	4.247	0.942	0.849	0.976
	酸枣	2.765	0.961	0.922	0.989
	短梗胡枝子	2.140	0.827	0.714	0.953
	截叶铁扫帚	2.375	0.878	0.792	0.965
演替后期	荆条	2.901	0.985	0.967	0.996
	酸枣	1.000	0.010	1.000	1.000
	短梗胡枝子	1.563	0.788	0.781	0.961
	截叶铁扫帚	2.000	1.000	1.000	1.000

在灌丛植被的不同演替阶段，所有灌木种生态位宽度各指标值表现出不同的变化规律。在演替初期，酸枣和短梗胡枝子生态位宽度值较大，LB 值分别为 3.000 和 2.927，分布也较均匀，J 值分别为 1.000 和 0.989。荆条在演替中期、演替后期生态位宽度指标值均较大，LB 值分别为 4.247 和 2.901，HB 值分别为 0.849 和 0.967。在演替中期，酸枣生态位宽度值也较大，LB 值为 0.765。酸枣、短梗胡枝子和截叶铁扫帚在每个样方中均有出现，表明 3 个物种在林内分布范围较广、数量较多、利用资源较为充分，对所在环境具有较强的适应能力。优势种的 Levins 生态位宽度大多集中在 1～5，说明灌丛种类较少，比较集中在几个种上。

根据公式（6.31）计算出各演替阶段灌丛主要灌木优势种的生态位重叠度。在演替初期，酸枣和短梗胡枝子生态位重叠度最大，达到 0.988；在演替中期，荆条和截叶铁扫帚的生态位重叠度最大，为 0.667；到了演替后期，荆条与短梗胡枝子和截叶铁扫帚的生态位重叠度分别为 0.835 和 0.839。这说明，这些种之间对资源具有一定的竞争关系，也说明这些种对环境具有相似的适应性。

6.2.3.2.2　植苗造林植被恢复措施下乔木林主要灌木优势种生态位

从表 6-20 可知，在植苗造林植被恢复措施下不同演替阶段的植物群落优势种群中，生态位宽度值较为集中在几个优势种上。其中，荆条的生态位宽度指标值最大，在演替初期 LB 值和 HB 值分别为 3.499 和 0.875，演替中期 LB 值和 HB 值分别为 1.880 和 0.940，到了演替后期，LB 值和 HB 值分别为 3.341 和 0.835。在演替中期，黄刺玫开始大量存在，而到了演替后期，扁担杆子优势地位得到巩固，其 LB 值为 2.995。

表 6-20 植苗造林植被恢复措施下乔木林不同演替阶段
主要灌木优势种生态位宽度

演替阶段	种名	生态位宽度指标			
		Levins	Evenness	Hurlbert	Smith FT
演替初期	荆条	3.499	0.946	0.875	0.981
	黄刺玫	1.000	0.010	1.000	1.000
	扁担杆子	1.000	0.010	1.000	1.000
	雀梅藤	1.000	0.010	1.000	1.000
	乌头叶蛇葡萄	1.000	0.010	1.000	1.000
演替中期	荆条	1.880	0.953	0.940	0.992
	黄刺玫	1.852	0.942	0.926	0.990
	雀梅藤	1.000	0.010	1.000	1.000
	酸枣	1.000	0.010	1.000	1.000
	乌头叶蛇葡萄	1.000	0.010	1.000	1.000
	圆叶胡枝子	1.861	0.693	0.620	0.903
演替后期	荆条	3.341	0.930	0.835	0.976
	黄刺玫	1.000	0.010	1.000	1.000
	扁担杆子	2.955	0.847	0.739	0.938
	雀梅藤	1.146	0.360	0.573	0.868
	酸枣	1.245	0.502	0.623	0.902
	圆叶胡枝子	1.000	0.010	1.000	1.000

从植苗造林植被恢复措施下不同演替阶段生态位重叠分配格局来看，在演替初期，只有荆条和其他物种有生态位重叠，其中与扁担杆子的重叠值最大，为0.609；到了演替中期，具有生态位重叠的种对数共有 7 对，占总对数的 46.67%，其中 3 对的重叠值大于 0.500，重叠值较大的种对为荆条和黄刺玫、黄刺玫和雀梅藤；在演替后期，有 13 对具有生态位重叠，占总对数的 86.67%，所有具有重叠值种对的重叠值均小于 0.600，表明各种群对资源的共享趋势较为明显，显示研究区域灌丛群落相对稳定。

6.2.3.2.3 播种造林植被恢复措施下乔木林主要灌木优势种生态位

由表 6-21 可知，与植苗造林植被恢复措施下乔木林灌木优势种生态位一样，荆条在不同演替阶段一直处于绝对优势地位，说明荆条在该地区具有广泛的适应性，3 个演替序列的 LB 值分别为 4.465、4.395 和 6.389；雀梅藤在演替初期 LB 值达到 3.983，仅次于荆条，到了演替中期，LB 值减小到 1.975，而到了演替后期，雀梅藤已经不存在了，这说明雀梅藤为演替初、中期的重要指示种；酸枣、扁担杆子和荆条一样，在不同演替时期均有出现，且生态位宽度值较高，说明其具有良好的适应能力。

表 6-21　播种造林植被恢复措施下乔木林不同演替阶段
主要灌木优势种生态位宽度

演替阶段	种名	生态位宽度指标			
		Levins	Evenness	Hurlbert	Smith FT
演替初期	荆条	4.465	0.959	0.893	0.982
	扁担杆子	2.732	0.788	0.546	0.917
	雀梅藤	3.983	0.999	0.996	1.000
	酸枣	1.561	0.603	0.520	0.887
演替中期	荆条	4.395	0.949	0.879	0.977
	扁担杆子	2.953	0.834	0.738	0.928
	雀梅藤	1.975	0.991	0.988	0.998
	酸枣	1.765	0.902	0.883	0.983
	圆叶胡枝子	1.931	0.974	0.965	0.996
演替后期	荆条	6.389	0.974	0.913	0.987
	扁担杆子	4.337	0.952	0.867	0.980
	酸枣	2.496	0.814	0.624	0.938
	圆叶胡枝子	1.000	0.010	1.000	1.000

从表 6-22、表 6-23 和表 6-24 可知，随着演替的进行，优势树种荆条和扁担杆子的生态位重叠值逐渐增大，从演替初期的 0.168 增加到演替后期的 0.613。可见，随着水分、土壤等环境条件的改善，优势灌木种之间的竞争更加激烈，同时也说明它们具有更广的相同生态位。在演替初期，荆条和雀梅藤两个生态位都较宽的种群之间的生态位重叠处于最高值，达到 0.542，说明其生态特性相似，在资源利用方面有较大的生态一致性，资源竞争较强，对各自在群落中的分布有很大的影响，故群落的稳定性下降。但是，到了演替中、后期，两者没有生态位重叠，这主要是因为雀梅藤已经不适应演替中、后期的生态条件。在演替中期，荆条与圆叶胡枝子和截叶铁扫帚这两个胡枝子的变种存在较大的生态位重叠，其生态位重叠值分别为 0.640 和 0.531。

表 6-22　播种造林植被恢复措施下乔木林演替初期主要灌木优势种生态位重叠

种名	荆条	扁担杆子	雀梅藤	酸枣	截叶铁扫帚
荆条	1				
扁担杆子	0.168	1			
雀梅藤	0.542	0.251	1		

续表

种名	荆条	扁担杆子	雀梅藤	酸枣	截叶铁扫帚
酸枣	0.106	0.222	0.538	1	
截叶铁扫帚	0.202	0.230	0.621	0.958	1

表 6-23 播种造林植被恢复措施下乔木林演替中期主要灌木优势种生态位重叠

种名	荆条	扁担杆子	雀梅藤	酸枣	截叶铁扫帚	圆叶胡枝子
荆条	1					
扁担杆子	0.168	1				
雀梅藤	0.000	0.919	1			
酸枣	0.127	0.228	0.263	1		
截叶铁扫帚	0.531	0.044	0.000	0.000	1	
圆叶胡枝子	0.640	0.256	0.000	0.000	0.826	1

表 6-24 播种造林植被恢复措施下乔木林演替后期主要灌木优势种生态位重叠

种名	荆条	扁担杆子	酸枣	圆叶胡枝子
荆条	1			
扁担杆子	0.613	1		
酸枣	0.441	0.423	1	
圆叶胡枝子	0.318	0.421	0.000	1

生态位宽度大的种群之间一般能产生较大的重叠值，如演替初期的荆条和雀梅藤，演替后期的荆条和扁担杆子，它们的重叠值分别为 0.542 和 0.613。生态位宽度大的种群与生态位宽度小的种群有时也可以产生较大的重叠值，如演替中期的荆条和圆叶胡枝子。而生态位宽度小的种群一般不会与生态位宽度大的种群间产生较大的重叠值。

6.2.4 不同演替阶段草本优势种群特征

6.2.4.1 草丛恢复阶段主要草本优势种重要值

据野外样地调查，在河南太行山低山丘陵区，主要草本植物为茜草、苔草、野菊、荩草、远志、艾蒿、隐子草、苦荬菜、白羊草、圆叶堇菜、羊胡子草、白毛委陵菜等。灌丛和草丛地主要草本植物有红花棘豆、白毛委陵菜、白花棘豆、圆叶堇菜、远志、艾蒿、茜草、苔草、荩草、白羊草、茵陈蒿、地稍瓜和隐子草等。

表 6-25 草丛主要草本优势种重要值

种名	重要值/%
艾蒿	2.348
白花棘豆	1.459
白毛委菱菜	4.108
白羊草	10.783
地稍瓜	3.626
狗尾草	7.507
荩草	5.211
野菊	4.954
茵陈蒿	9.934
隐子草	3.075

由表 6-25 可以看出，草本样地内白羊草的重要值最大，达到 10.783%，为研究区域的优势草本种，其次为茵陈蒿、狗尾草、荩草、野菊和白毛委陵菜，它们的重要值分别是 9.934%、7.507%、5.211%、4.954% 和 4.108%。这说明，这 5 种草本的地位和作用高于其他草本。草丛阶段，除了白羊草重要值较高外，其他主要优势种重要值差异不大，说明物种分布相对均匀。

6.2.4.2 灌丛恢复阶段主要草本优势种重要值

表 6-26 显示的是灌丛不同演替阶段草本植物重要值变化规律。可以看出，在演替初期，物种单一，主要有艾蒿、白羊草、地稍瓜和荩草，其重要值分别为 25.845%、15.326%、6.428% 和 5.694%；在演替中期，物种大幅度增加，主要物种有茜草、苔草、地稍瓜和隐子草，其重要值分别为 8.470%、7.430%、6.460% 和 6.398%；在演替后期，物种重要值较高的为茵陈蒿、隐子草、荩草和艾蒿，重要值分别为 12.057%、10.109%、6.379% 和 5.317%。

表 6-26 灌丛各演替阶段主要草本优势种重要值　（单位：%）

种名	恢复初期	恢复中期	恢复后期
艾蒿	25.845	5.183	5.317
白花棘豆	0.000	1.527	0.877
白毛委陵菜	0.000	0.000	1.944
白羊草	15.326	0.687	3.273
地稍瓜	6.428	6.460	2.365
鹅观草	0.000	0.400	0.333
狗尾草	0.000	0.000	0.937

续表

种名	恢复初期	恢复中期	恢复后期
红花棘豆	0.000	1.067	1.299
荩草	5.694	4.338	6.379
茜草	0.000	8.470	0.281
苔草	0.000	7.430	0.629
羊胡子草	0.000	2.032	0.774
野菊	0.000	0.000	0.439
茵陈蒿	0.000	0.065	12.057
隐子草	0.000	6.398	10.109
圆叶堇菜	0.000	3.930	0.000

在不同演替阶段,由于环境条件的改变,特别是灌木种的变化,草本植物会发生一系列的改变。艾蒿和白羊草在演替初期处于绝对优势地位,而到了演替中、后期,优势地位严重下降;茜草和苔草为演替中期具有绝对优势地位的物种,而茵陈蒿和隐子草为演替后期的优势种。

6.2.4.3　植苗造林植被恢复措施下不同演替阶段草本优势种重要值

表 6-27 显示的是植苗造林植被恢复措施下不同演替阶段草本植物重要值的变化规律。在演替初期,地稍瓜和羊胡子草重要值最大,其重要值分别为 13.857% 和 11.750%;在演替中期,重要值较大的为荩草和白羊草,其重要值分别为 11.847% 和 8.061%;在演替后期,物种重要值较高的有隐子草和荩草,其重要值分别为 9.212% 和 4.367%。地稍瓜主要出现在演替初期和中期,主要出现在演替初期,而白羊草主要出现在演替中期,隐子草和荩草在不同演替阶段均有出现,而且隐子草在不同演替阶段的重要值均在 5% 以上,说明隐子草具有较广的生态适宜性。

表 6-27　植苗造林植被恢复措施下各演替阶段主要草本优势种重要值

（单位：%）

种名	演替初期	演替中期	演替后期
艾蒿	2.034	1.628	3.491
白花棘豆	0.619	0.413	0.000
白毛委陵菜	1.992	1.491	1.610
白羊草	0.000	8.061	0.000
地稍瓜	13.957	0.789	0.000
茵陈蒿	2.979	6.015	3.767
荩草	0.362	11.847	4.367
苦荬菜	1.674	1.232	0.000

续表

种名	演替初期	演替中期	演替后期
茜草	2.073	1.825	3.137
苔草	0.000	4.391	2.403
羊胡子草	11.750	1.057	2.959
野菊	0.000	3.272	1.941
隐子草	8.258	5.693	9.212
圆叶堇菜	5.132	3.487	1.495

6.2.4.4 播种造林植被恢复措施下不同演替阶段草本优势种重要值

表 6-28 为播种造林植被恢复措施下不同演替阶段草本植物重要值的变化规律。在演替初期，隐子草和羊胡子草重要值最大，其重要值分别为 37.044%和 16.437%；在演替中期，重要值较大的为隐子草和荩草，其重要值分别为 27.236% 和 9.339%；在演替后期，物种重要值最大的为苔草，其重要值达到 44.652%。隐子草在演替初期和演替中期的重要值均最大，说明隐子草具有较广的生态适宜性，这与植苗造林植被恢复措施得到的结论一致。另外，在演替后期，苔草处于绝对优势地位，其覆盖度和优势度明显。

表 6-28 播种造林植被恢复措施下各演替阶段主要草本优势种重要值

（单位：%）

种名	演替初期	演替中期	演替后期
艾蒿	7.705	6.449	4.342
抱茎苦荬菜	7.122	2.406	2.107
地黄	2.549	0.000	0.638
鹅观草	5.287	3.564	1.472
狗尾草	0.000	2.357	0.000
荩草	1.579	9.339	2.423
苦荬菜	1.050	0.629	0.000
茜草	6.501	3.290	4.942
苔草	1.259	8.532	44.652
羊胡子草	16.437	8.512	8.005
野菊	1.155	0.000	9.891
茵陈蒿	8.334	3.827	2.776
隐子草	37.044	27.236	2.647
圆叶堇菜	6.436	6.550	8.821

6.2.4.5 不同演替阶段主要草本优势种生态位特征

6.2.4.5.1 草丛主要草本优势种生态位

由表 6-29 可知，草丛内草本植物主要物种生态位宽度指数均不高，LB 一般在 1.4~4.2，且差异性不大；HB 一般在 0.60~1.00。这说明各物种对资源利用较为充分，具有相同的生态适宜性。

表 6-29　草丛主要草本优势种生态位宽度

物种	Levins	Evenness	Hurlbert	Smith FT
艾蒿	1.476	0.726	0.738	0.940
白花棘豆	1.968	0.988	0.984	0.998
白毛委菱菜	2.821	0.844	0.705	0.943
白羊草	4.115	0.871	0.689	0.939
地梢瓜	3.400	0.943	0.850	0.981
狗尾草	3.401	0.935	0.850	0.977
蒾草	3.821	0.984	0.955	0.994
野菊	1.443	0.700	0.721	0.944
茵陈蒿	3.715	0.864	0.619	0.943
隐子草	2.832	0.973	0.944	0.993

根据公式（6.31）计算的草丛各草本植物重叠值可知，在全部 45 个种对中，32 对有生态位重叠，约占总对数的 71.11%；其中，优势种艾蒿和蒾草、艾蒿和隐子草、蒾草和隐子草之间生态位重叠较大，其生态位重叠值分别为 0.748、0.818 和 0.868；重叠度在 0.5 以上的有 8 对，占有重叠的总对数的 25%。

6.2.4.5.2 灌丛主要草本优势种生态位

从表 6-30 可知，在灌丛演替初期，主要草本优势种的生态位宽度值非常接近，艾蒿、白羊草、地梢瓜和蒾草的 LB 生态位宽度分别为 2.806、3.000、2.895 和 2.998，这说明它们具有相似的生态适宜性，但同时也具有相当大的竞争。这从 4 个物种在灌丛演替初期就可以看出来，其生态位重叠见表 6-31。由表 6-31 可知，所有种对之间的生态位重叠均超过 0.90。到了演替中、后期，草本植物的生态位宽度值仍然差别不大，生态位重叠已然较高。

表 6-30　灌丛主要草本优势种生态位宽度

演替阶段	物种	Levins	Evenness	Hurlbert	Smith FT
	艾蒿	2.806	0.966	0.935	0.990
恢复初期	白羊草	3.000	1.000	1.000	1.000
	地梢瓜	2.895	0.983	0.965	0.995
	蒾草	2.998	1.000	0.999	1.000

续表

演替阶段	物种	Levins	Evenness	Hurlbert	Smith FT
恢复中期	艾蒿	2.372	0.880	0.791	0.966
	白花棘豆	2.310	0.872	0.770	0.965
	白羊草	1.901	0.962	0.951	0.993
	地梢瓜	1.474	0.725	0.737	0.949
	红花棘豆	1.816	0.925	0.908	0.987
	荩草	2.600	0.933	0.867	0.982
	茜草	1.278	0.408	0.426	0.823
	苔草	2.354	0.874	0.785	0.964
	隐子草	1.242	0.498	0.621	0.901
	圆叶堇菜	2.743	0.826	0.686	0.935
恢复后期	艾蒿	1.301	0.567	0.651	0.917
	白花棘豆	1.416	0.678	0.708	0.940
	白毛委陵菜	2.076	0.709	0.692	0.891
	白羊草	1.222	0.472	0.611	0.895
	地梢瓜	1.850	0.941	0.925	0.990
	红花棘豆	1.537	0.770	0.769	0.958
	荩草	2.080	0.810	0.693	0.948
	茵陈蒿	2.978	0.997	0.993	0.999
	隐子草	1.291	0.413	0.430	0.823

表 6-31　灌丛演替初期主要草本优势种生态位重叠

	艾蒿	白羊草	地梢瓜	荩草
艾蒿	1			
白羊草	0.966	1		
地梢瓜	0.998	0.981	1	
荩草	0.973	0.999	0.987	1

　　由表 6-32 和表 6-33 可以看出，乔木林下草本数量较多，多数草本之间重叠度指数不高，一般在 0.01~0.1。但是茜草与其他物种如野菊、荩草、艾蒿、抱茎苦荬菜等的生态位重叠度指数为 0.23、0.36、0.27、0.52；荩草与其他物种如远志、艾蒿、黄蒿、天名精、隐子草、苦荬菜、白羊草、圆叶堇菜、羊胡子草、短梗胡枝子、截叶铁扫帚、圆叶胡枝子、抱茎苦荬菜、白毛委陵菜的生态位重叠指数都在 0.2 以上。这说明茜草、荩草等物种与其他物种竞争激烈。

表 6-32　人工造林恢复措施下各演替阶段主要草本优势种生态位宽度

演替阶段	物种	Levins	Evenness	Hurlbert	Smith FT
演替初期	艾蒿	1.000	0.010	1.000	1.000
	白花棘豆	1.000	0.010	1.000	1.000
	白毛委陵菜	1.380	0.646	0.690	0.933
	地稍瓜	2.691	0.950	0.897	0.987
	茵陈蒿	2.717	0.949	0.906	0.985
	荩草	1.000	0.010	1.000	1.000
	苦荬菜	2.000	0.731	0.667	0.912
	茜草	2.491	0.911	0.830	0.976
	羊胡子草	1.836	0.935	0.918	0.989
	隐子草	2.806	0.970	0.935	0.992
	圆叶堇菜	1.000	0.010	1.000	1.000
演替中期	艾蒿	1.000	0.010	1.000	1.000
	白花棘豆	1.745	0.892	0.873	0.981
	白毛委陵菜	1.448	0.704	0.724	0.945
	白羊草	2.468	0.886	0.823	0.965
	抱茎苦荬菜	1.884	0.955	0.942	0.992
	地稍瓜	1.993	0.997	0.996	1.000
	茵陈蒿	1.684	0.643	0.561	0.894
	荩草	3.321	0.933	0.830	0.977
	苦荬菜	1.724	0.881	0.862	0.979
	茜草	2.361	0.884	0.787	0.969
	苔草	1.951	0.982	0.975	0.997
	羊胡子草	1.000	0.010	1.000	1.000
	野菊	1.000	0.010	1.000	1.000
	隐子草	1.415	0.677	0.708	0.940
	圆叶堇菜	1.650	0.841	0.825	0.972
演替后期	艾蒿	1.000	0.010	1.000	1.000
	白毛委陵菜	1.000	0.010	1.000	1.000
	抱茎苦荬菜	2.876	0.847	0.719	0.943
	茵陈蒿	1.000	0.010	1.000	1.000
	荩草	2.316	0.875	0.772	0.966
	茜草	1.994	0.643	0.498	0.864
	苔草	1.000	0.010	1.000	1.000
	羊胡子草	1.000	0.010	1.000	1.000
	野菊	1.584	0.801	0.792	0.964
	隐子草	2.573	0.913	0.858	0.974
	圆叶堇菜	1.941	0.978	0.970	0.996

表 6-33　天然播种恢复措施下各演替阶段主要草本优势种生态位宽度

	物种	Levins	Evenness	Hurlbert	Smith FT
演替初期	艾蒿	2.583	0.815	0.646	0.935
	抱茎苦荬菜	5.608	0.934	0.801	0.966
	地黄	1.201	0.332	0.400	0.796
	鹅观草	2.438	0.873	0.813	0.960
	葨草	1.000	0.010	1.000	1.000
	苦荬菜	1.279	0.409	0.426	0.824
	茜草	3.189	0.743	0.456	0.870
	苔草	1.000	0.010	1.000	1.000
	羊胡子草	1.466	0.719	0.733	0.948
	野菊	2.000	1.000	1.000	1.000
	茵陈蒿	1.933	0.751	0.644	0.928
	隐子草	5.801	0.939	0.829	0.967
	圆叶堇菜	5.632	0.922	0.805	0.956
演替中期	艾蒿	2.186	0.818	0.729	0.946
	抱茎苦荬菜	2.000	1.000	1.000	1.000
	鹅观草	2.000	1.000	1.000	1.000
	狗尾草	3.595	0.959	0.899	0.985
	葨草	3.705	0.967	0.926	0.988
	苦荬菜	1.000	0.010	1.000	1.000
	茜草	3.643	0.821	0.607	0.914
	苔草	1.588	0.804	0.794	0.964
	羊胡子草	4.719	0.983	0.944	0.994
	茵陈蒿	1.000	0.010	1.000	1.000
	隐子草	4.570	0.920	0.762	0.965
	圆叶堇菜	2.874	0.782	0.479	0.912
	远志	1.000	0.010	1.000	1.000
演替后期	艾蒿	2.796	0.964	0.932	0.990
	抱茎苦荬菜	2.000	1.000	1.000	1.000
	地黄	2.000	1.000	1.000	1.000
	鹅观草	2.000	1.000	1.000	1.000
	葨草	3.275	0.917	0.819	0.970
	茜草	3.426	0.761	0.571	0.868
	苔草	3.248	0.777	0.650	0.886
	羊胡子草	1.247	0.379	0.416	0.813
	野菊	3.325	0.924	0.831	0.973
	茵陈蒿	4.116	0.933	0.823	0.972
	隐子草	2.546	0.924	0.849	0.980
	圆叶堇菜	4.045	0.857	0.674	0.929
	远志	1.000	0.010	1.000	1.000

6.3　不同演替阶段物种多样性的变化规律

6.3.1　研究方法

物种多样性是反映植物群落内各物种在组成、结构和动态方面存在差异程度的指标。随着植物群落结构、功能和所处环境因子的变化，群落内物种多样性也随之发生变化。根据物种多样性指标（多样性、丰富度、均匀度指数等）的变化特征，能够深入揭示植物群落环境变化梯度和结构变化、功能演化的趋势。多样性指数有 Simpsons 指数、Shannon-Wiener 指数等。

本研究选择 3 种最常用的物种多样性指数描述群落的物种多样性（索安宁等，2004），即 Simpson 指数（C）、Shannon-Wiener 指数（H）和 Pielou 均匀度指数（R），公式如下：

Simpson 指数：

$$D = 1 - \sum_{i=1}^{s} p_i^2 \tag{6.32}$$

Shannon-Wiener 指数：

$$H = -\sum_{i=1}^{s} p_i \ln p_i \tag{6.33}$$

Pielou 指数：

$$R = -\sum_{i=1}^{s} \frac{p_i \ln p_i}{\ln s} \tag{6.34}$$

式中：$P_i = N_i/N$，$i = 1, 2, 3, \cdots, s$；s 为物种数，N 为样地内物种个体总数，N_i 为第 i 种的个体数。

Simpson 指数，也称为生态优势度，它是表明群落的优势度集中在少数种上的程度指标；Shannon-Wiener 指数是表示物种丰富度的指标；Pielou 指数是反映群落均匀度的指标，它可表明群落中物种定量指标的差异程度。在物种多样性指数中，Simpson 指数被认为是反映群落优势度较好的指标；Shannon-Wiener 为变化度指数，是一种较好地反映个体密度、生境差异、群落类型、演替阶段的指数，它是物种丰富度和均匀度的函数，物种数量越多，分布越均匀，Shannon-Wiener 值也越大；Pielou 均匀度指数只反映不同物种之间的数量对比关系，即若种间的个体差异程度越小，群落内的均匀度就越高。

6.3.2 不同植被恢复措施下不同演替序列物种多样性的变化规律

6.3.2.1 乔木物种多样性分析

所调查的 33 个乔木样地主要有两种群落结构类型。一种为植苗造林植被所形成的侧柏林植被，原来种植时均为植苗造林的纯林结构，经过多年生长，基本保持纯林结构。一种为原来播种造林产生的人工刺槐林、栓皮栎林，经过多年的生长，全部为天然次生林，主要树种有侧柏、刺槐、栓皮栎、黄连木、臭椿等。在所调查的样地中，多数样地只有 1 种或 2 种乔木优势种，因此，研究区域的乔木物种多样性极低，群落结构简单。

6.3.2.2 灌木物种多样性分析

利用公式（6.32）～公式（6.34）对原始数据计算后，按不同植被恢复措施和不同演替阶段求各样地平均值，得到研究区植被的灌木层物种多样性指数，结果见图 6-9 和图 6-10。

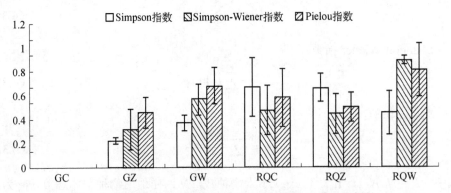

图 6-9 植苗造林植被恢复措施下不同演替阶段灌木多样性

注：GC——灌丛演替初期；GZ——灌丛演替中期；GW——灌丛演替后期；RQC——乔木演替初期；RQZ——乔木演替中期；RQW——乔木演替后期

6.3.2.2.1 植苗造林植被恢复措施下乔木林不同演替阶段灌木多样性

图 6-9 反映出植苗造林植被恢复措施下不同演替阶段灌木多样性变化趋势。由图可知，在灌丛演替阶段，随着演替正向进行，灌木 Simpson 指数、Shannon-Wiener 指数和 Pielou 均匀度指数均呈现快速增加趋势；在乔木演替阶段，从乔木演替初期到演替后期，灌木 Simpson 指数逐渐减小，即灌木种的集中优势

度降低，而 Shannon-Wiener 指数和 Pielou 均匀度指数均呈先减小后增大的趋势，即在演替中期物种多样性最低，而演替后期物种多样性最高。另外，灌丛演替后期的 Shannon-Wiener 指数和 Pielou 均匀度指数均高于乔木演替初期和中期的物种多样性数值，这可能与人为干扰对灌木物种多样性造成的影响有关。但是，到了乔木演替后期，Shannon-Wiener 指数和 Pielou 均匀度指数均高于灌丛演替后期。

6.3.2.2.2　播种造林植被恢复措施下乔木林不同演替阶段灌木多样性

从图 6-10 可以看出，播种造林植被恢复措施下乔木林不同演替阶段灌木多样性呈现出以下变化规律：随着演替正向进行，灌木 Simpson 指数和 Pielou 均匀度指数均呈现稳步增加趋势，即优势种优势更为明显，而物种之间的分布更加均匀，物种均匀度指数也随着林龄的增长不断增大，这与多样性指数的变化基本一致，说明各物种的分布及出现频率愈加均匀，种间的个体差异程度逐渐减小；而表述物种丰富程度的 Shannon-Wiener 指数在乔木演替初期达到最大值，为 0.922。

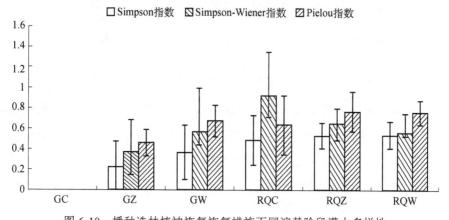

图 6-10　播种造林植被恢复恢复措施不同演替阶段灌木多样性

注：GC——灌丛演替初期；GZ——灌丛演替中期；GW——灌丛演替后期；RQC——乔木演替初期；
RQZ——乔木演替中期；RQW——乔木演替后期

在播种造林植被恢复措施的灌丛演替阶段，群落内物种种类较少，物种的资源利用率较低，另外一些物种迁入该群落的机会较多。随着演替的进行，群落中的植物种类逐渐增多，使得群落物种多样性增加。本研究发现，植物群落乔木演替的早期往往更有利于灌木种的存在，因为当地主要的乔木种为栓皮栎和刺槐，其初期郁闭度较大，林分密度较大，可为灌木的生长提供较为良好的遮蔽；而到了演替中、后期，由于枯枝落叶等改变了土壤结构，林下光板现象普遍存在。

6.3.2.3 草本物种多样性分析

6.3.2.3.1 植苗造林植被措施下乔木林不同演替阶段的草本植物多样性

由于独特的气候和土壤等原因，本研究区的草本植物多样性不高，而且多分布在土壤相对瘠薄、陡坡和水土流失或人为干扰严重的地段，主要为耐旱的草本植物。

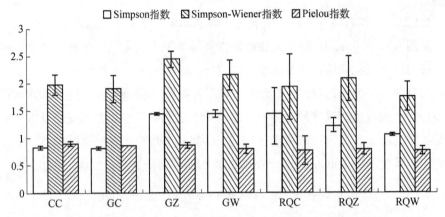

图 6-11   植苗造林植被恢复措施下不同演替阶段的草本多样性

注：CC——草丛演替阶段；GC——灌丛演替初期；GZ——灌丛演替中期；GW——灌丛演替后期；
RQC——乔木演替初期；RQZ——乔木演替中期；RQW——乔木演替后期

从图 6-11 可知，从草丛、灌丛到乔木林各个演替阶段，草本植物 Simpson 指数在草丛和灌丛阶段变化不大，最大值出现在乔木演替初期，此时 Simpson 指数为 1.387，此后随着演替进行，其数值逐渐减少。Pielou 均匀度指数在各个演替阶段变化不大。草本 Shannon-Wiener 指数最大值出现在灌丛演替中期，而乔木演替后期的 Shannon-Wiener 指数小于其他演替阶段。

6.3.2.3.2 播种造林植被恢复措施下乔木林不同演替阶段的草本植物多样性

处于不同演替阶段的群落，其物种多样性不同，一般随植被演替的进行，群落的物种多样性和均匀度逐渐升高，优势度趋于下降；而群落的物种周转率下降，使物种组成结构逐渐趋于稳定。但是物种多样性受多种因素的影响，不同研究区域的结果往往不尽相同，对林下草本植物更是如此。本研究发现，在播种造林植被恢复措施下，Simpson 指数（C）总体呈上升趋势（图 6-12），优势种的凸显地位逐渐明显，且到了乔木林演替阶段，草本的优势度均大于 1，高于灌木的优势度指数，说明该样地内草本的生长状况优于灌木的；草本植物 Shannon-Wiener

指数（H）在灌丛演替中期达到最大值，此时林地内的相对优势草本物种为黄蒿、茵陈蒿、卷柏；均匀度指数也达到最大，种间的个体差异程度最小，各物种的出现频率、分布状况均匀，此后呈逐渐降低的趋势，这说明，当地乔木林演替阶段并不利于林下草本植物的生长，这主要和林下凋落物及土壤性质发生变化相关。

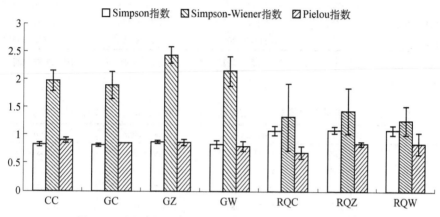

图 6-12　播种造林植被复措施不同演替阶段草本多样性

注：CC——草丛演替阶段；GC——灌丛演替初期；GZ——灌丛演替中期；GW——灌丛演替后期；RQC——乔木演替初期；RQZ——乔木演替中期；RQW——乔木演替后期

6.3.3　不同植被恢复措施下物种多样性差异规律

物种多样性反映了生物群落在组成、结构、功能和动态等方面的异质性，体现了群落结构类型、组织水平、发展阶段、稳定程度和生境差异。为了比较不同植被恢复措施下的物种多样性差异规律，通过计算各演替阶段 3 个灌木多样性指数和草本多样性指数，求其平均值和标准差，并在相同恢复措施不同演替阶段和相同演替阶段不同恢复措施之间进行两两差异性显著性检验，结果见表 6-34 和表 6-35。

从表 6-34 可知，在植苗造林植被恢复措施下，随着演替向顶级发展，灌木 Simpson 指数逐渐减小，从 0.669 下降到 0.452，且在演替初期和演替后期之间存在显著差异（$P<0.05$）；灌木 Shannon-Wiener 指数和 Pielou 均匀度指数则呈先减小后增加的趋势，到了演替后期，其值分别达到 0.893 和 0.808，演替物种多样性达到顶值，而且分布较均匀，演替后期的灌木 Shannon-Wiener 指数与演替初期、中期的数值均存在显著差异（$P<0.05$）。

表6-34 不同植被恢复措施下各演替阶段灌木物种多样性（平均值±标准差）

恢复措施	演替阶段	Simpson 指数	Shannon-Wiener 指数	Pielou 指数
植苗造林	演替初期	0.669±0.247[aA]	0.475±0.209[bB]	0.578±0.241[bA]
	演替中期	0.661±0.118[abA]	0.443±0.165[bB]	0.503±0.121[bB]
	演替后期	0.452±0.183[bA]	0.893±0.034[aA]	0.808±0.222[aA]
播种造林	演替初期	0.488±0.240[bB]	0.922±0.429[aA]	0.635±0.289[abA]
	演替中期	0.531±0.127[abB]	0.653±0.139[bA]	0.769±0.192[aA]
	演替后期	0.542±0.130[aA]	0.558±0.188[bB]	0.759±0.117[aA]

注：不同大、小写字母分别表示相同演替阶段不同植被恢复措施和不同演替阶段相同植被恢复措施间具有显著差异（$P<0.05$）。

表6-35 不同植被恢复措施下各演替阶段草本物种多样性（平均值±标准差）

恢复措施	演替阶段	Simpson 指数	Shannon-Wiener 指数	Pielou 指数
植苗造林	演替初期	1.387±0.514[aA]	1.923±0.333[aA]	0.768±0.111[aA]
	演替中期	1.227±0.125[aA]	2.075±0.314[aA]	0.796±0.041[aA]
	演替后期	1.060±0.02[bA]	1.750±0.355[bA]	0.765±0.195[aA]
播种造林	演替初期	1.076±0.084[aB]	1.321±0.599[abB]	0.685±0.264[bA]
	演替中期	1.090±0.060[aB]	1.430±0.406[aB]	0.838±0.098[aA]
	演替后期	1.093±0.085[aA]	1.260±0.257[bB]	0.847±0.073[aA]

注：不同大、小写字母分别表示相同演替阶段不同植被恢复措施和不同演替阶段相同植被恢复措施间具有显著差异（$P<0.05$）。

在播种造林植被恢复措施下，随着演替向顶级发展，灌木 Simpson 指数逐渐增加，从 0.488 增加到 0.542，演替初期和演替后期的指数值有显著差异（$P<0.05$）；灌木 Shannon-Wiener 指数则呈逐步减小的趋势，从演替初期的 0.922 下降到演替后期的 0.558，这说明播种造林植被所形成的林分并不利于林下灌木植物的快速生长。

同时处于演替初期、中期的植苗造林植被恢复措施下的乔木林灌木 Simpson 指数显著大于播种造林植被恢复措施下的灌木 Simpson 指数（$P<0.05$），这说明在植苗造林植被恢复措施的演替早、中期，灌木种类集中度更高；同时处于演替初期、中期的植苗造林植被恢复措施下的乔木林灌木 Shannon-Wiener 指数显著低于播种造林植被恢复措施下的乔木林灌木 Shannon-Wiener 指数（$P<0.05$），到了演替后期，植苗造林植被恢复措施下的物种多样性指数显著大于播种造林植被恢复措施下的物种多样性指数（$P<0.05$）。

从表 6-35 可知，随着植被演替的正向进行，植苗造林植被恢复措施下的物种多样性指数值逐渐减小，而播种造林植被恢复措施下草本 Simpson 指数逐渐增加。而且，同时处于演替初、中期的植苗造林植被恢复措施下的草本 Simpson 指数显著低于播种造林植被恢复措施下的草本 Simpson 指数（$P<0.05$）。从草本 Shannon-Wiener 指数来看，随着演替的正向进行，植苗造林植被恢复措施和播种造林植被恢复措施变化趋势相同，即均呈先增大后减小趋势，而且在相同演替阶段，植苗造林植被恢复措施下的草本 Shannon-Wiener 指数均显著大于播种造林植被恢复措施下的草本 Shannon-Wiener 指数（$P<0.05$）。

6.4　不同演替阶段更新演替数量特征

6.4.1　研究方法

6.4.1.1　更新特征分析方法

更新组成分析：在每个样地内，对不同树种的物种数量及其个体数量计算其组成百分比。

更新密度和更新频度是表示更新好坏的两个重要指标。频度反映更新苗木分布的均匀度，是密度的补充指标，以各乔木样地为计算单位，统计全部小样地内更新树种的株数，除以小样地总面积，换算成各树种单位面积的更新数量（每公顷更新数量），即

$$更新密度 = \frac{更新株数合计 \times 10000}{样地面积 \times 样地数} \tag{6.35}$$

$$更新频度 = \frac{更新幼树出现样地数 \times 100}{调查样地数} \tag{6.36}$$

更新苗木高度结构分析：将主要更新树种的苗木树高按 0.2 m 高差为一档进行统计，计算出各树种不同高度的苗木的株数百分比。

6.4.1.2　更新种物种多样性

计算各乔木样地中木本植物幼苗、幼树、小树的物种丰富度（S）、Shannon-Wiener 多样性指数（H）、Pielou 均匀度指数（E）、Simpson 优势度指数（C）、Margalef 丰富度指数（R）。

6.4.2　更新树种组成分析

6.4.2.1　更新层物种组成分析

由图 6-13 可知，植苗造林植被恢复措施下，随着演替正向进行，幼苗、幼树

和小树的更新密度呈增加趋势，说明随着森林恢复时间的增加，林分环境条件越有利于幼苗、幼树和小树的发展，更新苗多样性逐渐增加。随着植被演替正向进行，林下灌木通过减少地表水分蒸散、改善土壤养分状况和增加土壤水分含量等途径，不断改善着乔木林下微环境，林下微环境的改善又有利于乔木种子的定居、萌发及幼苗生长。

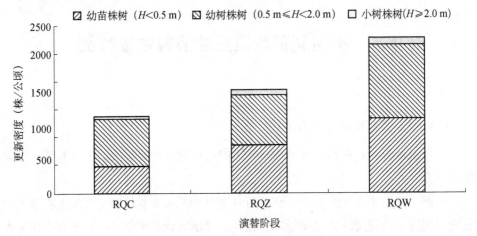

图 6-13　植苗造林植被恢复措施下植被更新密度

注：RQC——植苗造林演替初期；RQZ——植苗造林演替中期；RQW——植苗造林演替后期

由图 6-14 可知，在播种造林植被恢复措施下，处于演替中期的幼树、处于演替初期的幼苗和小树更新密度比其他演替阶段高，更新状况良好；从绝对值来看，播种造林植被更新下的幼苗、幼树和小树的更新密度显著高于植苗造林植被恢复措施，这说明播种造林植被的恢复措施有利于林下更新绝对量的增加。实生更新是维持种群遗传多样性和提高个体生存能力的关键，植物实生更新种子主要来源于土壤种子库、种子雨与动物的搬运等。而植苗造林植被更新措施下，植物实生更新显然受到了阻碍。随着演替发展，林分密度逐渐稀疏，特别是到了演替中期，乔木树种之间竞争基本完成，形成了较为稀疏的环境，林分密度减少，林冠稀疏加快了植被自然更新的进程。研究发现，在演替后期，凋落物的大量积累，造成土壤 pH 值上升，土壤碱化严重，不利于实生幼苗的生长发育。

从表 6-36 的物种组成来看，物种的更新方式在不同演替阶段的恢复措施中的分布差异不大。在植苗造林植被恢复措施下，幼苗、幼树和小树的物种种类数在不同演替阶段中均基本相同；在播种造林植被恢复措施下，幼苗在演替中期

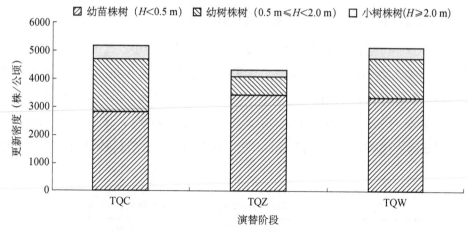

图 6-14　播种造林植被恢复措施下植被更新密度

注：TQC——播种造林演替初期；TQZ——播种造林演替中期；TQW——播种造林演替后期

种类数仅为 3 种，为演替初期和演替后幼苗种类数的 1/2，幼树在 3 个演替阶段种类数分别为 6、6、5，而小树在 3 个演替阶段种类数分别为 5、3、4；从所有更新苗的种类数来看，不同演替阶段总更新苗种类数变化不大。

从个体数来看，其在不同演替阶段的不同恢复措施中的分布存在一定的变化规律。在植苗造林植被恢复措施下，大致表现为"演替初期-演替中期-演替后期"呈明显上升趋势。幼苗、幼树和小树在演替初期个体数分别占总数的 14.12%、22.35% 和 12.50%。在播种造林植被恢复措施下，幼苗、幼树和小树在不同演替阶段表现出不同的变化规律，幼苗为先增大后减小，幼树和小树为先减小后增大，这说明演替初期的环境有利于幼树和小树的快速定居。

表 6-36　不同演替序列更新种树种类数及其个体数所占比例

恢复措施	演替阶段	幼苗（$H<0.5$ m） N（%）	幼树（0.5 m$\leqslant H<2.0$ m） N（%）	小树（$H\geqslant 2.0$ m） N（%）	所有更新苗 N（%）
植苗造林	RQC	6（14.12）	7（22.35）	2（12.50）	7（18.18）
	RQZ	6（34.12）	7（30.86）	3（37.50）	8（32.62）
	RQW	7（51.76）	7（46.9）	2（50.00）	8（49.20）
播种造林	TQC	6（29.38）	6（47.43）	5（44.59）	7（35.39）
	TQZ	3（35.92）	6（16.18）	3（22.98）	9（29.61）
	TQW	6（34.7）	5（36.39）	4（32.43）	8（35.00）

注：表中括号前的数字为更新树种的种类数（N），括号内的数字为不同演替阶段更新树种个体数占所有调查样地更新树种个体数之和的百分比。

6.4.2.2 不同林分层次演替物种组成分析

表 6-37 表示各层次演替树种种类数及个体出现次数所占比例。可以看出，植苗造林植被恢复措施下，在不同演替阶段，主林层、演替层和更新层物种数量和个体数所占比例有一定的区别，也有一些共同规律，如不同演替阶段更新层的物种数量最多，主林层个体数所占比例最高（分别为 49.06%、46.39% 和 51.92%）。这说明在植苗造林植被恢复措施下，随着演替进行，优势树种侧柏呈现衰退的趋势。

表 6-37　各层次演替树种种类数及个体出现次数所占比例

恢复措施	演替阶段	主林层 N（%）	演替层 N（%）	更新层 N（%）	所有层次 N（%）
植苗造林	演替初期	2（49.06）	1（13.22）	7（37.74）	10（20.87）
	演替中期	2（46.39）	5（12.37）	8（41.24）	15（38.19）
	演替后期	5（51.92）	1（1.92）	8（46.16）	14（40.94）
播种造林	演替初期	2（39.39）	3（19.19）	7（41.42）	12（34.43）
	演替中期	3（44.51）	5（13.29）	9（42.20）	17（30.09）
	演替后期	4（45.10）	3（12.25）	8（42.65）	15（35.48）

注：表中括号前的数字为演替树种的种类数（N），括号内的数字为不同演替阶段演替树种个体数占所有调查样地演替树种个体数之和的百分比。

在播种造林植被恢复措施下，随着演替进行，主林层物种数量增加，林木个体数所占比例亦稳步增加（分别为 39.39%、44.51% 和 45.10%）；演替层的林木个体数所占比例总体呈减少趋势，更新层林木个体数所占比例总体呈增加趋势，但是演替层和更新种的林木个体数比主林层的要高。总体来看，播种造林植被恢复措施下，进展种所占比例较大，随着时间的推移，它们将不断改变、提升在群落中的地位和作用。

6.4.3　更新种物种多样性分析

根据统计，研究区域更新层幼苗主要为刺槐、栓皮栎、侧柏、榆树、黄连木、苦楝、臭椿、构树等，更新乔木林草本层物种有 67 种，灌木层种类有 24 种。表 6-38 为不同演替序列更新种物种多样性比较分析表。可以看出，采用植苗造林植被恢复措施和播种造林植被恢复措施所形成的植被类型，不管在任何演替阶段，其林下更新种的物种丰富度均较低。

由表 6-38 可知，相同演替阶段植苗造林植被恢复措施下物种 Simpson 优势度指数均低于播种造林植被恢复措施下相应的指数值，且在演替后期存在显著差异（$P<0.05$），而 Shannon-Wiener 多样性指数和均匀度指数均大于播种造林植被恢复措施下的指数值，且在演替中期存在显著差异（$P<0.05$）。这说明植苗造林植被林下更新苗物种比播种造林植被林下丰富，但是在样地间分布并不均匀，而采用播种造林植被恢复措施所形成的植被林下更新苗主要集中在极少数几个物种上，如栓皮栎和刺槐等。

表 6-38　不同演替序列更新种物种多样性（平均值±标准差）

恢复措施	演替阶段	S	C	H	E	R
植苗造林	演替初期	7	0.636±0.267^{aA}	0.647±0292^{bA}	0.513±0.155^{bA}	0.609±0.266^{cA}
	演替中期	8	0.566±0.220^{abA}	0.778±0.288^{abA}	0.628±0.272^{aA}	0.739±0.214^{bA}
	演替后期	8	0.486±0.186^{bB}	0.883±0.292^{aA}	0.683±0.291^{aA}	0.818±0.156^{aA}
播种造林	演替初期	7	0.656±0.232^{bA}	0.573±0.123^{aA}	0.569±0.141^{bA}	0.524±0.078^{bB}
	演替中期	9	0.657±0.143^{bA}	0.588±0.156^{aB}	0.532±0.210^{bB}	0.671±0.215^{aA}
	演替后期	8	0.693±0.254^{aA}	0.560±0.290^{aB}	0.673±0.279^{aA}	0.310±0.085^{cB}

注：不同大、小写字母分别表示相同演替阶段不同植被恢复措施和不同演替阶段相同植被恢复措施间具有显著差异（$P<0.05$）。

在植苗造林植被恢复措施下，Shannon-Wiener 多样性指数在演替阶段之间的排序为演替后期>演替中期>演替初期；Simpson 优势度指数在演替阶段之间的排序为演替初期>演替中期>演替后期。在播种造林植被恢复措施下，Shannon-Wiener 多样性指数在演替阶段之间排序为演替中期>演替初期>演替后期；Simpson 优势度指数在演替阶段之间排序为演替后期>演替中期>演替初期。

6.4.4　主要更新优势种更新数量分析

6.4.4.1　植苗造林植被恢复措施下主要更新优势种更新特征

林下幼苗更新是群落动态的重要组成部分，是群落维持稳定的决定因素，且直接影响种群繁衍。华北低山丘陵区由于气候、地质环境等条件较为恶劣，尤其是降水量的年内分配极为不均，常出现长达 7 个月的旱季（11 月至翌年 5 月），极易出现严重干旱，直接影响播种造林植被林下幼苗的成功更新。一些更新优势种在长期的环境压力和各种强烈干扰下仍能维持种群的长期存在，表明其更新机制具有较强的环境适应能力。

表 6-39　植苗造林植被恢复措施下主要优势种更新特征

演替阶段	种名	更新组成/%	更新密度/（株·hm⁻²）				更新频度/%
			幼苗株树	幼树株树	小树株树	合计	
演替初期	侧柏	32.35	100	267	0	367	21.43
	臭椿	11.76	100	33	0	133	7.14
	椿树	8.82	33	67	0	100	4.76
	刺槐	20.59	67	167	0	233	11.90
	栓皮栎	17.65	67	100	33	200	11.90
	黄连木	2.95	0	33	0	33	2.38
	榆树	5.88	33	33	0	67	2.38
	合计	100	400	700	33	1133	61.90
演替中期	侧柏	34.43	325	175	25	525	21.43
	臭椿	21.31	150	125	50	325	8.93
	刺槐	4.92	25	50	0	75	16.07
	构树	3.28	0	50	0	50	1.79
	苦楝	1.64	0	25	0	25	1.79
	栓皮栎	18.03	175	100	0	275	10.71
	榆树	16.39	50	200	0	250	16.07
	合计	100	725	725	75	1525	76.79
演替后期	侧柏	7.61	125	50	0	175	1.79
	臭椿	10.87	175	75	0	250	10.71
	刺槐	17.39	100	300	0	400	14.29
	构树	26.09	100	400	100	600	25.00
	黄连木	24.99	375	200	0	575	25.00
	栓皮栎	8.70	175	25	0	200	8.93
	榆树	4.35	50	50	0	100	7.14
	合计	100	1100	1100	100	2300	92.86

由表 6-39 知，侧柏、臭椿、栓皮栎、黄连木、榆树的更新能力较强，出现在所有演替阶段中。演替后期的林下更新情况最好，总更新密度为 2300 株/hm²；其次为演替中期，总更新密度为 1525 株/hm²；最小的为演替初期，总更新密度为 1133 株/hm²。从各演替阶段总更新频度来看，其数值在各演替阶段的排序为演替后期>演替中期>演替初期，说明更新苗更多地集中在几个物种上面，且分布较广。

侧柏幼苗数量在演替初期所占比例最大，为 32.35%，更新频度为 21.43%，幼苗、幼树和小树更新密度的总和达到 367 株/hm²；到了演替中期，侧柏更新苗的数量仍然最大，个体数占总数的 34.43%，总更新密度为 525 株/hm²，更新频度达到 21.43%；但是，到了演替后期，侧柏更新苗的数量和更新密度、更新频度急剧下降，取而代之的是大量构树、黄连木、刺槐等当地先锋阔叶树种。

臭椿和栓皮栎幼苗在植苗造林植被恢复措施下的演替初期和演替中期数量较多，总更新密度分别达到 200 株/hm²、133 株/hm² 和 275 株/hm²、325 株/hm²，总更新频度分别达到 11.90%、7.14% 和 10.71%、8.93%。与演替初期和演替中期相比，更新苗主要由阔叶乔木幼苗组成，且分布相对均匀，主要有构树、黄连木、刺槐和臭椿等。

6.4.4.2 播种造林植被恢复措施下主要更新优势种更新特征

表 6-40 显示的是播种造林植被恢复措施下，乔木演替序列各演替阶段主要优势树种的更新密度、更新频度和更新组成统计表。由表 6-40 可知，栓皮栎在演替初期和后期均处于绝对优势地位，更新组成比例分别为 72.25% 和 62.21%，更新频度分别为 39.80% 和 56.12%；而在演替中期，处于绝对优势地位的为构树，其更新 57.75%，更新频度为 18.37%，其次为栓皮栎，其更新组成比例和更新频度分别为 24.79% 和 33.67%。总的来说，不同演替阶段播种造林更新是不同的，这种差异是多种因子共同作用的结果。不同的群落类型，其树种组成和结构不同，所处的立地条件、受干扰和恢复程度不同，更新树种对环境做出不同的反应，进而表现出不同的更新状况。演替阶段间比较的结果显示，演替初期的林下更新情况最好，更新密度为 5200 株/hm²；其次为演替中期，更新密度为 5071 株/hm²，更新良好；更新数量较差的是演替后期，更新密度为 5014 株/hm²，但是林下的更新苗分布比较均匀。

表 6-40 播种造林植被植被恢复措施下植被主要优势种更新特征

演替阶段	种名	更新组成/%	更新密度/（株·hm⁻²）				更新频度/%
			幼苗株树	幼树株树	小树株树	合计	
演替初期	臭椿	2.47	114	14	0	128	2.04
	刺槐	7.14	214	114	43	371	32.65
	黄连木	4.95	86	129	43	258	12.24
	栓皮栎	72.25	2014	1386	357	3757	39.80
	构树	6.87	186	157	14	357	15.31
	苦楝	6.32	257	57	14	328	5.10
	合计	100	2871	1857	471	5199	107.14
演替中期	刺槐	15.21	500	200	71	771	25.51
	黄连木	0.28	0	14	0	14	1.02
	栓皮栎	24.79	657	357	243	1257	33.67

续表

演替 阶段	种名	更新组成 /%	更新密度/（株·hm^{-2}）				更新频度 /%
			幼苗株树	幼树株树	小树株树	合计	
演替 中期	榆树	0.56	0	29	0	29	2.04
	构树	57.75	2714	214	0	2928	18.37
	臭椿	1.41	0	71	0	71	4.08
	合计	100	3871	885	314	5070	84.69
演替 后期	臭椿	2.56	129	0	0	129	4.08
	刺槐	9.97	257	200	43	500	14.29
	构树	7.69	186	186	14	386	4.08
	苦楝	6.55	257	57	14	328	6.12
	栓皮栎	62.11	1943	900	271	3114	56.12
	黄连木	11.12	486	71	0	557	10.20
	合计	99.99	3258	1414	342	5014	94.89

6.4.4.3　更新层各主要更新优势树种的苗木高度结构分析

不同植被恢复措施下主要优势种更新层苗木高度结构见表 6-41 和表 6-42。各树种的更新苗木在不同的林分中有其不同的高度结构特点。刺槐、栓皮栎和臭椿在两种植被恢复措施下，1 m 以下的更新苗占了很大比例，说明大量刺槐、栓皮栎和臭椿苗木都比较矮。臭椿在 1 m 以上没有分布或分布比较少；构树更新苗在播种造林植被恢复措施下也比较矮，而在植苗造林植被恢复措施下，各高度的苗木株树都相差不多，并具有多个峰。

表 6-41　植苗造林植被措施下更新层主要优势种更新苗苗木高度结构

（单位：%）

高度/m	种名									
	侧柏	臭椿	刺槐	榆树	栓皮栎	椿树	苦楝	构树	黄连木	杨树
0～0.2	23.1	25.9	—	6.3	16.7	—	—	—	19.3	—
0.2～0.4	23.1	22.2	12.5	6.3	41.4	—	—	3.84	26.9	—
0.4～0.6	7.6	18.5	20.0	25.0	16.2	66.7	—	11.5	26.9	—
0.6～0.8	20.5	11.1	17.5	18.8	16.4	—	—	7.72	19.2	100
0.8～1.0	15.4	7.45	5.0	18.8	—	—	—	3.84	7.79	—
1.0～1.2	7.7	3.70	10.0	18.8	—	33.3	—	19.2	—	—
1.2～1.4	—	—	12.5	—	4.6	—	—	7.78	—	—
1.4～1.6	—	—	5	—	4.7	—	—	11.5	—	—
1.6～1.8	—	3.7	2.5	6.25	—	—	100	3.82	—	—
1.8～2.0	—	—	2.5	—	—	—	—	15.4	—	—
≥2	2.6	7.45	12.5	—	—	—	—	15.4	—	—

表 6-42　播种造林植被恢复措施下更新层主要优势种更新苗苗木高度结构

(单位：%)

高度/m	种名							
	栓皮栎	臭椿	刺槐	黄连木	椿树	苦楝	构树	榆树
0～0.2	22.1		9.1	5.3	—	13.0	4	—
0.2～0.4	27.3	80	45.4	10.3	—	56.5	24	
0.4～0.6	9.3	10	6.1	21.1	—	8.7	40	100
0.6～0.8	7.8	—	6.1	10.5	100	—	8	
0.8～1.0	5.5	—	3.0	21.1		—		
1.0～1.2	2.9	—	6.1	—	—	4.5	4	
1.2～1.4	4.7	10	3.0	—	—	8.7	8	
1.4～1.6	3.8	—	3.0	5.3		4.5		
1.6～1.8	5.2	—		5.3		—	8	
1.8～2.0	1.2	—	6.1	5.3		—		
≥2	10.2	—	12.1	15.8		4.3	4	

6.4.5　主要更新优势种重要值及生态位分析

6.4.5.1　植苗造林植被恢复措施下主要更新优势种生态宽度及重要值

森林更新是森林生态系统自我繁衍恢复的途径,而森林的更新主要是通过幼苗和幼树的更新来实现的,幼苗和幼树的适应能力决定着群落未来的发展趋势,因此对更新苗的生态位宽度及重要值进行比较分析显得尤为重要。在植苗造林植被恢复措施下,侧柏在演替初期和中期的生态位宽度及重要值均最大（表 6-43）,LB 生态位宽度分别为 2.593 和 2.272,重要值分别为 45.07% 和 29.38%；在演替后期,臭椿和构树生态位宽度较大,分别为 2.780 和 2.475。侧柏生态位宽度和重要值随着演替的进行而逐渐减小。一般来说,重要值越大,生态位宽度越大,如本研究中的侧柏；有时也呈现不同的趋势,如在演替后期,黄连木的重要值为 33.04%,但是生态宽度为 2.478,低于臭椿的 2.780,而臭椿的重要值仅为 9.41%。

表 6-43　植苗造林植被恢复措施下主要更新优势种生态宽度及重要值

演替阶段	种名	Levins（LB）	重要值/%
	侧柏	2.593	45.07
	臭椿	1.000	4.38
演替初期	栓皮栎	1.000	17.4
	刺槐	1.000	8.88
	榆树	1.000	2.05
	椿树	1.000	3.63

续表

演替阶段	种名	Levins（LB）	重要值/%
	侧柏	2.272	29.38
	臭椿	1.447	12.77
演替中期	栓皮栎	1.000	10.19
	刺槐	1.393	26.02
	榆树	1.792	10.92
	侧柏	1.000	3.36
演替后期	臭椿	2.780	9.41
	栓皮栎	1.815	8.96
	刺槐	1.000	14.6
演替后期	榆树	1.000	4.51
	构树	2.475	33.04
	黄连木	1.261	26.05

6.4.5.2 播种造林植被恢复措施下主要更新优势种生态宽度及重要值

从表 6-44 的重要值指标来看，栓皮栎在不同演替阶段的重要值均最大，演替初期为 48.100%，演替中期为 44.760%，演替后期为 60.640%。

依据各树种生态位宽度，参照相关研究对更新生态位的划分方法，将研究地区播种造林植被恢复措施下的主要树种生态位划分为以下几种类型：

（1）将生态位宽度值（LB）在 2 以上的树种称为生态位幅度大的树种，这类树种对林分生态资源有较充分的利用。它们是演替初期的栓皮栎、臭椿和刺槐；演替中期的臭椿、刺槐、构树和栓皮栎；演替后期的栓皮栎和刺槐。

（2）将生态位宽度值（LB）在 1.5～2 的树种称为生态位幅度中等的树种，这类树种对林下的生态资源有较充分的利用，但不如第（1）类。它们是演替后期的构树。

（3）将生态位宽度值（LB）在 1～1.5 的树种称为生态位幅度狭小的树种，它们对不同林下生态资源利用很少，也就是说，它们只能利用极少数林下的生态资源。它们是演替初期的黄连木、构树；演替中期的黄连木；演替后期的苦楝等。

表 6-44 播种造林植被恢复措施下主要更新优势种生态宽度及重要值

演替阶段	种名	Levins（LB）	重要值/%
	臭椿	2.589	2.820
演替初期	刺槐	3.469	17.820
	构树	1.000	11.560

续表

演替阶段	种名	Levins（LB）	重要值/%
演替初期	黄连木	1.205	7.590
	栓皮栎	4.311	48.100
演替中期	臭椿	2.619	3.300
	刺槐	4.009	24.260
	构树	2.407	22.630
	黄连木	1.000	0.980
	栓皮栎	3.935	44.760
演替后期	臭椿	1.967	2.690
	刺槐	2.346	19.040
	构树	1.822	6.030
	苦楝	1.000	4.520
	栓皮栎	5.316	60.640

6.5 不同演替阶段植被生物量及元素分配

6.5.1 研究方法

利用 SPSS19.0 统计分析软件对标准木各组分（干材、干皮、树枝、树叶、树根等）同胸径（D）和胸径的平方及树高（D^2H）的回归模型进行拟合。根据试验地调查资料，从一元线性、二次函数、三次函数等常见模型中选取最合适的估测模型，对林木单株生物量进行预测预报，从而对林分生物量进行预测。

各年龄段的刺槐、侧柏和栓皮栎生物量预测模型建立后，利用 33 块样地每木检尺结果，分样地计算其乔木地上部各器官生物量及地下根系生物量，然后按两种恢复措施和不同演替阶段求其平均值。同时，根据植物样品营养元素测定结果和生物量计算结果，求算不同植被恢复措施下不同演替阶段的单位面积营养元素储量。

6.5.2 乔木林生物量及分配

表 6-45 的统计结果表明，随着森林群落从演替初期到演替后期的正向演替，植苗造林植被恢复措施下，乔木层总的生物量由 16.673 t/hm² 增加到 43.436 t/hm²，其中地上部分从 11.843 t/hm² 增加到 30.861 t/hm²，地下部分从 4.830 t/hm² 增加到 12.575 t/hm²；在播种造林植被恢复措施下，乔木层总的生物量由 72.839 t/hm² 增

加到 157.413 t/hm², 其中地上部分从 58.880 t/hm² 增加到 129.962 t/hm², 地下部分从 13.958 t/hm² 增加到 27.450 t/hm²。

从各器官生物量所占比例来看, 在植苗造林植被恢复措施下, 乔木层生物量在不同器官的比例关系为: 地下部分>树干>枝条>树叶>树皮; 在播种造林植被恢复措施下, 乔木层生物量在不同器官的比例关系为: 树干>枝条>树皮>地下部分>树叶。因此, 植苗造林植被恢复措施与播种造林植被恢复措施相比, 地下根系所占比例较高, 地下部生物量较高, 但是从绝对值来看, 植苗造林植被恢复措施下地下部分根系生物量远低于播种造林植被恢复措施下地下部分生物量。播种造林植被恢复措施下各演替阶段的乔木层生物量均显著高于植苗造林植被恢复措施下各演替阶段的乔木层生物量, 如在演替后期, 播种造林植被恢复措施下乔木层总生物量为 157.413 t/hm², 而植苗造林植被恢复措施下乔木层总生物量仅为 43.436 t/hm²。

表 6-45   不同植被恢复措施下乔木林生物量

恢复措施	演替阶段	指标	树干	树皮	枝条	树叶	地上部分	地下部分	合计
植苗造林	演替初期	生物量/ (t·hm⁻²)	4.650	1.981	2.885	2.327	11.843	4.830	16.673
		百分比/%	27.89	11.88	17.30	13.96	71.03	28.97	100.00
	演替中期	生物量/ (t·hm⁻²)	7.808	4.433	6.282	4.240	22.763	9.332	32.095
		百分比/%	24.33	13.81	19.57	13.21	70.92	29.08	100.00
	演替后期	生物量/ (t·hm⁻²)	10.155	6.291	8.835	5.580	30.861	12.575	43.436
		百分比/%	23.38	14.48	20.34	12.85	71.05	28.95	100.00
播种造林	演替初期	生物量/ (t·hm⁻²)	25.004	14.309	16.587	2.981	58.881	13.958	72.839
		百分比/%	34.33	19.64	22.77	4.09	80.84	19.16	100.000
	演替中期	生物量/ (t·hm⁻²)	28.487	16.681	20.905	4.672	70.745	14.253	84.998
		百分比/%	33.51	19.63	24.59	5.50	83.23	16.77	100.000
	演替后期	生物量/ (t·hm⁻²)	57.845	25.868	39.434	6.816	129.963	27.450	157.413
		百分比/%	36.75	16.43	25.05	4.33	82.56	17.44	100.000

表 6-46   不同植被恢复措施下乔木林营养元素储量 (平均值±标准差)

恢复措施	演替阶段	单位面积营养元素储量		
		N/ (t·hm⁻²)	P/ (t·hm⁻²)	K/ (t·hm⁻²)
植苗造林	演替初期	0.280±0.122^{cB}	0.032±0.013^{bB}	0.097±0.011^{bB}
	演替中期	0.517±0.189^{bB}	0.060±0.011^{bB}	0.218±0.076^{aB}
	演替后期	0.940±0.309^{aB}	0.169±0.024^{aB}	0.309±0.043^{aB}
播种造林	演替初期	1.374±0.098^{bA}	0.114±0.097^{bA}	0.516±0.108^{bA}
	演替中期	1.396±0.087^{bA}	0.199±0.067^{abA}	0.550±0.099^{bA}
	演替后期	3.473±0.192^{aA}	0.223±0.039^{aA}	0.866±0.145^{aA}

注: 不同大、小写字母分别表示相同演替阶段不同植被恢复措施和不同演替阶段相同植被恢复措施间具有显著差异 ($P<0.05$)。

表 6-46 显示的是不同恢复措施下乔木林营养元素储量比较分析表，由表可知，播种造林植被恢复措施下各演替序列单位面积营养元素储量均显著大于处于相同演替阶段的植苗造林植被恢复措施下的单位面积元素储量（$P<0.05$）。在演替初期、中期、后期，植苗造林植被恢复措施下单位面积 N 储量分别为 0.280 t/hm^2、0.517 t/hm^2 和 0.940 t/hm^2，而播种造林植被恢复措施下单位面积 N 储量分别为 1.374 t/hm^2、1.396 t/hm^2 和 3.473 t/hm^2。

6.5.3 灌、草生物量及元素分配

6.5.3.1 灌、草地上生物量及元素分配

表 6-47 为地上灌木生物量及单位面积养分储量分析表。由表可知，随着植被由灌丛演替初期到乔木演替后期，地上灌木生物量呈现不规则的变化规律。在植苗造林植被恢复措施下，单位面积生物量大小关系为乔木演替后期>乔木演替初期>灌丛演替后期>乔木演替中期>灌丛演替初期>灌丛演替中期，单位面积 N 储量、P 储量和 K 储量与单位面积生物量基本保持相同的大小关系。在播种造林植被恢复措施下，单位面积生物量大小关系为乔木演替后期>乔木演替中期>灌丛演替后期>灌丛演替初期>乔木演替初期>灌丛演替中期，单位面积 N 储量、P 储量和 K 储量与单位面积生物量基本保持相同的大小关系。

表 6-47　地上灌木生物量及单位面积养分储量

恢复措施	演替阶段	单位面积生物量/ （t·hm^{-2}）	单位面积 N 量/ （t·hm^{-2}）	单位面积 P 量/ （t·hm^{-2}）	单位面积 K 量/ （t·hm^{-2}）
植苗造林	演替初期	3.271	0.050	0.001	0.023
	演替中期	1.635	0.011	0.001	0.005
	演替后期	5.081	0.062	0.003	0.028
播种造林	演替初期	0.714	0.006	0.000	0.003
	演替中期	2.952	0.021	0.001	0.006
	演替后期	3.753	0.051	0.010	0.019
灌丛演替初期		1.447	0.012	0.003	0.007
灌丛演替中期		0.561	0.008	0.002	0.002
灌丛演替后期		2.454	0.026	0.005	0.019

从植苗造林植被恢复措施和播种造林植被恢复措施对地上灌木生物量的影响来看，在演替初期，植苗造林植被恢复措施下的植被的单位面积灌木生物量大于播种造林植被恢复措施下的植被的单位面积灌木生物量，而到了演替中、后期，播种造林植被恢复措施下的植被的单位面积灌木生物量大于植苗造林植被恢复措施下的植被的单位面积灌木生物量。

　　表6-48 描述的是不同演替阶段地上草本生物量及单位面积营养元素储量。由表6-48 可知，在植苗造林植被恢复措施下，不同演替阶段植被地上草本单位面积生物量大小关系为灌丛演替初期>乔木演替初期>草丛>乔木演替后期>灌丛演替后期>灌丛演替中期>乔木演替中期，最大值出现在灌丛演替初期，单位面积地上草本生物量达到 0.880 t/hm²；在播种造林植被恢复措施下，不同演替阶段植被地上草本单位面积生物量大小关系为：灌丛演替初期>乔木演替中期>草丛>灌丛演替后期>乔木演替初期>乔木演替后期>灌丛演替中期，最大值仍然出现在灌丛演替初期，最小值出现在灌丛演替中期，单位面积地上草本生物量最小值为 0.341 t/hm²。单位面积 N 储量、P 储量和 K 储量与单位面积生物量基本保持相同的大小关系。

表6-48　地上草本生物量及单位面积养分储量

恢复措施	演替阶段	单位面积生物量/ (t·hm⁻²)	单位面积 N 量/ (t·hm⁻²)	单位面积 P 量/ (t·hm⁻²)	单位面积 K 量/ (t·hm⁻²)
植苗造林	演替初期	0.846	0.009	0.001	0.002
	演替中期	0.321	0.004	0.001	0.001
	演替后期	0.733	0.014	0.003	0.002
播种造林	演替初期	0.425	0.008	0.001	0.003
	演替中期	0.806	0.009	0.001	0.004
	演替后期	0.412	0.008	0.000	0.002
	灌丛演替初期	0.880	0.019	0.002	0.005
	灌丛演替中期	0.341	0.006	0.001	0.002
	灌丛演替后期	0.452	0.005	0.001	0.002
	草丛演替阶段	0.788	0.009	0.002	0.002

　　以植苗造林植被恢复措施和播种造林植被恢复措施对地上草本生物量的影响来看，除了在演替中期，植苗造林植被恢复措施下的植被的单位面积草本植物生物量小于播种造林植被恢复措施下的植被的单位面积草本植物生物量外，在乔木演替初、后期，播种造林植被恢复措施下的植被的单位面积草本植物生物量均小于植苗造林植被恢复措施下的植被的单位面积草本植物生物量。

6.5.3.2　灌、草地下根系生物量及元素分配特征

　　由于在取样过程中很难将灌木和草本植物的根系区分开，因此，在计算灌、草地下根系生物量时，将灌木和草本植物根放到一起进行计算。图 6-15 和图 6-16 分别描述植苗造林植被恢复措施下灌、草地下根系生物量和播种造林恢复措施下灌、草地下根系生物量。

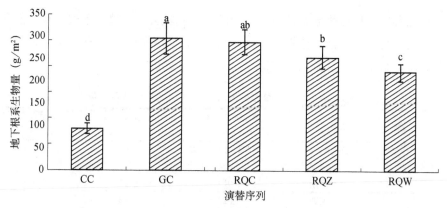

图6-15 植苗造林植被恢复措施下灌、草地下根系生物量

注：CC——草丛演替阶段；GC——灌丛演替初期；RQC——乔木演替初期；
RQZ——乔木演替中期；RQW——乔木演替后期

从图6-15可知，从草丛到乔木演替后期，地下根系生物量呈先增加后稳步减少的趋势，最大值出现灌丛阶段，最小值出现在草丛阶段；从图6-16可知，不同演替序列灌、草地下根系生物量的大小关系为灌丛>乔木演替中期>乔木演替初期>乔木演替后期>草丛。

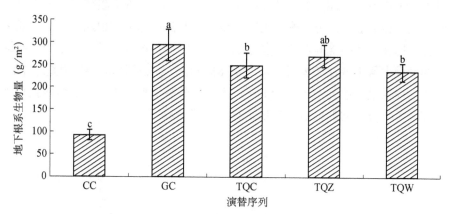

图6-16 播种造林植被恢复措施下灌、草地下根系生物量

注：CC——草丛演替阶段；GC——灌丛演替初期；TQC——播种造林演替初期；
TQZ——播种造林演替中期；TQW——播种造林演替后期

表6-49描述的是不同演替阶段灌、草地下根系营养元素储量。在植苗造林植被恢复措施下，不同演替序列植被灌、草地下根系单位面积N量最大值出现在乔木演替中期，为0.024 t/hm²；单位面积P量最大值出现在乔木演替后期，为0.014 t/hm²；单位面积K量最大值出现在灌丛演替阶段，为0.018 t/hm²。

在播种造林植被恢复措施下，不同演替序列植被灌、草地下根系单位面积 N 量最大值出现在乔木演替中期，为 0.040 t/hm²；单位面积 P 量和 K 量最大值均出现在乔木演替中期，分别为 0.012 t/hm² 和 0.022 t/hm²。

表 6-49　不同演替序列地表地下根系元素含量及储量

恢复措施	演替阶段	单位面积 N 量/ (t·hm⁻²)	单位面积 P 量/ (t·hm⁻²)	单位面积 K 量/ (t·hm⁻²)
植苗造林	演替初期	0.019	0.003	0.009
	演替中期	0.024	0.004	0.006
	演替后期	0.019	0.014	0.005
播种造林	演替初期	0.020	0.008	0.009
	演替中期	0.040	0.012	0.022
	演替后期	0.023	0.006	0.006
	灌丛演替阶段	0.018	0.010	0.018
	草丛演替阶段	0.005	0.001	0.003

6.5.4　植物总生物量

将植被乔木生物量、灌木生物量和地下根系生物量进行汇总，并按不同演替阶段求其平均值。从图 6-17 和图 6-18 可以看出，随着恢复演替进程，由草本群落向灌丛、乔木群落演替，群落生物量呈持续升高的态势，由此可见，研究区群落生物量的变化实际上与群落演替密切相关。在植苗造林植被恢复措施下，植物总生物量最大值出现在演替后期，为 46.862 t/hm²；在播种造林植被恢复措施下，植物总生物量最大值为 161.304 t/hm²，出现在演替后期。不同植被恢复措施下，乔木演替各阶段之间的植被总生物量存在显著差异（$P<0.05$）。

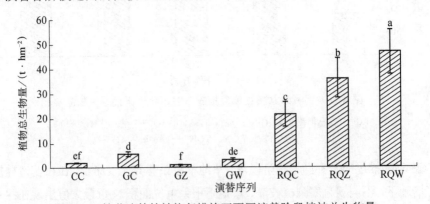

图 6-17　植苗造林植被恢复措施下不同演替阶段植被总生物量

注：CC——草丛演替阶段；GC——灌丛演替初期；GZ——灌丛演替中期；GW——灌丛演替后期；
RQC——乔木演替初期；RQZ——乔木演替中期；RQW——乔木演替后期

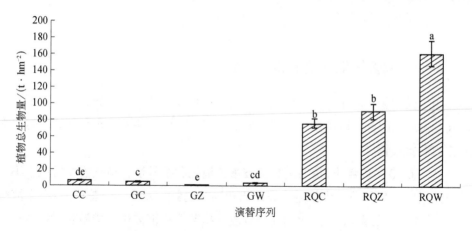

图 6-18　播种造林植被恢复措施下不同演替阶段植被总生物量

注：CC——草丛演替阶段；GC——灌丛演替初期；GZ——灌丛演替中期；GW——灌丛演替后期；
　　　RQC——乔木演替初期；RQZ——乔木演替中期；RQW——乔木演替后期

6.6　不同演替阶段植被凋落物数量特征

6.6.1　研究方法

6.6.1.1　凋落物生物量及养分

选择所调查的林木树种，在每个乔木林和灌木林样地内设 1～2 个 1 m×1 m 的小样方，在每个小样方内沿对角线分为四个部分，在草本样地内直接沿对角线一分为四，选取对角的两个部分分凋落物未分解层、半分解层和分解层三个层次收集凋落物，分别为未分解层（L 层）、半分解层（F 层）和分解层（H 层）。

将烘干后的凋落物粉碎，取 5 g 装入广口瓶密封，用于营养元素的测定。

凋落物 N 用硫酸-高氯酸消煮-靛酚蓝分光光度法测定。

凋落物 P 用钼锑钪分光光度法测定。

凋落物 K 用火焰光度法测定。

6.6.1.2　凋落物持水特性测定

采用 5.5.2 节中的方法进行凋落物持水速率、吸水速率和持水量的测定。

最大有效持水量和最大有效持水率分别由最大持水量和最大持水率乘以 85% 所得（丁绍兰等，2009）。

6.6.2 凋落物生物量及养分特征

由于受动物、微生物以及环境等作用，凋落物不断凋落、分解，处于不断的消长动态中。因此，凋落物生物量（储量）状况可以反映凋落物与所处环境的交互作用和富集程度。

从表 6-50 可以看出，植苗造林植被恢复措施和播种造林植被恢复措施下不同演替阶段的凋落物现存生物量均表现出相同的趋势，即乔木演替后期>乔木演替中期>乔木演替初期>灌丛；相同演替阶段的植苗造林植被恢复措施和播种造林植被恢复措施下凋落物现存生物量相比，播种造林植被恢复措施下的凋落物现存生物量均显著高于植苗造林植被恢复措施。不同恢复措施不同演替阶段单位面积元素储量与生物量表现出相同的趋势。

表 6-50 不同植被恢复措施不同演替阶段凋落物总生物量及养分储量（单位：t/hm²）

恢复措施	演替阶段	现存生物量	单位面积氮量	单位面积磷量	单位面积钾量
植苗造林	演替初期	5.192	0.038	0.008	0.009
	演替中期	24.088	0.135	0.091	0.053
	演替后期	37.151	0.338	0.146	0.123
播种造林	演替初期	24.913	0.296	0.102	0.084
	演替中期	48.015	0.465	0.208	0.151
	演替后期	56.891	0.703	0.182	0.158
灌丛演替阶段		2.510	0.027	0.004	0.015

由表 6-50 可知，各演替凋落物层蓄积量差异较大，灌丛演替阶段凋落物现存量最小，平均为 2.510 t/hm²；植苗造林植被恢复措施下演替后期的凋落物现存量最大，平均为 37.151 t/hm²；播种造林植被恢复措施下演替后期的凋落物现存量最大，平均为 56.891 t/hm²。

图 6-19 描述的是植苗造林植被恢复措施下不同演替阶段不同凋落物层次生物量。由图可知，半分解层在演替中期才可以区分开，在演替初期，由于凋落物较少，无法对其进行层次划分，只有未分解层，现存蓄积量为 5.192 t/hm²，到演替中期和演替后期，现存蓄积量分别为 3.560 t/hm² 和 2.184 t/hm²，呈逐渐下降趋势；演替后期的分解层和半分解层现存蓄积量分别为 35.310 t/hm² 和 9.026 t/hm²，分别高于演替中期的 16.080 t/hm² 和 5.440 t/hm²。

从凋落物组成来看，基本规律是分解层蓄积量>半分解层蓄积量>未分解层蓄积量。在演替后期，分解层蓄积量是半分解层的 2.804 倍，为未分解层的 8.994 倍；在演替中期，分解层蓄积量是半分解层的 2.956 倍，为未分解层的 4.517 倍。

图 6-20 描述的是播种造林植被恢复措施下不同演替阶段不同凋落物层次生物量。与植苗造林植被恢复措施下凋落物层次相比，播种造林植被恢复措施下凋落物 3 个层次在演替初期就可以区分开，这说明播种造林植被恢复措施下凋落物现存蓄积量比较大，积累较多。分解层、半分解层凋落物现存蓄积量随着演替的正向进行逐渐增大，未分解层为先增大后减少。从演替初期、演替中期到演替后期，未分解层现存蓄积量分别为 6.4 t/hm²、13.161 t/hm²、11.32 t/hm²，分解层现存蓄积量分别为 11.06 t/hm²、21.047 t/hm² 和 25.767 t/hm²，半分解层现存蓄积量分别为 7.453 t/hm²、13.807 t/hm² 和 19.805 t/hm²。

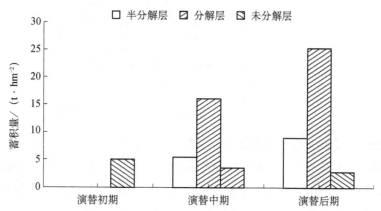

图 6-19　植苗造林植被恢复措施下不同演替阶段不同凋落物层次生物量

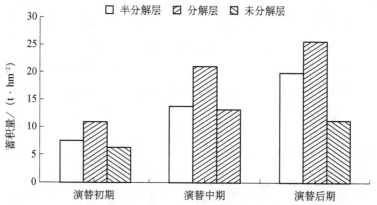

图 6-20　播种造林植被恢复措施下不同演替阶段不同凋落物层次生物量

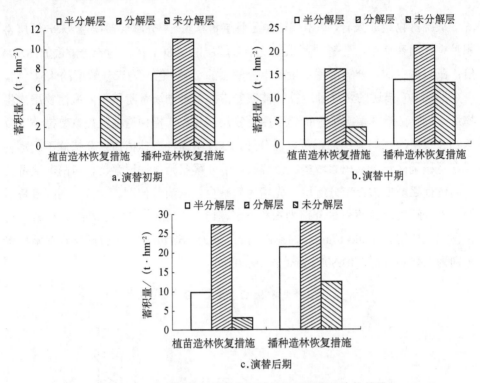

图 6-21　不同植被恢复措施相同演替阶段凋落物生物储量

　　从凋落物组成来看，基本规律与植苗造林植被恢复措施下凋落物各层次大小关系相同，蓄积量为：分解层>半分解层>未分解层。在演替后期，分解层蓄积量是半分解层的 1.301 倍，为未分解层的 2.276 倍；在演替中期，分解层蓄积量是半分解层的 1.524 倍，为未分解层的 1.599 倍；在演替后期，分解层蓄积量是半分解层的 1.484 倍，为未分解层的 1.728 倍。由图 6-21 可知，在演替初期，播种造林植被恢复措施下凋落物生物量均大于植苗造林植被恢复措施下凋落物生物量；在演替中期，播种造林植被恢复措施下各凋落物层次生物量均大于植苗造林植被恢复措施下凋落物生物量；在演替后期，播种造林植被恢复措施下半分解层和未分解层生物量均显著大于植苗造林植被恢复措施下凋落物生物量，而分解层生物量差异不大。

6.6.3　凋落物水文特征

6.6.3.1　凋落物持水量

　　分不同植被恢复措施和演替阶段研究不同凋落物层次持水特性，结果见

表 6-51 和表 6-52。凋落物层的最大持水量决定于凋落物的质和量,不同林分凋落物层的最大持水量与凋落物的种类、厚度、储量、湿度及分解程度有密切关系。凋落物持水率用凋落物吸收的水分与凋落物干重的比值来表示,是反映凋落物的持水能力强弱的指标。最大持水率表征了凋落物的潜在最大持水能力。

6.6.3.1.1 植苗造林植被恢复措施下不同演替阶段不同凋落物层次持水特性

在演替初期,未分解层凋落物最大持水量、最大持水率、最大有效持水量和最大有效持水率分别为 32.868 t/hm²、4.890 g/g、27.938 t/hm² 和 4.157 g/g;由于未分解层在演替初期就代表全部凋落物,因此,与演替中期、演替后期相比,其最大持水量和最大有效持水量均为最小值,而最大值出现在演替后期,指标值分别为 90.695 t/hm²、77.091 t/hm²。

演替后期的分解层和半分解层凋落物最大持水量均大于演替中期的凋落物最大持水量,而演替后期的未分解层凋落物最大持水量小于演替中期的未分解层凋落物持水量。在持水率方面,演替后期的凋落物各层次最大持水率均大于演替中期的凋落物各层次最大持水率。

在演替中期,未分解层凋落物最大持水量最大,为 50.552 t/hm²,显著高于半分解层的 33.258 t/hm² 和分解层的 32.600 t/hm²,分别为 2 个层次的 1.520 倍和 1.551 倍;在演替后期,半分解层凋落物最大持水量为 43.012 t/hm²,显著高于分解层的 39.754 t/hm² 和未分解层的 7.929 t/hm²,分别为 2 个层次的 1.082 倍和 5.425 倍。

表 6-51 植苗造林植被恢复措施下不同演替阶段不同凋落物层次持水特性

演替阶段	凋落物层次	凋落物最大持水量/ (t·hm⁻²)	最大持水率/ (g·g⁻¹)	最大有效持水量/ (t·hm⁻²)	最大有效持水率/ %
演替初期	未分解层	32.868	4.890	27.938	4.157
演替中期	半分解层	33.258	2.154	28.270	1.831
	分解层	32.600	1.250	27.710	1.063
	未分解层	50.552	2.459	42.969	2.090
	合计	116.41		98.949	
演替后期	半分解层	43.012	4.674	36.560	3.973
	分解层	39.754	1.567	33.791	1.332
	未分解层	7.929	2.751	6.740	2.338
	合计	90.695		77.091	

6.6.3.1.2　播种造林植被恢复措施下不同演替阶段不同凋落物层次持水特性

由表 6-52 可知，不同演替阶段、不同凋落物层的最大持水率范围为 1.564～4.067 g/g，最大持水量在 17.505～69.677 t/hm²，最大值出现在演替后期半分解层，达到 69.677 t/hm²。

表 6-52　播种造林植被恢复措施下不同演替阶段不同凋落物层次持水特性

演替阶段	凋落物层次	最大持水量 /（t·hm⁻²）	最大持水率 /（g·g⁻¹）	最大有效持水量 /（t·hm⁻²）	最大有效持水率 /%
演替初期	半分解层	17.505	2.841	14.879	2.415
	分解层	17.493	1.564	14.869	1.330
	未分解层	23.058	4.067	19.599	3.457
	合计	58.056		49.347	
演替中期	半分解层	37.932	2.790	32.242	2.372
	分解层	32.667	1.639	27.767	1.393
	未分解层	44.278	3.461	37.636	2.942
	合计	114.877		97.645	
演替后期	半分解层	69.677	3.378	59.225	2.872
	分解层	34.347	1.706	29.195	1.450
	未分解层	34.306	3.300	29.160	2.805
	合计	138.33		117.58	

从整个凋落物层最大持水量和最大有效持水量总和来看，演替后期为 138.33 t/hm²、117.58 t/hm²，高于演替中期的 114.877 t/hm²、97.645 t/hm² 和演替初期的 58.065 t/hm²、49.347 t/hm²，即随着演替正向进行，凋落物最大持水量逐渐增加；不同演替阶段的最大持水率、最大有效持水率与最大持水量具有同样的趋势，整个凋落物层最大持水率从演替初期的 28.217 g/g，增加到演替中期的 36.108 g/g 和演替后期的 44.491 g/g。

在演替初期和演替中期，不同凋落物层次的凋落物最大持水量、最大持水率、最大有效持水量和最大有效持水率均表现出相同的趋势，即未分解层>半分解层>分解层；而在演替后期，不同凋落物层次的凋落物最大持水量和最大有效持水量的大小关系为半分解层>分解层>未分解层，最大持水率和最大有效持水率大小关系为半分解层>未分解层>分解层。

6.6.3.1.3　不同恢复措施下凋落物最大持水量比较

由图 6-22 可知，在演替初期，播种造林植被恢复措施下凋落物生物量均大于植苗造林植被恢复措施下凋落物最大持水量；在演替中期，播种造林植被恢复措施下半分解层最大持水量大于植苗造林植被恢复措施下半分解层最大持水量，而分解层最大持水量相差不大，播种造林植被恢复措施下未分解层最大持水量小于植苗造林恢复措施下最大持水量；在演替后期，播种造林植被恢复措施下半分解层和未分解层最大持水量均显著高于植苗造林植被恢复措施下凋落物最大持水量，而分解层差异不大。

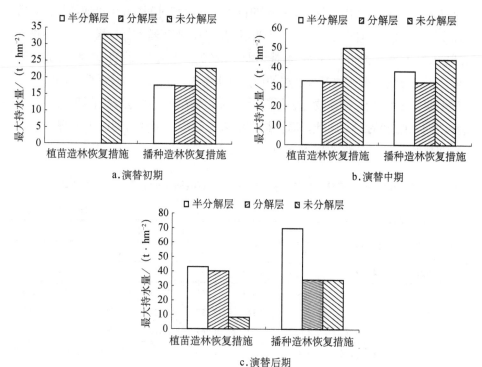

图 6-22　相同演替阶段不同植被恢复措施下凋落物最大持水量

6.6.3.2　凋落物持水率与浸水时间的关系

6.6.3.2.1　植苗造林植被恢复措施下不同凋落物层持水率与浸水时间的关系

持水率表征了凋落物的潜在持水能力。浸水开始时，凋落物持水率迅速增加，随浸水时间延长，持水率趋于稳定。植苗造林植被恢复措施下，凋落物类型主要由侧柏林枯枝落叶所形成，凋落物含有丰富的磷脂且表面光滑，浸水时表面易形成拮抗水层，不利于吸持水分，因此凋落物持水能力和达到饱和时间普遍较长。

综合表 6-53 和图 6-23 可知，不同演替阶段不同凋落物层次达到饱和的时间不同。在演替初期，凋落物经历 10 h 才达到饱和；在演替中期和演替后期，半分解层、分解层达到饱和的时间均在 20 h 左右。在演替中期，半分解层 0.5 h 的持水率较未分解层高，最低的为分解层，到了达到 24 h 的饱和持水率时，持水率的大小关系依然如此，最大的为半分解层持水率（2.530 g/g），其次为未分解层持水率（2.459 g/g），最低的为分解层持水率（1.330 g/g）。在演替后期，各凋落物层最大持水率排序与演替中期一致，即半分解层>未分解层>分解层。

从图 6-23 可以看出，各凋落物层的持水率在浸泡时间 2 h 内迅速增长，此后增长趋于平缓，浸泡时间达 10 h 时，各凋落物层的持水率基本保持稳定。凋落物未分解层的最大持水率大小关系为：演替初期（4.800 g/g）>演替后期（2.991 g/g）>演替中期（2.459 g/g）；凋落物半分解层的最大持水率大小关系为演替后期（4.484 g/g）>演替中期（2.530 g/g）；凋落物分解层的最大持水率大小关系为演替后期（1.567 g/g）>演替中期（1.330 g/g）。因此，演替初期的未分解层、演替后期的半分解层和分解层的凋落物显示了较强的持水能力。

表 6-53　植苗造林植被恢复措施下不同演替阶段不同凋落物层次持水率

（单位：g·g⁻¹）

演替阶段	凋落物层次	浸水时间/h						
		0.5	2.5	4.5	6.5	8.5	10.5	24
演替初期	未分解层	3.525	4.422	4.521	4.750	4.757	4.800	4.800
演替中期	未分解层	1.607	1.859	2.076	2.363	2.337	2.429	2.459
	半分解层	1.745	2.341	2.437	2.527	2.528	2.529	2.530
	分解层	1.059	1.183	1.267	1.317	1.323	1.330	1.330
演替后期	未分解层	1.981	2.369	2.380	2.661	2.831	2.991	2.991
	半分解层	3.633	3.707	3.805	4.063	4.354	4.482	4.484
	分解层	1.376	1.406	1.489	1.527	1.529	1.553	1.567

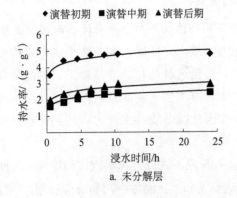

a. 未分解层

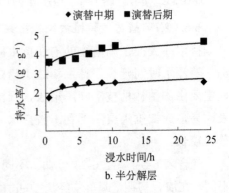

b. 半分解层

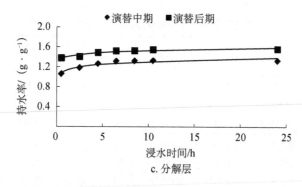

c. 分解层

图 6-23 植苗造林植被恢复措施下凋落物各层持水率与浸水时间的关系

对植苗造林植被恢复措施下不同演替阶段不同凋落物持水量与浸水时间之间的关系进行回归分析（表 6-54），发现林下凋落物的持水率（Q）与浸水时间（t）之间可用 $Q=a\ln t+b$ 表示，结果均为方程回归关系极显著。式中 a，b 为方程系数。

表 6-54 凋落物持水率（Q）与浸水时间（t）关系式

演替阶段	凋落物层	a	b	R^2	显著性概率
演替初期	未分解层	3.949	0.349	0.88	0.002
演替中期	未分解层	1.756	0.252	0.911	0.001
	半分解层	2.035	0.213	0.834	0.003
	分解层	1.131	0.073	0.907	0.001
演替后期	未分解层	2.134	0.290	0.905	0.001
	半分解层	3.630	0.294	0.788	0.008
	分解层	1.401	0.057	0.896	0.007

注：表中 a、b 为凋落物持水率（Q）与浸水时间（t）关系式方程 $Q=a\ln t+b$ 中的参数。

6.6.3.2.2 播种造林植被恢复措施下不同凋落物层持水率与浸水时间的关系

表 6-55 显示的是播种造林植被恢复措施下不同演替阶段各凋落物层次持水率与浸水时间的关系。凋落物持水达到饱和的时间一般在 8 h 左右，分解层达到饱和的时间较半分解层早，而半分解层较未分解层达到饱和的时间早。在演替初期，半分解层的初始持水率最高，为 2.429 g/g；最低的为分解层，为 1.397 g/g。但 24 h 后，最大饱和持水率最高的为未分解层，达到 4.067 g/g；最低的为分解层，为 1.624 g/g。

表 6-55　播种造林植被恢复措施下不同演替阶段不同凋落物层次持水率（单位：$g \cdot g^{-1}$）

演替阶段	凋落物层次	浸水时间/h						
		0.5	2.5	4.5	6.5	8.5	10.5	24
演替初期	半分解层	2.429	2.473	3.174	3.170	3.186	3.188	3.189
	分解层	1.397	1.512	1.588	1.615	1.613	1.615	1.624
	未分解层	2.426	3.833	3.720	3.832	3.869	3.955	4.067
演替中期	半分解层	1.981	2.510	2.639	2.691	2.674	2.679	2.679
	分解层	1.568	1.664	1.681	1.689	1.702	1.707	1.709
	未分解层	2.732	3.139	3.361	3.336	3.379	3.384	3.461
演替后期	半分解层	2.963	3.655	3.675	3.679	3.687	3.688	3.698
	分解层	1.538	1.675	1.666	1.676	1.666	1.702	1.706
	未分解层	2.452	2.869	3.113	3.460	3.475	3.478	3.480

在演替中期，未分解层 0.5 h 的持水率较未分解层高，最低的为分解层，到了 24 h 的饱和持水率时，持水率的大小关系依然如此，最大的为未分解层持水率（3.461 g/g），其次为半分解层持水率（2.679 g/g），最低的为分解层持水率（1.709 g/g）。在演替后期，各凋落物层最大饱和持水率的大小关系为：半分解层（3.698 g/g）>未分解层（3.480 g/g）>分解层（1.706 g/g）。

在浸泡 1~4 h 内，各凋落物层次的凋落物持水量迅速增长，浸泡 5 h 后各凋落物层持水率开始缓慢增长，浸泡到 8~12 h 时，持水率几乎达到饱和（图 6-24）。由图 6-24 可知，不同凋落物层次在不同演替阶段持水率大小关系不同，未分解层最大持水率在各演替阶段的大小关系为：演替初期>演替后期>演替中期；半分解层最大持水率排序为：演替后期>演替初期>演替中期；分解层最大持水率在各演替阶段的排序为：演替中期>演替后期>演替初期。

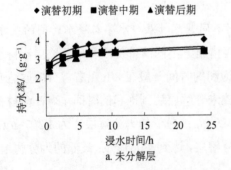

a. 未分解层

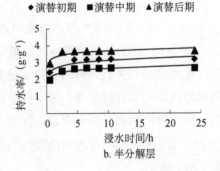

b. 半分解层

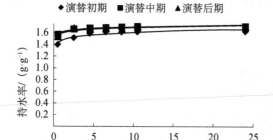

c. 分解层

图 6-24 播种造林植被恢复措施下凋落物各层持水率与浸水时间的关系

对播种造林植被恢复措施下不同演替阶段不同凋落物持水量与浸水时间之间的关系进行回归分析（表 6-56），不同演替阶段不同凋落物层的持水率（Q）与浸水时间（t）之间的关系可用 $Q=a\ln t+b$ 表示，结果均为极显著的回归关系，式中 a、b 为方程系数。

表 6-56 凋落物持水率（Q）与浸水时间（t）关系式

演替阶段	凋落物层次	a	b	R^2	显著性概率
	半分解层	2.579	0.245	0.719	0.016
演替初期	分解层	1.463	0.064	0.896	0.001
	未分解层	3.016	0.407	0.807	0.006
	半分解层	2.246	0.189	0.813	0.006
演替中期	分解层	1.613	0.038	0.902	0.001
	未分解层	2.943	0.194	0.912	0.001
	半分解层	3.278	0.186	0.72	0.016
演替后期	分解层	1.594	0.042	0.82	0.005
	未分解层	2.694	0.308	0.891	0.001

6.6.3.2.3 不同植被恢复措施下凋落物持水率对比

以 0.5 h 各凋落物层平均持水率作为凋落物初始持水率，对比分析不同植被恢复措施下的持水率。从图 6-25 可知，在演替初期，植苗造林植被恢复措施下的凋落物初始持水率显著高于播种造林植被恢复措施（$P<0.05$）；到了演替中期，播种造林植被恢复措施下的凋落物初始持水率显著高于植苗造林植被恢复措施下的凋落物初始持水率（$P<0.05$）；而在演替后期，两者的差别不大并趋于相同（$P>0.05$）。

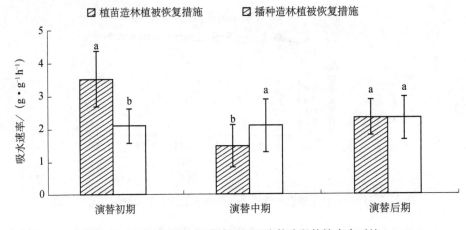

图 6-25　不同植被恢复措施下相同演替阶段的持水率对比

6.6.3.3　凋落物吸水速率与浸水时间的关系

6.6.3.3.1　植苗造林植被恢复措施下不同凋落物层吸水速率与浸水时间的关系

不同演替阶段凋落物吸水速率随浸泡时间的延长，其变化规律不尽相同，但均表现为浸水前期的吸水速率变化最快，在前 5 min 达最大值，随后吸水速率逐渐降低，到 10～15 h 时基本停止吸水，这意味着凋落物持水达到饱和。如表 6-57 所示，浸水开始到浸水 2.5 h 时，凋落物吸水速率迅速降低，之后缓慢下降。整体而言，0.5 h 的凋落物吸水速率最大的为演替后期的半分解层，吸水速率为 7.266 g·g^{-1}h^{-1}；最小的为演替中期的分解层，吸水速率为 2.119 g·g^{-1}h^{-1}。到了 24 h 后，凋落物吸水速率最大的为演替初期的未分解层，吸水速率为 0.204 g·g^{-1}h^{-1}；最小的为演替中期的分解层，吸水速率为 0.052 g·g^{-1}h^{-1}。

表 6-57　植苗造林植被恢复措施下不同演替阶段不同凋落物层次吸水速率

（单位：g·g^{-1}h^{-1}）

演替阶段	凋落物层次	浸水时间/h						
		0.5	2.5	4.5	6.5	8.5	10.5	24
演替初期	未分解层	7.051	1.769	0.938	0.762	0.438	0.382	0.204
	半分解层	3.490	0.936	0.542	0.389	0.260	0.210	0.090
演替中期	分解层	2.119	0.473	0.281	0.203	0.151	0.116	0.052
	未分解层	3.215	0.744	0.461	0.364	0.251	0.203	0.102
	半分解层	7.266	1.483	0.846	0.625	0.512	0.427	0.195
演替后期	分解层	2.753	0.562	0.331	0.235	0.178	0.148	0.065
	未分解层	3.961	0.948	0.529	0.409	0.333	0.285	0.115

在演替初期，浸水 24 h 时，凋落物的吸水速率达到 0.204 g·g^{-1}h^{-1}。在演替

中期，不同凋落物层次 0.5 h 吸水速率表现为半分解层（3.490 g·g⁻¹h⁻¹）>未分解层（3.215 g·g⁻¹h⁻¹）>分解层（2.119 g·g⁻¹h⁻¹），24 h 后吸水速率大小关系发生了变化，表现为未分解层（0.102 g·g⁻¹h⁻¹）>半分解层（0.090 g·g⁻¹h⁻¹）>分解层（0.052 g·g⁻¹h⁻¹）；在演替后期，不同凋落物层次 0.5 h 吸水速率表现为半分解层（7.266 g·g⁻¹h⁻¹）>未分解层（3.961 g·g⁻¹h⁻¹）>分解层（2.753 g·g⁻¹h⁻¹），24 h 后吸水速率大小关系与演替中期一样，也发生了变化，表现为半分解层（0.195 g·g⁻¹h⁻¹）>未分解层（0.115 g·g⁻¹h⁻¹）>分解层（0.065 g·g⁻¹h⁻¹）。

表 6-58　植苗造林植被恢复措施下凋落物吸水速率 Y（g·g⁻¹h⁻¹）
与浸水时间 t（h）拟合方程

演替阶段	凋落物层次	a	b	R^2	显著性概率
演替初期	未分解层	0.145	3.474	0.997	$P<0.01$
演替中期	半分解层	0.106	1.707	0.995	$P<0.01$
	分解层	0.032	1.046	0.999	$P<0.01$
	未分解层	0.083	1.571	0.999	$P<0.01$
演替后期	半分解层	0.064	3.600	0.999	$P<0.01$
	分解层	0.018	1.368	0.999	$P<0.01$
	未分解层	0.102	1.936	0.999	$P<0.01$

从图 6-26 可以看出，浸泡时间在 0.5～24 h 时，不同演替阶段不同凋落物层次吸水速率发生了变化。由图可知，未分解层吸水速率在各演替阶段的大小关系为演替初期>演替后期>演替中期；半分解层和分解层吸水速率在各演替阶段的排序为演替后期>演替中期。对凋落物的吸水速率与浸水时间之间的关系进行曲线拟合（表 6-58），不同演替阶段不同凋落物层次的吸水速率 Y（g·g⁻¹h⁻¹）与泡水时间 t（h）符合方程 $Y=a+bt^{-1}$，相关系数均在 0.995 以上，达到极显著水平（$P<0.01$）。

6.6.3.3.2　播种造林植被恢复措施下不同凋落物层吸水速率与浸水时间的关系

如表 6-59 所示，播种造林植被恢复措施下不同演替阶段不同凋落物层次吸水速率变化趋势与植苗造林植被恢复措施下不同演替阶段不同凋落物层次吸水速率变化趋势基本相同，即从浸水开始到浸水 2.5 h 时，凋落物吸水速率迅速降低，之后缓慢下降。

0.5 h 的凋落物吸水速率最大的为演替后期的半分解层，这与植苗造林植被恢复措施规律相同，其吸水速率为 5.927 g·g⁻¹h⁻¹；最小的为演替初期的分解层，吸水速率为 2.794 g·g⁻¹h⁻¹。到了 24 h 后，凋落物吸水速率最大的为演替初期的

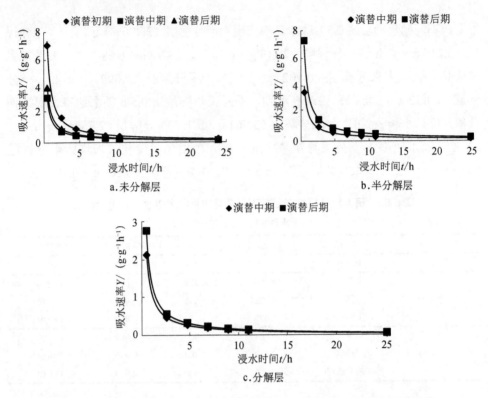

图 6-26 植苗造林植被恢复措施下凋落物各层吸水速率与浸水时间的关系

未分解层，这与植苗造林植被恢复措施一样，其吸水速率为 $0.169\ \mathrm{g} \cdot \mathrm{g}^{-1}\mathrm{h}^{-1}$；最小的为演替初期的分解层，吸水速率达到 $0.065\ \mathrm{g} \cdot \mathrm{g}^{-1}\mathrm{h}^{-1}$。

表 6-59 播种造林植被恢复措施下不同演替阶段不同凋落物层次吸水速率

（单位：$\mathrm{g} \cdot \mathrm{g}^{-1}\mathrm{h}^{-1}$）

演替阶段	凋落物层次	浸水时间/h						
		0.5	2.5	4.5	6.5	8.5	10.5	24
演替初期	半分解层	4.859	0.989	0.705	0.488	0.336	0.299	0.118
	分解层	2.794	0.645	0.353	0.248	0.165	0.144	0.065
	未分解层	4.852	1.533	0.827	0.651	0.385	0.338	0.169
演替中期	半分解层	3.962	1.164	0.587	0.383	0.268	0.227	0.116
	分解层	3.336	0.666	0.374	0.267	0.177	0.153	0.068
	未分解层	5.465	1.255	0.747	0.467	0.362	0.313	0.144
演替后期	半分解层	5.927	1.462	0.810	0.583	0.401	0.323	0.141
	分解层	3.077	0.670	0.370	0.267	0.184	0.155	0.071
	未分解层	4.903	1.148	0.692	0.532	0.354	0.265	0.137

由表 6-59 可知，在演替初期，浸水 0.5 h 时不同凋落物层次吸水速率大

小关系为半分解层（4.859 g·$g^{-1}h^{-1}$）>未分解层（4.852 g·$g^{-1}h^{-1}$）>分解层（2.794 g·$g^{-1}h^{-1}$），24 h 后吸水速率大小关系表现为未分解层（0.169 g·$g^{-1}h^{-1}$）>半分解层（0.118 g·$g^{-1}h^{-1}$）>分解层（0.065 g·$g^{-1}h^{-1}$），上述大小关系与植苗造林植被恢复措施下演替初期凋落物层吸水速率变化趋势一致；在演替中期，不同凋落物层次 0.5 h 吸水速率排序为未分解层（5.465 g·$g^{-1}h^{-1}$）>半分解层（3.962 g·$g^{-1}h^{-1}$）>分解层（3.336 g·$g^{-1}h^{-1}$），24 h 后吸水速率大小关系与 0.5 h 吸水速率一致；在演替后期，不同凋落物层次 0.5 h 吸水速率排序为半分解层（5.927 g·$g^{-1}h^{-1}$）>未分解层（4.903 g·$g^{-1}h^{-1}$）>分解层（3.077 g·$g^{-1}h^{-1}$），24 h 后吸水速率大小关系发生了变化，表现为未分解层（0.141 g·$g^{-1}h^{-1}$）>半分解层（0.137 g·$g^{-1}h^{-1}$）>分解层（0.071 g·$g^{-1}h^{-1}$）。

图 6-27 描述的是播种造林植被恢复措施下凋落物各层吸水速率与浸水时间关系散点图。由图可知，未分解层吸水速率在各演替阶段的大小关系为演替初期>演替中期>演替后期；半分解层吸水速率在各演替阶段的排序为演替后期>演替初期>演替中期；分解层吸水速率在各演替阶段的排序为演替后期>演替中期>演替初期。

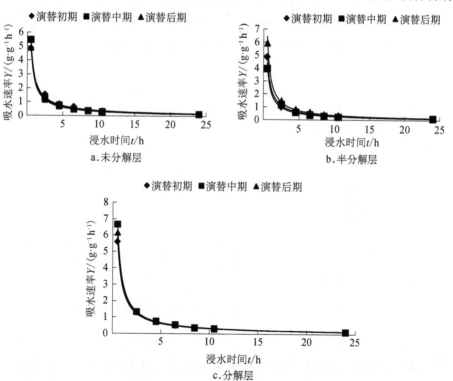

图 6-27　播种造林植被恢复措施下凋落物各层吸水速率与浸水时间的关系

根据散点图的趋势,对凋落物的吸水速率与浸水时段之间的关系进行曲线拟合(表 6-60),不同演替阶段不同凋落物层次的吸水速率 Y($g \cdot g^{-1}h^{-1}$)与泡水时间 t(h)符合方程 $Y=a+bt^{-1}$,方程决定系数均在 0.988 以上,达到极显著水平($P<0.01$)。

表 6-60 播种造林植被恢复措施下凋落物吸水速率 Y($g \cdot g^{-1}h^{-1}$)
与浸水时间 t(h)拟合方程

演替阶段	凋落物层次	a	b	R^2	显著性概率
演替初期	半分解层	0.078	2.391	0.999	$P<0.01$
	分解层	0.030	1.388	0.999	$P<0.01$
	未分解层	0.237	2.341	0.988	$P<0.01$
演替中期	半分解层	0.115	1.946	0.992	$P<0.01$
	分解层	−0.003	1.670	0.999	$P<0.01$
	未分解层	0.081	2.702	0.999	$P<0.01$
演替后期	半分解层	0.112	2.925	0.998	$P<0.01$
	分解层	0.022	1.531	0.999	$P<0.01$
	未分解层	0.104	2.409	0.999	$P<0.01$

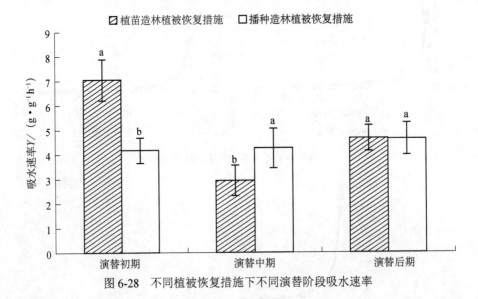

图 6-28 不同植被恢复措施下不同演替阶段吸水速率

以 0.5 h 各凋落物层平均持水率作为凋落物初始吸水速率,对比分析不同植被恢复措施下相同演替阶段初始吸水速率大小关系。从图 6-28 可知,在演替初期,植苗造林植被恢复措施下的凋落物初始吸水速率显著高于播种造林植被恢复措施（$P<0.05$）；到了演替中期，播种造林植被恢复措施下的凋落物初始吸水速率显著高于植苗造林植被恢复措施下的凋落物初始吸水速率（$P<0.05$）；而在演替后期，两者的差别不大并趋于相同（$P>0.05$）。

6.7 不同演替阶段地表根系结构及分布特征

6.7.1 研究方法

将各样地野外利用大环刀取样获取的根系连同土样品带回实验室，先进行根系清洗，然后在孔径 1.0 mm 和 0.5 mm 的筛子内用清水反复冲洗，冲洗时 1.0 mm 孔径筛在上方，0.5 mm 孔径筛在下方，使较粗的根留在 1.0 mm 孔径筛中，细毛根留在 0.5 mm 孔径筛中。将根从筛子中挑出后吸干水分并扫描，采用根系扫描系统 WinRHIZO 对根系特征指标根长密度（Root Length Density，RLD）、根表面积密度（Root Surface Area Density，RSAD）、根体积密度（Root Volume Density，RVD）、比根长（Specific Root Length，SRL）、根平均直径（Root Average Diameter，RAD）等根系结构参数及根系分布特征进行测定，然后将其置于鼓风干燥箱中，在 70 ℃ 恒温下经 48 h 烘干，再称其干重。

6.7.2 地表根系结构特征

表 6-61 和表 6-62 为不同植被恢复措施下不同演替阶段地表根系结构特征指标值及其差异性显著检验结果。由表 6-61 可知，在地表层（0～20 cm）中，不同植被恢复措施下不同演替阶段根平均直径均小于 2 mm，最大值出现在播种造林植被恢复措施下乔木演替初期，为 0.909 mm；最小值为播种造林植被恢复措施下演替后期，为 0.620 mm。

从表 6-61 可知，在植苗造林植被恢复措施下，演替后期地表根系平均直径显著大于演替中期和演替初期的地表根系平均直径（$P<0.05$），演替中期的根系平均直径大于演替初期的根系平均直径，但差异不显著（$P>0.05$）；在播种造林植被恢复措施下，演替初期的地表根系平均直径最大，为 0.909 mm，显著大于演替后期的地表根系平均直径（$P<0.05$），但与演替中期地表根系平均直径差异不大（$P>0.05$）。

表 6-61 不同演替阶段地表根系表面积密度、比根长
和平均直径（平均值±标准差）

恢复措施	演替阶段	单位体积根系生物量 /(mg·cm⁻³)	比根长 /(mm·mg⁻¹)	根平均直径 /mm
植苗造林	演替初期	2.909±2.617^{aB}	4.694±3.736^{aA}	0.660±0.145^{bA}
	演替中期	3.493±1.862^{aA}	5.035±2.922^{aA}	0.871±0.313^{bA}
	演替后期	3.266±3.541^{aA}	6.224±1.259^{aA}	1.053±0.262^{aA}
播种造林	演替初期	4.177±3.398^{aA}	5.166±1.419^{aA}	0.909±0.262^{aA}
	演替中期	2.798±1.362^{bA}	4.284±0.693^{aA}	0.735±0.106^{abA}
	演替后期	2.118±1.606^{bA}	5.334±3.762^{aA}	0.620±0.118^{bB}

注：不同大、小写字母分别表示相同演替阶段不同植被恢复措施和不同演替阶段相同植被恢复措施间具有显著差异（$P<0.05$）。

从单位体积地表根系生物量分配特征来看，在植苗造林植被恢复措施下，演替中期的地表根系生物量最大，达到 3.493 mg/cm³；其次为演替后期，达到 3.266 mg/cm³；最小的为演替初期，为 2.909 mg/cm³；3 个演替阶段之间差异不显著（$P>0.05$）。在播种造林植被恢复措施下，演替初期的地表根系生物量最大，达到 4.177 mg/cm³，显著大于演替中期和演替后期（$P<0.05$）；其次为演替中期，为 2.798 mg/cm³；最小的为演替初期，为 2.118 mg/cm³，演替初、中期 2 个演替阶段之间差异不显著（$P>0.05$）。

比根长为根系长度和根系生物量的比值，是反映根系投入与产出的指标。从表 6-61 可以看出，植苗造林植被恢复措施下不同演替阶段之间比根长大小关系与播种造林植被恢复措施不同。在植苗造林植被恢复措施下，不同演替阶段之间比根长排序为演替后期>演替中期>演替初期，但 3 个演替阶段之间差异不显著（$P>0.05$）；播种造林植被恢复措施下，不同演替阶段之间比根长排序为演替后期>演替初期>演替中期。

相同演替阶段的地表根系结构指标间有一定差异性。在演替初期，播种造林植被恢复措施下地表单位体积根系生物量、比根长和根平均直径均显著大于植苗造林植被恢复措施下的相应指标值（$P<0.05$）；在演替中期和演替后期，植苗造林植被恢复措施下地表单位体积根系生物量、比根长和根平均直径均显著大于播种造林植被恢复措施下的相应指标值（$P<0.05$）。这主要是因为到演替中、后期，播种造林植被主要为阔叶林，其枯枝落叶覆盖度较高，阻碍了林下灌、草的生长，造成地表根系较少。

表 6-62　不同演替阶段地表根长密度、生物量和根体积密度（平均值±标准差）

恢复措施	演替阶段	根长密度 /（mm·cm^{-3}）	根表面积密度 /（mm^2·cm^{-3}）	根体积密度 /（mm^3·cm^{-3}）
植苗造林	演替初期	7.986±1.112^{bB}	16.299±2.542^{bB}	2.746±0.969^{bB}
	演替中期	13.592±3.664^{aA}	24.932±6.208^{aA}	4.467±1.812^{aA}
	演替后期	10.119±1.874^{aA}	22.614±6.906^{aA}	3.725±1.134^{abA}
播种造林	演替初期	9.422±2.432^{bA}	21.573±7.560^{aA}	3.297±0.535^{abA}
	演替中期	12.082±2.578^{aA}	21.611±4.685^{aA}	4.395±1.911^{aA}
	演替后期	8.118±3.434^{bB}	15.186±5.726^{bB}	2.433±1.341^{bB}

注：不同大、小写字母分别表示相同演替阶段不同植被恢复措施和不同演替阶段相同植被恢复措施间具有显著差异（$P<0.05$）。

由表 6-62 可知，播种造林植被恢复措施和植苗造林植被恢复措施在不同演替阶段，根长密度、根表面积密度和根体积密度等根系结构指标均表现相同的趋势，即演替中期指标值最大，其次为演替初期，最小的为演替后期。但这些根系大部分为细根，这从根平均直径和比根长可以看出，这两个指标随着演替的进行，其值在增加。这说明，在演替中期，林分结构趋于合理，林下枯枝落叶改善了土壤结构，林分透光性较好，有利于林下灌、草的生长，地表根系量增加；到了演替后期，由于栓皮栎的枯枝落叶长期积累，不利于草本植物和灌木的萌芽发育，林下地表根系量下降。

演替中、后期的植苗造林植被恢复措施的根长密度、根表面积密度和根体积密度等根系结构指标值均显著大于相同演替阶段的播种造林植被恢复措施下根系结构指标值（$P<0.05$），而演替初期呈现相反的趋势。在演替中、后期，根系结构指标值如根长密度、根系表面积密度和根体积密度比播种造林植被恢复措施高。演替中、后期植苗造林所形成的针叶林分的各根系结构参数指标值最大，这说明与播种造林所形成的阔叶林分相比，针叶林分地表层分布着相对较多的细根，能够获取更多的水分和养分，为地表细根生长提供了一个较为稳定的小环境。

6.7.3　地表根系分布特征

由图 6-29 可知，不管是植苗造林植被恢复措施还是播种造林植被恢复措施，在地下 0～20 cm，$L<2$ mm 的细根根系长度占总长度的 93.64%～97.52%。结合平均直径分析结果可知，林地表层主要由细根组成。细根是林木吸收水分和养分的主要器官，由于其生长和周转迅速，在碳循环和分配中扮演重要作用。由于细根的分解速度大于凋落物的分解速度，通过细根归还到土壤中的 N 比通过凋落物的要多。同时，细根可以通过提高土壤通透力、增加土壤生物活性物质等改善土壤性质，进而影响植被生长的微环境。反过来，根的生长与分布还受制于所处的

土壤环境，是土壤物理、化学和生物特性诸多因子共同作用的结果。

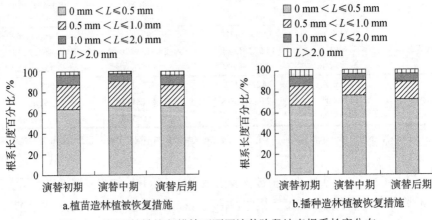

图 6-29　不同植被恢复措施下不同演替阶段地表根系长度分布

由图 6-29 可知，在植苗造林植被恢复措施下，各演替阶段 $L<2\ mm$ 的细根根系长度占总长度百分比的大小关系为：演替中期（97.52%）>演替初期（96.52%）>演替后期（95.95%）。在播种造林植被恢复措施下，各演替阶段 $L<2\ mm$ 的细根根系长度占总长度百分比的大小关系为：演替后期（96.11%）>演替中期（95.55%）>演替初期（93.64%）。

根系表面积和根系体积分布是根系吸收范围的重要决定因素，通常细根（$L<2\ mm$）占的比例越大，根系的累计体积和累计表面积越大。细根的根系长度和根系表面积占据其根系总体积和总表面积的主体，$L<2\ mm$ 的根系体积和表面积占总体积和总表面积的绝大多数。

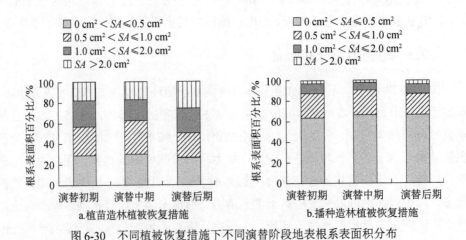

图 6-30　不同植被恢复措施下不同演替阶段地表根系表面积分布

　　将各样地取样得到的根系进行扫描分析，按照根系表面积（SA）大小划分为 4 个区间，分别为：$0.0 \text{ cm}^2 < SA \leqslant 0.5 \text{ cm}^2$、$0.5 \text{ cm}^2 < SA \leqslant 1.0 \text{ cm}^2$、$1.0 \text{ cm}^2 < SA \leqslant 2.0 \text{ cm}^2$ 和 $SA > 2.0 \text{ cm}^2$ 等。由图 6-30 可知，在植苗造林植被恢复措施下，不同演替阶段根系表面积 $SA < 0.5 \text{ cm}^2$ 的根系表面积占总表面积比例的大小关系为演替中期（29.05%）>演替初期（28.42%）>演替后期（26.33%），且均高于其他根系表面积区间范围。在播种造林植被恢复措施下，不同演替阶段根系表面积 $SA > 2.0 \text{ cm}^2$ 的根系表面积占总表面积比例的大小关系为：演替初期（35.63%）>演替中期（31.28%）>演替后期（24.82%），且均高于其他根系表面积区间范围。

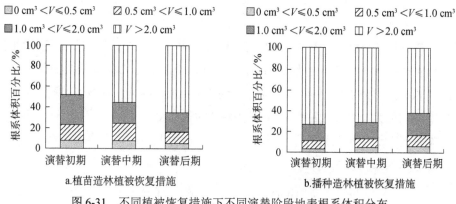

a.植苗造林植被恢复措施　　　　　b.播种造林植被恢复措施

图 6-31　不同植被恢复措施下不同演替阶段地表根系体积分布

　　按照根系体积（V）大小划分为 4 个区间，分别为：$0.0 \text{ cm}^3 < V \leqslant 0.5 \text{ cm}^3$、$0.5 \text{ cm}^3 < V \leqslant 1.0 \text{ cm}^3$、$1.0 \text{ cm}^3 < V \leqslant 2.0 \text{ cm}^3$ 和 $V > 2.0 \text{ cm}^3$ 等。由图 6-31 可知，在植苗造林植被恢复措施下，不同演替阶段根系体积 $2.0 \text{ cm}^3 < V$ 的根系体积占总体积比例的大小关系为演替后期（65.71%）>演替中期（55.91%）>演替初期（48.61%），且均高于其他根系体积区间范围。在播种造林植被恢复措施下，不同演替阶段根系体积 $V > 2.0 \text{ cm}^3$ 的根系体积占总体积比例的大小关系为：演替初期（73.63%）>演替中期（71.49%）>演替后期（61.77%），且均高于其他根系体积区间范围，与根系体积变化趋势是一致的。

6.8 播种造林和植苗造林条件下植被
演替程度评价

6.8.1 植被修正演替度指数模型的建立

演替度是描述植物群落演替程度的一个数量指标，它是由日本学者沼田真于1969 年提出的。这个指数主要考虑物种的优势度和物种寿命，公式为

$$D_j = \frac{\sum\limits_{i}^{p}(I_i, d_i)}{P} V \tag{6.37}$$

式中：D_j 为第 j 个群落（样方）的演替度；I_i 为种 i 的寿命，通常依生活型确定，即一年生植物为 1，二年生为 2，地上芽植物、地面芽植物和隐芽植物等于 10，大灌木和小乔木为 50，中乔木和大乔木为 100；P 为群落（样方）物种数；V 为植被率，如果为 100%，则等于 1；d_i 为种 i 的优势度。

本研究对这个指数进行了优化，同时考虑物种多样性、重要值和物种相对寿命，将之称为修正演替度模型：

$$D_j = H_j V_j \sum_{j=1}^{p} I_i V_i \tag{6.38}$$

式中：D_j 为第 j 个群落（样方）某林分层次的演替度；H_j 为第 j 个群落（样方）某林分层次的物种多样性指数值；I_i 为种 i 的相对寿命，通常依生活型确定，即一年生植物为 0.1，二年生植物为 0.2，地上芽植物、地面芽植物和隐芽植物等于 1，大灌木和小乔木为 5，大乔木为 10；P 为物种数；V_j 为植被覆盖率，如果为 100%，则等于 1，对于乔木层，采用郁闭度，对于灌木层、草本层和更新层，采用植被覆盖度；V_i 为种 i 的相对重要值，用式（6.39）计算：

$$V_i = \frac{IV_i}{IV_{\text{MAX}}} \tag{6.39}$$

式中：IV_i 为第 i 个物种的重要值，IV_{MAX} 为该群落（样地）最大的物种重要值。

为了体现更新树种的重要性和方便物种多样性指标的代入，在计算过程中，按乔木层、灌木层、草本层和更新层分别计算，然后求和。

乔木层、灌木层和草本层重要值计算采用公式（6.37）～公式（6.39），更新

层物种物种重要值采用式（6.40）：

$$更新层物种重要值=\frac{（相对频度+相对密度+相对盖度）\times 100}{3} \qquad (6.40)$$

6.8.2 播种造林和植苗造林植被恢复修正演替度指数

利用各个样地物种多样性 Shannon-Wiener 指数（H）和所有物种重要值计算各个样地的修正演替度指数，然后按不同演替阶段进行汇总求其平均值，结果如图 6-32 所示。修正演替度指数的计算结果表明，在不同的植被恢复措施下，修正演替度指数随植被正向演替而增加。尤其是在从灌木演替阶段向乔木演替阶段进行时，该指数值存在明显上升趋势。

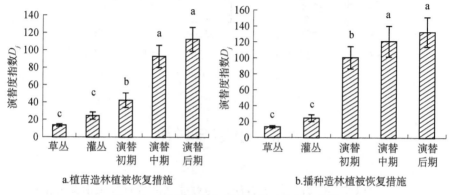

图 6-32　不同演替序列植被修正演替度指数

注：不同字母表示在 95% 可靠性下存在显著差异

从图 6-32a 可知，在植苗造林植被恢复措施下，乔木演替序列各个演替阶段的演替度指数均与灌丛、草丛演替度指数存在显著差异（$P<0.05$）；灌丛与草丛之间的演替度指数不存在显著差异（$P>0.05$）；乔木演替后期与演替中期演替度指数无显著差异（$P>0.05$），但是两者均与灌丛、草丛的演替度指数存在显著差异（$P<0.05$）。这说明到了演替中、后期，群落总体慢慢趋于稳定，演替进程放缓。从图 6-32b 可知，在播种造林植被恢复措施下，随着演替的正向进行，演替度指数逐渐增长，特别是从灌丛到乔木演替初期，演替度指数大幅度增加。

图 6-33 为植苗造林和播种造林植被恢复措施下演替度指数对比图。由图可以看出，相同演替阶段的播种造林植被恢复措施下的演替度指数均显著高于植苗造

林植被恢复措施下的演替度指数（$P<0.05$）。这说明，与植苗造林植被恢复措施相比，播种造林植被恢复措施对于植被的演替具有明显的促进作用，能够有效地改善植被条件，促进植被快速恢复。

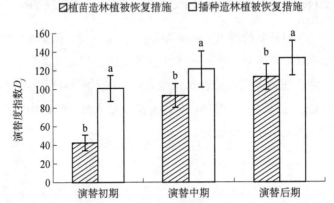

图 6-33　植苗造林和播种造林植被恢复措施下修正演替度指数

注：不同字母表示在 95%可靠性下存在显著差异

6.9　小结与讨论

（1）本研究以空间代替时间的方法，通过建立演替阶段识别评价指标体系，经对指标值进行主成分分析，发现在植苗造林植被恢复措施下，土壤饱和持水率、土壤总孔隙度、土壤有机质、土壤全 N、所有植物 Shannon-Wiener 指数、坡度和植被生物量为影响植苗造林植被恢复措施下植被演替识别评价指标体系的主要因子；土壤饱和持水率、土壤总孔隙度、郁闭度（植被覆盖度）、植被生物量、所有植物 Shannon-Wiener 指数、土壤 pH 值、土壤有机质和所有植物 Simpson 指数为影响播种造林植被恢复措施下演替阶段识别评价指标体系的主要指标；依据灰色关联聚类和 DCA 排序结果，结合样地植被演替和土壤发育特征，可以将研究区域典型植被的演替阶段进行划分和识别，共分为 3 个演替阶段，分别为草丛、灌丛和乔木演替阶段，植被演替呈现出草本群落-灌丛群落-乔木群落发展的趋势，其中灌丛和乔木演替阶段可进一步划分为演替初期、演替中期和演替后期。在植苗造林植被恢复措施下，随着演替的正向进行，不同演替阶段乔木优势种的优势地位不断提高；在播种造林植被恢复措施下，栓皮栎为优势种的群落是研究区的演替顶级群落,而刺槐群落在自然演替条件下,它将逐渐为栓皮栎群落所替代,但是由于人为的干扰,刺槐成为研究区一个偏途演替顶级群落;侧柏为植苗造林所形成植被的单优种群,在植苗造林植被恢复措施下占据绝对优势地位。本研究所划分的演替系列中,群落乔木种数不断减少,树种个体数先增加后降低,符合群落一般演替规律,可以代表当地植被乔木树种演替发展过程。因此,演替阶段划分结果说明,灰色关联聚类和 DCA 排序相结合的方法能很好地对演替阶段进行识别和量化。

(2)随着林分年龄增加,侧柏重要值逐渐增大;在植被演替过程中,栓皮栎重要值下降,新物种开始出现从而降低了栓皮栎在群落中的优势地位,也说明播种造林植被恢复措施所形成的植被更有利于新物种的进入,有形成层次结构更为合理的群落结构的动力。对研究区域不同演替阶段优势灌木的重要值研究发现:荆条为灌丛演替中、后期的指示种,在乔木演替各个阶段均大量存在,荆条灌丛作为植被演替的重要指示种,具有十分重要的作用,是研究区域保持水土的重要植被类型,应加强保护,合理利用;酸枣在灌丛各个演替阶段均有分布,为灌丛演替初期的指示种,它们的共同特点是耐旱、耐瘠薄、抗性强,能够忍耐环境的胁迫,特别是能够忍受演替早期的恶劣环境。

(3)处于演替初期、中期的植苗造林植被恢复措施下的乔木林灌木 Shannon-Wiener 指数显著低于播种造林植被恢复措施下的乔木林灌木 Shannon-Wiener 指数。到了演替后期,植苗造林植被恢复措施下的多样性指数显著大于播种造林植被恢复措施下的多样性指数。这说明,到了演替后期,播种造林植被恢复措施下的林下灌木植物多样性显著低于植苗造林植被恢复措施所形成的植被。随着演替正向进行,植苗造林植被恢复措施和播种造林植被恢复措施变化趋势相同,即均呈先增大后减小趋势。相同演替阶段,植苗造林植被恢复措施下的草本 Shannon-Wiener 指数均大于播种造林植被恢复措施下的草本 Shannon-Wiener 指数,且存在显著差异,这说明演替中期的植被环境和土壤环境更有利于草本植物的生长。

(4)在植苗造林和播种造林植被恢复措施下,植被更新主要依靠实生更新,而且随着演替进行,在当地由植苗造林所形成的针叶林分更新过程更为激烈。这种趋势从主要更新树种的重要值可以看出,在植苗造林植被恢复措施下,侧柏幼苗在演替初期处于绝对优势地位,重要值为45.07%,到了演替后期,其重要值只有3.36%,而栓皮栎、刺槐和构树重要值逐渐增加,侧柏有逐渐被这些阔叶幼树替代的趋势。侧柏群落演替进程虽然缓慢,生长不良,但表现出了由针叶纯林向针阔混交林发展的趋势，在演替的中、后期，侧柏林中大量出现栓皮栎、臭椿等地带性阔叶树种。在播种造林植被恢复措施下，在各个演替阶段，栓皮栎和刺槐更新种重要值始终最大，处于绝对优势地位。上述结论可以从对更新种物种多样性的研究得到印证，在相同演替阶段，植苗造林植被恢复措施下更新种 Simpson 优势度指数均低于播种造林植被恢复措施下更新种 Simpson 优势度指数，而植苗造林植被恢复措施下的 Shannon-Wiener 多样性指数和均匀度指数均大于播种造林植被恢复措施，这说明植苗造林植被林下更新苗物种比播种造林植被林下丰富，但是在样地间分布并不均匀，而播种造林植被恢复措施所形成的植被林下更新苗主要集中在极少数几个物种上，如栓皮栎和刺槐幼苗等。

（5）对不同林分层次乔木种的物种和个体数量进行分析，可以判断植被演替的动态。本研究发现，在植苗造林植被恢复措施下的各个演替阶段，更新层的物种数量最多，而主林层个体数所占比例最高；在播种造林植被恢复措施下，随着演替进行，主林层物种数量增加，林木个体数所占比例亦稳步增加，演替层的林木个体数所占比例总体呈下降趋势，更新层林木个体数所占比例总体呈上升趋势。因此，进展种所占比例较大，它们随着时间的推移将不断改变、提升在群落中的地位和作用。

（6）植物群落生物量是其最重要的特征之一（G. A. Sánchez-Azofeifa et al.，2009；银晓瑞等，2010），也是确定生态系统功能最重要的指标之一。植被生产力、生态系统物质循环以及生态系统水文特征等生态过程的研究都涉及群落生物量（H. Li et al.，2010）。本研究结果表明，播种造林植被恢复措施下各演替序列乔木层生物量和单位面积营养元素储量均大于处于相同演替阶段的植苗造林植被恢复措施下乔木层生物量和单位面积元素储量。植苗造林植被恢复措施与播种造林植被恢复措施相比，地下根系所占比例和地下生物量较高。但是从绝对值来看，植苗造林植被恢复措施下，地下部分根系生物量远低于播种造林植被恢复措施下的地下部分生物量。这是因为播种造林主要优势树种为栓皮栎和刺槐次生林，该林分归还速率快，周转期短，有利于林地生产力维持。

（7）地表灌、草生物量是表征植被地表生产力的指标（K. Ranatunga et al.，2008）。随着演替的正向进行，地表灌、草生物量也在不断变化之中，其动态变动过程是植物与土壤环境相互影响和相互作用的过程（张春梅等，2011）。本研究发现，在演替初期，植苗造林植被恢复下的单位面积灌木生物量大于播种造林植被恢复措施下的单位面积灌木生物量；而到了演替中、后期，播种造林植被恢复措施下的单位面积灌木生物量大于植苗造林植被恢复措施下的植被单位面积灌木生物量。除了在演替中期，植苗造林植被恢复措施下植被的单位面积草本植物生物量小于播种造林植被恢复措施下植被的单位面积草本植物生物量外，在乔木演替初、后期，播种造林植被恢复措施下的单位面积草本植物生物量均小于植苗造林植被恢复措施下的单位面积草本植物生物量；单位面积 N 储量、P 储量和 K 储量与单位面积生物量保持基本相同的大小关系。

（8）传统描述植被演替特征主要用植被演替度指数来表示，但是传统的植被演替度指数主要考虑物种的优势度和物种寿命。本研究对这个指数进行了优化，同时考虑物种多样性、重要值和物种相对寿命，建立了表征植被演替特征的修正演替度指数（D_j）。修正演替度指数的计算结果表明，在不同的植被恢复措施下，修正演替度指数随植被正向演替而增加。尤其是在从灌木演替阶段向乔木演替阶段进行时，该指数存在明显上升趋势。相同演替阶段的播种造林植被恢复措施下的演替度指数均显著高于植苗造林植被恢复措施下的演替度指数（$P<0.05$）。

（9）凋落物是森林生态系统的重要组成部分，是林地有机质的主要物质库和维持土壤肥力的基础。D. A. Maguire（1994）的研究表明，多数生态系统中植物所吸收的养分，90%以上的 N 和 P 及 60%以上的矿质元素都来自于植被凋落残体归还给土壤的养分再循环。目前有关凋落物的研究缺乏与不同植被类型的比较（春敏莉等，2009；赵勇等，2009）。本研究对不同植被恢复措施下凋落物特征对比后发现，随着植被向顶级群落演替，其凋落物总储量越来越大；凋落物量的增加主要取决于林龄和郁闭度，因而林冠层结构和组成是影响凋落物储量的主要因素；相同演替阶段的播种造林植被恢复措施下的凋落物现存生物量均显著高于植苗造林植被恢复措施下的凋落物现存生物量；从各凋落物层次的凋落物蓄积量组成来看，基本规律是分解层>半分解层>未分解层，在演替后期，分解层蓄积量是半分解层的 2.804 倍，未分解层的 8.994 倍，可见，分解层是凋落物总生物量的主体。

（10）凋落物的水分特征直接关系到生态系统水文过程及植被水文生态功能，对其研究有助于深入了解凋落物涵养水源、延缓径流、抑制土壤蒸发和保持水土等水文生态效益（雷云飞等，2007）。本研究结果表明，在演替中、后期，播种造林植被恢复措施下半分解层最大持水量高于植苗造林植被恢复措施下半分解层最大持水量，而两者的分解层差异不大，原因在于播种造林所形成的阔叶凋落物具有较大孔隙，能够吸持较多水分，其凋落物持水能力大于针叶凋落物，针叶凋落物表面光滑，易形成拮抗水层，持水能力最小。持水率和吸水速率表征了凋落物的潜在持水能力。本研究发现，在演替初期，植苗造林植被恢复措施下的凋落物初始持水率高于播种造林植被恢复措施；到了演替中期，播种造林植被恢复措施下的凋落物初始持水率高于植苗造林植被恢复措施下的凋落物初始持水率；而在演替后期，两者的差别不大，并趋于相同。由此可见，进入到演替中、后期，在相同的环境条件下，播种造林所形成的阔叶林凋落物水分损失较难，而针叶林凋落物水分损失较容易，这也是阔叶林具有较小的最大持水量而有较大的自然状态含水量的原因之一。

（11）凋落物吸水速率随浸泡时间的延长，其变化规律不尽相同。凋落物的持水过程可以滞后历时短、强度大的降水产生的径流，从而发挥其保持水土的巨大功能。本研究发现，各凋落物层次持水率在浸泡时间 2 h 内迅速增长，此后增长速度趋于平缓，浸泡时间达 10 h 时，各凋落物层层次的持水率基本保持稳定。林下凋落物的持水率与浸水时间之间可用 $Q=a\ln t+b$ 表示，结果均为极显著相关。对凋落物吸水速率研究发现，泡水初期，吸水速率急剧减少，随后波动不大。对凋落物吸水速率与浸水时间之间的关系进行曲线拟合，不同演替阶段不同凋落物层次的吸水速率与泡水时间符合方程 $Y=a+bt^{-1}$，这与其他学者的研究结果相一致（王云琦等，2004；薛立等，2005）。在演替初期，植苗造林植被恢复措施下的凋落物初始吸水速率高于播种造林植被恢复措施；到了演替中期，播种造林植被恢复措施下的凋落物初始吸水速率高于植苗造林植被恢复措施下的凋落物初始吸水速率；而在演替后期，两者的差别不大，并趋于相同，这与凋落物的持水率研究结论是一致的。

（12）根系的分布特征反映了土壤的物质和能量被利用的可能性以及生产力。在植被演替过程中，根系可为土壤提供丰富的有机质，对于改善和提高土壤的物理与化学性状具有重要意义（P. D. M. John et al.，2004；杨喜田等，2009）。以往对植被演替过程中根系生物量的研究（彭少麟等，2005）认为，植被的根系生物量会随着演替的进行而逐渐增加，但是对根系结构参数的研究很少。本研究发现，不同植被恢复措施不同演替阶段，根长密度、根表面积密度和根体积密度等根系结构指标均表现出相同的趋势，即演替中期指标值最大，其次为演替初期，最小的出现在演替后期；根系主要由 $L<2$ mm 的细根组成。这说明，在演替中期，林分结构趋于合理，林下凋落物改善了土壤结构，林分透光性较好，有利于林下灌、草的生长，地表根系量增加；到了演替后期，栓皮栎的枯枝落叶长期积累，不利

于草本植物和灌木的萌芽发育，林下地表根系量下降。演替中、后期的植苗造林植被恢复措施下的根长密度、根表面积密度和根体积密度均大于相同演替阶段的播种造林植被恢复措施下的根系结构指标值。不同植被恢复措施的土层厚度 0～20 cm，$L < 2$ mm 的细根根系长度占总长度的 93.64%～97.52%。而且，演替中、后期植苗造林植被恢复措施所形成的针叶林分各根系结构参数指标值均最大，这说明与播种造林所形成的阔叶林分相比，植苗造林所形成的针叶林分地表层分布着相对较多的细根，能够获取更多的水分和养分，为地表细根生长提供了一个较为稳定的小环境。

播种造林和植苗造林条件下土壤发育数量特征

7.1 不同演替阶段土壤水文物理特性的变化规律

7.1.1 研究方法

在土壤物理特性、水分及化学特性指标在样地计算的基础上，按不同植被恢复措施和演替序列分类求平均值，并求其标准差。

土壤入渗过程模型是研究土壤入渗的重要手段，本研究采用以下 3 个模型进行拟合（闫东锋等，2011）。

Horton 模型：

$$f(t) = f_c + (f_o - f_c)e^{-kt} \tag{7.1}$$

式中：$f(t)$ 为土壤入渗速率，单位为 mm/min；t 为入渗时间，单位为 min；f_o、f_c、k 分别为初渗率、稳渗率、衰减指数，值越小表示土壤入渗衰减得越慢。

Philip 模型：

$$f(t) = 0.5St^{\frac{1}{2}} + A \tag{7.2}$$

式中：S 为模型参数，表征土壤入渗能力的强弱；A 为稳渗率，单位为 mm/min。

Kostiakov 模型：

$$f(t) = at^{-b} \tag{7.3}$$

式中：a，b 为模型参数，分别描述土壤入渗速率随时间变化的程度和土壤入渗开始后第一个时段内的平均入渗速率。

7.1.2 土壤物理特性

7.1.2.1 植苗造林植被恢复措施下不同演替序列不同土层厚度的土壤物理特性

表 7-1 描述的是植苗造林植被恢复措施下不同演替阶段不同土层厚度的土壤容重和孔隙度变化情况及差异性显著检验结果。由表 7-1 可知,各演替序列不同土层厚度间,土壤容重均表现出相同趋势,即土壤容重随土层的深度增加而增加,土壤表层的土壤容重较小,灌丛和草丛地两个土层之间的土壤容重存在显著差异 ($P<0.05$)。

表 7-1 植苗造林植被恢复措施下不同演替序列不同土层厚度的
土壤物理特性指标(平均值±标准差)

演替阶段	土层厚度 /cm	土壤容重 / (g·cm^{-3})	非毛管孔隙度 /%	毛管孔隙度 /%	总孔隙度 /%
演替初期	0~10	1.207±0.180^{aAB}	10.863±4.279^{aB}	45.093±11.077^{aB}	55.956±5.072^{aB}
	10~20	1.431±0.105^{aAB}	11.021±2.681^{aB}	43.358±4.748^{aB}	54.379±7.236^{aB}
演替中期	0~10	1.268±0.091^{aAB}	10.336±3.124^{aB}	52.861±10.169^{aAB}	63.196±11.164^{aA}
	10~20	1.295±0.103^{aB}	10.329±4.609^{aB}	43.181±3.54^{bB}	53.510±4.940^{bB}
演替后期	0~10	1.160±0.136^{aB}	20.492±3.407^{aA}	47.184±5.708^{aB}	67.676±7.945^{aA}
	10~20	1.178±0.175^{aB}	13.391±7.841^{bAB}	50.934±4.27^{aB}	64.325±2.058^{aB}
灌丛	0~10	1.375±0.191^{bA}	15.227±16.378^{aA}	51.800±23.507^{aB}	67.026±39.548^{aA}
	10~20	1.560±0.451^{aA}	14.727±6.743^{aA}	48.040±11.669^{aB}	62.766±7.579^{aB}
草丛	0~10	1.364±0.062^{bA}	6.582±1.298^{bB}	61.141±8.023^{bA}	67.723±9.360^{bA}
	10~20	1.577±0.230^{aA}	17.207±2.367^{aA}	98.245±7.124^{aA}	115.452±10.954^{aA}

注:不同大、小写字母分别表示相同土层厚度不同演替阶段和相同演替阶段不同土层厚度间具有显著差异($P<0.05$)。

总体来看,0~10 cm 层土壤的容重较 10~20 cm 层要小。在土层厚度 0~10 cm 和 10~20 cm 中,演替后期的土壤容重均达到最小值,分别为 1.071 g/cm^3 和 1.178 g/cm^3,说明演替后期的植被对土壤的改良作用达到最佳状态,土壤团粒结构增加,孔隙增多,质地变得疏松,这样有利于水分的传输和储存。

相同土层不同演替阶段之间,土壤容重大小呈现多样性的变动规律,在土层厚度 0~10 cm 中,土壤容重的大小关系为灌丛>草丛>演替中期>演替初期>演替后期,其中灌丛和草丛土壤容重均显著大于乔木演替各个阶段($P<0.05$);在土层厚度 10~20 cm 中,土壤容重的大小关系为草丛>灌丛>演替初期>演替中期>演替后期,其中灌丛和草丛土壤容重均显著大于乔木演替各个阶段($P<0.05$)。

土壤孔隙度的大小，决定着土壤水分和土壤中空气的含量大小及通透性的好坏。从表 7-1 分析可知，土壤总孔隙度、毛管孔隙度和非毛管孔隙度在不同土层之间的大小排列顺序与容重大小排列顺序正好相反，即随着土层厚度的增加，孔隙度指标值都在减少，但一般不存在显著差异。这说明土壤表层的土壤孔隙的分布处于较好的水平，有利于土壤的透水和保水。

不同演替序列土层厚度 0～10 cm 土壤非毛管总孔隙度大小关系为演替后期>灌丛>演替初期>演替中期>草丛，不同演替序列土层厚度 10～20 cm 土壤非毛管总孔隙度大小关系均为草丛>灌丛>演替后期>演替初期>演替中期。不同演替序列土层厚度 0～10 cm 土壤毛管总孔隙度大小关系为草丛>演替中期>灌丛>演替后期>演替初期，不同演替序列土层厚度 10～20 cm 土壤非毛管总孔隙度大小关系均为草丛>演替后期>灌丛>演替初期>演替中期。不同演替序列土层厚度 0～10 cm 和 10～20 cm 土壤总孔隙度大小关系均为草丛>演替初期>灌丛>演替中期>演替后期，最大值出现在草丛演替阶段，分别为 67.723%和 115.452%，且与其他演替阶段具有显著差异性（$P<0.05$）；最小值出现乔木演替后期，分别为 67.676%和 64.325%。

7.1.2.2 播种造林植被恢复措施下不同演替序列不同土层厚度的土壤物理特性

从表 7-2 可知，在播种造林植被恢复措施下，在土层厚度 0～10 cm 中，土壤容重以演替初期最小，仅为 1.071 g/cm³；最大值出现在灌丛演替阶段，为 1.375 g/cm³，与乔木演替初期的土壤容重存在显著差异（$P<0.05$）。土层厚度 10～20 cm 与 0～10 cm 土壤容重大小关系基本相同，即演替初期土壤容重最小，仅为 1.219 g/cm³，最大值出现在草丛演替阶段，为 1.577 g/cm³。这是因为在草丛和灌丛演替阶段，植被稀少，土层较薄，加之雨滴打击和雨水冲刷使得表层土壤板结坚实，土壤容重增大。

本研究发现，在植被演替过程中，土壤孔隙度均以毛管孔隙为主，且从群落演替的各阶段土壤孔隙状况垂直分布来看，在演替初期、演替后期和草丛演替阶段，土壤非毛管孔隙度、毛管孔隙度和总孔隙均随土层厚度加大而增大，且两层之间一般存在显著差异（$P<0.05$）；在演替中期，土层厚度 10～20 cm 土壤中，毛管孔隙度和总孔隙度分别为 47.553%和 59.580%，均显著高于土层厚度 0～10 cm 的土壤孔隙度（$P<0.05$）；在灌丛演替阶段，土壤表层 0～10 cm 的土壤孔隙度指

标均显著高于 10～20 cm 的土壤孔隙度（$P<0.05$）。

表 7-2 播种造林植被恢复措施下不同演替序列不同土层厚度土壤物理特性指标
（平均值±标准差）

演替阶段	土层厚度/cm	土壤容重/(g·cm⁻³)	非毛管孔隙度/%	毛管孔隙度/%	总孔隙度/%
演替初期	0～10	1.071±0.165[bB]	6.629±2.674[bB]	47.911±15.183[aB]	54.540±4.595[bB]
	10～20	1.219±0.198[bB]	11.759±8.35[aBC]	48.634±6.946[aB]	60.392±7.711[aBC]
演替中期	0～10	1.424±0.276[aA]	10.313±8.744[aB]	65.397±12.588[aA]	75.710±3.995[aA]
	10～20	1.450±0.240[aAB]	12.027±6.769[aB]	47.553±5.887[bB]	59.580±8.806[bC]
演替后期	0～10	1.202±0.137[bAB]	15.386±8.466[aA]	43.812±13.636[bB]	59.198±9.424[bB]
	10～20	1.447±0.161[aAB]	16.484±4.81[aA]	55.009±9.65[aB]	71.494±6.743[aB]
灌丛	0～10	1.375±0.191[bA]	15.227±16.378[aA]	51.800±23.507[aB]	67.026±39.548[aA]
	10～20	1.560±0.451[aA]	14.727±6.743[aAB]	48.040±11.669[aB]	62.766±7.579[aBB]
草丛	0～10	1.364±0.062[bAB]	6.582±1.298[bB]	61.141±8.023[bA]	67.723±9.360[bAB]
	10～20	1.577±0.230[aA]	17.207±2.367[aA]	98.245±7.124[aA]	115.452±10.954[aA]

注：不同大、小写字母分别表示相同土层厚度不同演替阶段和相同演替阶段不同土层厚度间具有显著差异（$P<0.05$）。

不同演替序列相同土层厚度 0～10 cm 土壤非毛管总孔隙度大小关系为演替后期>灌丛>演替中期>演替初期>草丛，不同演替序列相同土层厚度 10～20 cm 土壤非毛管总孔隙度大小关系均为草丛>演替后期>灌丛>演替中期>演替初期；不同演替序列土层厚度 0～10 cm 土壤毛管总孔隙度大小关系为演替中期>草丛>灌丛>演替初期>演替后期，不同演替序列土层厚度 10～20 cm 土壤毛管孔隙度大小关系均为草丛>演替后期>灌丛>演替初期>演替中期。不同演替序列土层厚度 0～10 cm 土壤总孔隙度大小关系为演替中期>草丛>灌丛>演替后期>演替初期，不同演替序列土层厚度 10～20 cm 土壤总孔隙度大小关系均为草丛>演替后期>灌丛>演替初期>演替中期。上述变化趋势与土壤毛管孔隙度变化规律基本一致，这也说明土壤毛管孔隙度是土壤总孔隙度的主要组成部分。

7.1.2.3 不同植被恢复措施下不同演替序列土壤物理特性比较

表 7-3 为不同植被恢复措施下不同演替序列土层厚度 0～20 cm 土壤物理特性指标均值。由表 7-3 可知，随着演替正向进行，两种植被恢复措施的土壤容重均逐渐减少，最小值均出现在演替后期；由相同演替序列不同植被恢复措施下土壤容重比较可知，演替中、后期的播种造林植被恢复措施下土壤容重分别为 1.437 g/cm³ 和 1.324 g/cm³，均显著高于植苗造林恢复措施下的土壤容重（$P<0.05$）。随着演替进行，不同植被恢复措施下的土壤毛管孔隙度和总孔隙度均表现出相同的变化

趋势, 即演替中期的指标值最大, 演替后期的其次, 演替初期的最小。

相同演替序列的两种植被恢复措施下的土壤孔隙度相比较结果表明, 播种造林植被演替中期、初期的土壤毛管孔隙度和土壤总孔隙度均显著高于植苗造林 ($P<0.05$), 而两者演替后期的孔隙度指标值差异不大 ($P>0.05$)。

表 7-3 不同植被恢复措施下不同演替序列土层厚度 0～20 cm 土壤
物理特性指标 (平均值±标准差)

植被恢复措施	演替阶段	土壤容重 /($g \cdot cm^{-3}$)	非毛管孔隙度 /%	毛管孔隙度 /%	总孔隙度 /%
植苗造林	演替初期	1.319±0.143^{aA}	10.942±3.357^{bA}	44.226±12.566^{aB}	55.167±15.59^{aA}
	演替中期	1.281±0.064^{abB}	10.333±3.549^{bA}	48.021±10.536^{aB}	58.353±12.381^{aB}
	演替后期	1.144±0.131^{bB}	16.942±10.128^{aA}	49.059±14.906^{aA}	66.000±24.723^{aA}
播种造林	演替初期	1.145±0.129^{bB}	9.194±3.331^{bA}	48.272±15.995^{aA}	57.466±14.782^{aA}
	演替中期	1.437±0.083^{aA}	11.170±7.681^{bA}	56.475±23.233^{aA}	67.645±25.408^{aA}
	演替后期	1.324±0.109^{abA}	15.935±9.150^{aA}	49.411±15.28^{aA}	65.346±21.100^{aA}

注: 不同大、小写字母分别表示相同演替阶段不同植被恢复措施和不同演替阶段相同植被恢复措施间具有显著差异 ($P<0.05$)。

7.1.3 土壤水分变化特征

7.1.3.1 植苗造林植被恢复措施下不同演替序列不同土层厚度土壤水分特征

土壤水分受植被的郁闭度、地表覆盖物、植被吸收利用与蒸腾以及地表的渗透和蒸发等因素的影响, 不同植被恢复措施不同演替阶段会呈现不同的变化规律。为了研究不同植被恢复措施下土壤含水量的变化规律, 对各群落的土壤含水量进行了测定。

同一演替序列的植被中, 土壤剖面的不同层次接收降雨量能力的不同, 以及植物根系分布的差异, 导致了它们储水能力的差异。表层土壤首先接收穿透雨和凋落物截留后的剩余雨水, 但又容易受地表蒸发和植物根系耗水的影响, 所以储水量变化幅度较大; 深层土壤虽只能接收少量的由上层土壤下渗的微量雨水, 但由于受林地蒸散发的影响较小, 所以土壤水分相对稳定。

土壤毛管持水率和毛管持水量的大小可以反映出植被吸持水分能力的高低。从表 7-4 和表 7-5 可知, 除草丛地外, 其他演替阶段土层厚度为 0～10 cm 的土壤毛管持水量、毛管持水率均高于土层厚度为 10～20 cm 的土壤毛管持水量和毛管持水率。土壤饱和持水率和土壤饱和持水量是用来说明土壤持水最大潜力的指标，从表 7-4 和表 7-5 可知，两个土层厚度中最大饱和持水率和最大饱和持水量均出现在草丛演替阶段，分别为 67.482%、73.213% 和 677.277 t/hm^2、1154.519 t/hm^2。

表 7-4　植苗造林植被恢复措施下不同演替序列不同土层厚度土壤持水率（平均值±标准差）

演替序列	土层厚度/cm	土壤饱和持水率/%	土壤毛管持水率/%	土壤田间持水率/%
演替初期	0～10	47.589±15.392^{aB}	38.216±11.108^{aB}	33.185±12.946^{aC}
	10～20	37.435±7.370^{bB}	29.783±6.518^{bC}	26.372±8.418^{bC}
演替中期	0～10	49.824±7.783^{aB}	41.700±7.418^{aB}	35.797±10.991^{aC}
	10～20	41.735±12.543^{aB}	33.683±11.433^{bC}	29.545±12.841^{aC}
演替后期	0～10	57.717±8.384^{aAB}	40.752±3.61^{aB}	38.774±3.963^{aB}
	10～20	55.442±2.544^{aB}	44.040±6.883^{aB}	40.995±6.277^{aB}
灌丛	0～10	46.716±22.073^{aB}	36.551±12.133^{aB}	33.998±11.291^{aBC}
	10～20	42.441±7.932^{aB}	32.818±4.318^{aC}	30.488±4.153^{aC}
草丛	0～10	67.482±10.847^{aA}	60.924±8.247^{aA}	58.240±8.647^{aA}
	10～20	73.213±2.914^{aA}	62.301±5.951^{aA}	59.235±8.217^{aA}

注：不同大、小写字母分别表示相同土层厚度不同演替阶段和相同演替阶段不同土层厚度间具有显著差异（$P<0.05$）。

表 7-5　植苗造林植被恢复措施下不同演替序列不同土层厚度土壤持水量（平均值±标准差）

演替序列	土层厚度/cm	土壤饱和持水量 / (t·hm^{-2})	土壤非毛管持水量 / (t·hm^{-2})	土壤毛管持水量 / (t·hm^{-2})
演替初期	0～10	559.559±50.717^{aA}	108.628±22.795^{aB}	450.931±10.797^{aB}
	10～20	543.787±72.361^{ABC}	110.208±26.807^{aBC}	433.579±47.481^{aC}
演替中期	0～10	631.965±51.643^{aA}	103.355±21.237^{aC}	528.609±10.686^{aA}
	10～20	535.104±49.403^{bC}	103.295±16.091^{aC}	431.810±35.399^{bC}
演替后期	0～10	676.756±49.453^{aA}	204.920±34.066^{aA}	471.836±27.084^{bB}
	10～20	643.247±20.583^{aB}	133.911±28.411^{bB}	509.336±42.698^{aB}
灌丛	0～10	670.264±95.477^{aA}	152.265±16.783^{aA}	517.999±35.073^{aB}
	10～20	627.664±75.792^{aB}	147.266±17.426^{aAB}	480.399±36.694^{aB}
草丛	0～10	677.227±46.982^{bA}	65.816±18.093^{bC}	611.411±28.885^{bA}
	10～20	1154.519±65.902^{aA}	172.074±19.547^{aA}	982.446±39.761^{aA}

注：不同大、小写字母分别表示相同土层厚度不同演替阶段和相同演替阶段不同土层厚度间具有显著差异（$P<0.05$）。

不同演替序列土层厚度 0～10 cm 和 10～20 cm 土壤毛管持水率大小关系均为草丛>演替后期>演替中期>灌丛>演替初期，最大值出现在草丛演替阶段，且与其他演替阶段具有显著差异性（$P<0.05$），最小值出现在乔木演替初期；不同演替序列土层厚度 0～10 cm 和 10～20 cm 土壤毛管持水量大小关系均为草丛>演替中期>灌丛>演替后期>演替初期，最大值出现在草丛演替阶段，分别为 611.411 t/hm^2

和 982.466 t/hm², 且与其他演替阶段具有显著差异性（$P<0.05$），最小值出现在乔木演替初期。

7.1.3.2 播种造林植被恢复措施下不同演替序列不同土层厚度土壤水分特征

表 7-6 和表 7-7 分别描述的是播种造林植被恢复措施下不同演替序列不同土层厚度土壤持水率和土壤持水量。在乔木演替初期，随着土壤厚度增加，土壤持水率在减小而土壤持水量在增加，但两层之间一般没有显著差异（$P<0.05$）；到演替中期，随着土壤厚度增加，土壤持水率在减小而土壤持水量也在减小；在演替后期，随着土壤厚度增加，土壤持水率和土壤持水量均呈增加趋势，但两层之间不存在显著差异（$P>0.05$）。

表 7-6 播种造林植被恢复措施下不同演替序列不同土层厚度
土壤持水率（平均值±标准差）

演替序列	土层厚度/cm	土壤饱和持水率/%	土壤毛管持水率/%	土壤田间持水率/%
演替初期	0~10	52.954±21.654ᵃᴮ	46.889±21.801ᵃᴮ	42.288±23.911ᵃᴮ
	10~20	51.246±8.549ᵃᴮ	41.322±7.653ᵃᴮᶜ	37.138±9.885ᵃᴮ
演替中期	0~10	51.765±15.744ᵃᴮ	44.088±15.611ᵃᴮ	39.231±16.746ᵃᴮ
	10~20	42.534±7.229ᵃᴮ	34.136±4.371ᵇᶜ	30.789±5.218ᵇᴮ
演替后期	0~10	49.958±17.140ᵃᴮ	37.152±12.544ᵃᴮ	31.983±12.84ᵃᴮ
	10~20	48.753±5.556ᵃᴮ	37.462±10.627ᵃᴮ	34.151±2.147ᵃᴮ
灌丛	0~10	46.716±22.073ᵃᴮ	36.551±12.133ᵃᴮ	33.998±11.291ᵃᴮ
	10~20	42.441±7.932ᵃᴮ	32.818±4.318ᵃᶜ	30.488±4.153ᵃᴮ
草丛	0~10	67.482±10.847ᵃᴬ	60.924±8.247ᵃᴬ	58.240±8.647ᵃᴬ
	10~20	73.213±2.914ᵃᴬ	62.301±5.951ᵃᴬ	59.235±8.217ᵃᴬ

注：不同大、小写字母分别表示相同土层厚度不同演替阶段和相同演替阶段不同土层厚度间具有显著差异（$P<0.05$）。

土壤毛管持水量和毛管持水率是反映土壤保水保土能力的主要因素。从表 7-6 和表 7-7 可知,不同演替序列土层厚度 0~10 cm 的土壤毛管持水率大小关系均为草丛>演替初期>演替中期>演替后期>灌丛，最大值出现在草丛演替阶段，且与其他演替阶段具有显著差异性（$P<0.05$），最小值出现在灌丛阶段，为 36.511%；不同演替序列土层厚度 0~10 cm 土壤毛管持水量大小关系为：演替中期>草丛>灌丛>演替初期>演替后期，最大值出现在演替中期，为 653.968 t/hm²，且与其他演替阶段具有显著差异性（$P<0.05$）；在土层厚度 10~20 cm 的土壤中，土壤毛管持水量大小关系为草丛>演替后期>演替初期>灌丛>演替后期。

表 7-7　播种造林植被恢复措施下不同演替序列不同土层厚度
土壤持水量（平均值±标准差）

演替序列	土层厚度/cm	土壤饱和持水量 / （t·hm^{-2}）	土壤非毛管持水量 / （t·hm^{-2}）	土壤毛管持水量 / （t·hm^{-2}）
演替初期	0～10	545.399±45.948^{aC}	66.292±16.742^{bC}	479.107±51.833^{aB}
	10～20	603.924±77.108^{aC}	117.588±23.503^{aB}	486.336±69.464^{aB}
演替中期	0～10	757.102±39.954^{aA}	103.134±17.442^{aB}	653.968±25.881^{aA}
	10～20	595.797±88.056^{bC}	120.265±27.695^{aB}	475.532±58.870^{bB}
演替后期	0～10	591.979±94.240^{bBC}	153.861±24.660^{aA}	438.118±36.360^{aB}
	10～20	714.939±67.427^{aB}	164.844±18.104^{aA}	550.094±96.499^{aB}
灌丛	0～10	670.264±95.477^{aAB}	152.265±16.783^{aA}	517.999±35.073^{aB}
	10～20	627.664±75.792^{aBC}	147.266±17.426^{aB}	480.399±36.694^{aB}
草丛	0～10	677.227±46.982^{bAB}	65.816±18.093^{bC}	611.411±28.885^{bA}
	10～20	1154.519±65.902^{aA}	172.074±19.547^{aA}	982.446±39.761^{aA}

注：不同大、小写字母分别表示相同土层厚度不同演替阶段和相同演替阶段不同土层厚度间具有显著差异
（$P<0.05$）。

7.1.3.3　不同植被恢复措施下不同演替序列土壤水分特性比较

从表 7-8 可知，不同植被恢复措施下土壤持水率随演替的正向进行呈不同的变化规律。在植苗造林恢复措施下，随着演替的正向进行，土壤饱和持水率、毛管持水率和田间持水率均呈增加趋势，演替中、后期与演替初期有显著差异（$P<0.05$）；而在播种造林植被恢复措施下，随着演替的正向进行，土壤饱和持水率、毛管持水率和田间持水率呈下降趋势。

由相同演替序列不同植被恢复措施持水率比较表（表 7-8）可知，演替初期、中期的播种造林恢复措施下的土壤持水率均高于植苗造林恢复措施下的土壤持水率，而演替后期播种造林恢复措施下的土壤持水率低于植苗造林恢复措施下的土壤持水率。

表 7-8　不同植被恢复措施下不同演替序列土层厚度 0～20 cm
土壤持水率（平均值±标准差）

植被恢复措施	演替序列	土壤饱和持水率/%	土壤毛管持水率/%	土壤田间持水率/%
植苗造林	演替初期	42.512±10.575^{bB}	33.999±8.095^{bB}	29.779±9.953^{bB}
	演替中期	45.780±9.309^{bA}	37.692±7.968^{aA}	32.671±10.365^{bA}
	演替后期	56.579±15.464^{aA}	42.396±8.610^{aA}	39.885±8.186^{aA}
播种造林	演替初期	52.100±18.845^{aA}	44.105±19.272^{aA}	39.713±21.552^{aA}
	演替中期	47.149±16.208^{aA}	39.112±14.697^{aA}	35.010±15.778^{abA}
	演替后期	49.356±14.827^{aB}	37.307±10.682^{aA}	33.067±11.885^{bB}

注：不同大、小写字母分别表示相同土层厚度不同演替阶段和相同演替阶段不同土层厚度间具有显著差异
（$P<0.05$）。

表 7-9　不同植被恢复措施下不同演替序列土层厚度 0～20 cm
土壤持水量（平均值±标准差）

恢复措施	演替序列	土壤饱和持水量 /（t·hm^{-2}）	土壤非毛管持水量 /（t·hm^{-2}）	土壤毛管持水量 /（t·hm^{-2}）
植苗造林	演替初期	1103.346±55.877^{aA}	218.836±13.573^{bA}	884.510±25.660^{aA}
	演替中期	1167.069±23.807^{bB}	206.650±15.493^{bA}	960.419±24.362^{aB}
	演替后期	1320.003±47.227^{aA}	338.831±29.281^{aA}	981.172±49.060^{aA}
播种造林	演替初期	1149.323±55.877^{aA}	183.88±13.310^{bA}	965.443±59.952^{bA}
	演替中期	1352.899±23.807^{bB}	223.399±26.815^{bA}	1129.500±32.334^{aA}
	演替后期	1306.918±47.227^{aA}	318.705±31.498^{aA}	988.212±52.798^{aAb}

注：不同大、小写字母分别表示相同演替阶段不同植被恢复措施和不同演替阶段相同植被恢复措施间具有显著差异（$P<0.05$）。

由相同演替序列不同植被恢复措施下土壤饱和持水量、非毛管持水量和毛管持水量比较表（表 7-9）可知，随着演替的正向进行，上述 3 个土壤持水量指标值均呈增加趋势。而相同演替序列的播种造林植被恢复措施下土壤持水量均显著高于植苗造林植被恢复下土壤持水量（$P<0.05$）。在研究地区，播种造林植被恢复措施主要类型为栓皮栎和刺槐林，为研究区顶级群落类型的主要优势种群。该群落普遍郁闭度大，结构复杂，物种多样性指数较高，林下空气湿度较高，土壤水分条件较好。而植苗造林植被恢复措施所形成的侧柏林，多为人工种植，立地条件较差，土壤瘠薄，种植密度较小，生长较弱，群落郁闭度较低，因此土壤蒸发较大，导致土壤含水量较低的现象产生。

7.1.4　土壤渗透能力及其影响因素

7.1.4.1　土壤入渗过程与特征

7.1.4.1.1　植苗造林恢复措施下土壤入渗过程与特征

水分在土壤中的入渗过程是地表水文循环的一个重要环节，土壤入渗能力是土壤重要的水文物理特征参数。土壤入渗能力不但影响降水进入土壤的速率和数量，同时还关系到地表径流的产生和地表土壤侵蚀的发生与发展，也影响着水分的保存和对植被的供应能力。

土壤的入渗性能是土壤的一个重要的水文性质，是林地是否产生地表径流和形成地表冲刷的重要影响因素。渗透性良好的土壤，在一定的降雨强度和灌溉条件下，水分可完全进入土壤储存起来或变为土内径流；而渗透性差的土壤，则易形成地表径流，使水分损失。所以，探讨、研究土壤的渗透性能在防止表层冲刷、阻延地表径流方面发挥着重要的作用。土壤渗透能力是制约坡面径流、土壤侵蚀的重要因子，因此研究植物根系对土壤渗透能力的影响具有重要的理论和实际意义。

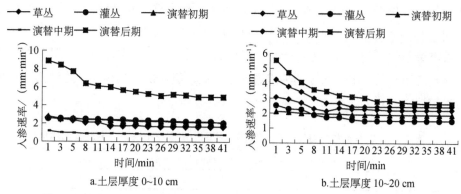

图 7-1　植苗造林植被恢复措施下不同演替序列不同土层厚度土壤入渗过程

图 7-1a、b 分别为植苗造林植被恢复措施下土层深度 0～10 cm 和 10～20 cm 的不同演替序列土壤入渗过程曲线。由图可知，不同演替阶段、不同土层深度土壤初始入渗速率均较高，而后开始降低，最后稳定在一个固定的水平上。但不同演替序列、不同土层厚度入渗特性存在一定差异，即：在土层厚度 0～10 cm 层中，演替后期的地表土壤达到稳渗时间最长，演替初期的土壤最短；在土层厚度 10～20 cm 层中，演替后期达到稳渗时间最长，需 29 min，而灌丛的土壤最短，只有 20 min（表 7-10）。

表 7-10　植苗造林植被恢复措施下不同演替序列土壤入渗特征

演替序列	土层厚度 0～10 cm			土层厚度 10～20 cm		
	初渗率/ (mm · min^{-1})	稳渗率/ (mm · min^{-1})	到达稳渗 需时/min	初渗率/ (mm · min^{-1})	稳渗率/ (mm · min^{-1})	到达稳渗 需时/min
草丛	2.474	1.649	35	3.809	2.435	26
灌丛	2.519	2.042	30	2.051	1.492	20
演替初期	2.619	2.121	20	2.363	1.885	23
演替中期	1.049	0.785	35	2.890	2.199	26
演替后期	8.338	4.830	38	4.771	2.631	29

土壤本身所具有的导水性能称为土壤入渗特性，是评价土壤水源涵养作用和抗侵蚀能力的重要指标，一般用稳渗率来反映。土壤稳渗率越大，表明其入渗能力越强。由表 7-10 可知，土壤 0～10 cm 层的土壤初渗率、稳渗率在不同演替序列间表现出如下大小关系，即演替后期>演替初期>灌丛>草丛>演替中期；土壤

10～20 cm 层的土壤初渗率、稳渗率在不同演替序列间表现出如下大小趋势，即演替后期>草丛>演替中期>演替初期>灌丛。演替后期的土壤 0～10 cm 层和 10～20 cm 层的初渗率分别为 8.338 mm/min 和 4.771 mm/min，稳渗率分别为 4.830 mm/min 和 2.631 mm/min。这说明到演替后期，随着植被对土壤结构的影响，土壤渗透条件得到改善，也可能与地表层的细根多集中分布在较浅土层和横向分布比较广泛有关。水分入渗初期渗透速率较高，但很快达到稳定，达到稳渗时间历时较短。

表 7-11　植苗造林措施下不同演替序列不同土层厚度土壤入渗方程模拟结果

演替序列	土层厚度/cm	Kostiakov 方程参数			Philip 方程参数			Horton 方程参数			
		a	b	R^2	S	A	R^2	f_c	f_o	k	R^2
草丛	0～10	2.788	0.150	0.909	1.360	2.720	0.807	1.649	2.474	0.051	0.865
	10～20	4.262	0.168	0.934	1.868	2.007	0.927	2.435	3.809	0.130	0.930
灌丛	0～10	2.677	0.051	0.735	0.479	0.958	0.544	2.042	2.519	0.014	0.717
	10～20	2.650	0.168	0.936	1.872	1.275	0.871	1.492	2.351	0.094	0.925
演替初期	0～10	2.706	0.067	0.594	0.771	1.542	0.646	2.121	2.619	0.052	0.834
	10～20	2.122	0.034	0.972	1.944	1.843	0.918	1.885	2.063	0.079	0.911
演替中期	0～10	1.144	0.090	0.934	0.441	0.882	0.934	0.785	1.049	0.091	0.830
	10～20	3.031	0.096	0.832	1.664	1.992	0.859	2.199	2.890	0.172	0.814
演替后期	0～10	9.597	0.184	0.961	5.450	10.900	0.866	4.830	8.338	0.082	0.883
	10～20	5.695	0.216	0.991	1.982	2.136	0.952	2.631	4.771	0.091	0.934

为了深入研究植苗造林植被恢复措施下，不同演替序列、不同土层深度土壤入渗特征，通过应用土壤入渗数据和相关拟合模型对土壤入渗过程进行拟合，得到 3 个土壤渗透模型的参数与 R^2 值，结果见表 7-11。由 R^2 值及回归方程显著性检验结果可知，Kostiakov 入渗模型、Philip 入渗模型和 Horton 模型均能很好地描述土壤入渗速率与入渗时间的关系，对实测渗透数据拟合程度较好，在本研究中具有良好的适用性。

Kostiakov 入渗模型中的参数 a 代表一个时段内平均入渗速率，受土壤密度、孔隙度影响较大；b 值的大小代表入渗速率随时间变化的程度，其值越大，则入渗速率随时间减少的程度越大。从表 7-11 可知，除乔木演替初期的土壤外，其他 4 个演替阶段 0～10 cm 层的 b 值均小于 10～20 cm 层，可见随着土层深度增加，土壤入渗率递增加快，说明了地表层在保持水分方面的重要性。各演替序列土壤

0～10 cm 层中，a 值在 1.144～9.597，b 值范围为 0.051～0.184；10～20 cm 层中，a 值在 2.122～5.695，b 值在 0.034～0.216；a 值和 b 值最小值均出现在演替初期的林地中，最大值均出现在演替后期的林地中。

Philip 拟合模型中，参数 S 是描述土壤入渗能力大小的有效指标，其值越大，入渗能力越强，反之相反。从表 7-11 可知，除演替后期的林地外，0～10 cm 层的其他林地土壤入渗能力均小于 10～20 cm 层。0～10 cm 层和 10～20 cm 层中，演替后期的土壤入渗能力最强，两个土层的 S 值分别为 5.450 和 1.982。

7.1.4.1.2　播种造林植被恢复措施下土壤入渗过程与特征

图 7-2a、b 分别为播种造林植被恢复措施下土层深度 0～10 cm 和 10～20 cm 的不同演替序列土壤入渗过程曲线。由图可知，播种造林植被恢复措施下的土壤入渗过程基本与植苗造林恢复措施下的土壤入渗过程相同。但是土层厚度 10～20 cm 层在前 8 min 的下降速度明显高于 0～10 cm 层。

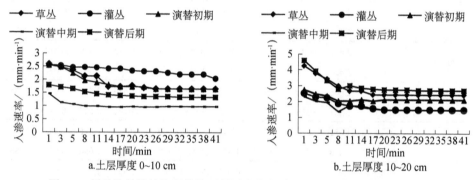

图 7-2　播种造林植被恢复措施下不同演替序列不同土层厚度土壤入渗过程

表 7-12　播种造林植被恢复措施下不同演替序列土壤入渗特征

演替序列	土层厚度 0～10 cm			土层厚度 10～20 cm		
	初渗率/ (mm・min^{-1})	稳渗率/ (mm・min^{-1})	到达稳渗 需时/min	初渗率/ (mm・min^{-1})	稳渗率/ (mm・min^{-1})	到达稳渗 需时/min
草丛	2.474	1.665	35	3.809	2.435	26
灌丛	2.519	2.042	38	2.351	1.492	20
演替初期	2.419	1.649	26	2.525	2.121	20
演替中期	1.215	0.982	23	2.090	1.477	17
演替后期	1.714	1.335	26	3.941	2.710	23

由表 7-12 可知，土壤 0～10 cm 层的土壤初渗率、稳渗率在不同演替序列间

表现出如下大小关系，即灌丛>草丛>演替初期>演替后期>演替中期；土壤 10～20 cm 层的土壤初渗率、稳渗率在不同演替序列间表现出如下大小趋势，即演替后期>草丛>演替初期>灌丛>演替中期。

为了深入研究播种造林植被恢复措施下，不同演替序列、不同土层深度土壤入渗特征，通过应用土壤入渗数据和相关拟合模型对土壤入渗过程进行拟合，得到 3 个土壤渗透模型的参数与 R^2 值，结果见表 7-13。由 R^2 值及回归方程显著性检验结果可知，Kostiakov 入渗模型、Philip 入渗模型和 Horton 模型均能很好地描述土壤入渗速率与入渗时间的关系，对实测渗透数据拟合程度较好，在本研究中具有良好的适用性。

表 7-13 播种造林植被恢复措施下不同演替序列不同土层厚度土壤入渗方程模拟结果

演替序列	土层厚度 /cm	Kostiakov 方程参数			Philip 方程参数			Horton 方程参数			
		a	b	R^2	S	A	R^2	f_c	f_0	k	R^2
草丛	0～10	2.788	−0.150	0.909	1.360	2.720	0.807	1.649	2.474	0.051	0.865
	10～20	4.262	−0.168	0.934	1.868	2.007	0.927	2.435	3.809	0.13	0.93
灌丛	0～10	2.677	−0.051	0.735	0.479	0.958	0.544	2.042	2.519	0.014	0.717
	10～20	2.650	−0.168	0.936	1.872	1.275	0.871	1.492	2.351	0.094	0.925
演替初期	0～10	2.666	−0.139	0.948	1.279	2.558	0.871	1.649	2.419	0.096	0.885
	10～20	2.581	−0.064	0.681	1.362	1.939	0.844	2.121	2.525	0.112	0.895
演替中期	0～10	1.283	−0.087	0.728	0.548	1.096	0.913	0.982	1.215	0.321	0.909
	10～20	2.233	−0.123	0.777	1.554	1.293	0.831	1.477	2.090	0.078	0.899
演替后期	0～10	1.791	−0.086	0.845	0.615	1.230	0.832	1.335	1.714	0.087	0.887
	10～20	4.293	−0.139	0.881	1.762	2.261	0.953	2.710	3.941	0.172	0.816

7.1.4.2 土壤入渗能力影响因素

土壤理化特征如土壤容重、土壤有机质、土壤孔隙尤其是非毛管孔隙的特性对土壤入渗影响较大。而在林地表层，土壤理化特征又与根系结构密切相关，二者都与土壤入渗有一定的联系。为了研究影响土壤入渗的因素，对调查的全部样地，选取有机质（X_1）、土壤容重（X_2）、毛管孔隙度（X_3）、非毛管孔隙度（X_4）、总孔隙度（X_5）、根体积密度（X_6）、比根长（X_7）、根表面积密度（X_8）作为影响土壤入渗性能的土壤和根系特征指标，选取初始入渗率（X_9）、稳渗率（X_{10}）、前 30 min 入渗量（X_{11}）为表征土壤入渗特征的指标。表 7-14 为土壤入渗特征值与土壤理化特征指标、根系结构指标相关关系分析结果。

表 7-14 土壤入渗性能与影响因素相关系数

指标	X_1	X_2	X_3	X_4	X_5	X_6	X_7	X_8
X_9	0.689**	-0.432	-0.792*	0.545*	-0.209	0.899**	0.209	0.956**
X_{10}	0.924**	-0.509	-0.524*	0.689*	-0.156	0.812**	0.466	0.901**
X_{11}	0.799**	-0.404	-0.509*	0.588*	-0.287	0.900**	0.212	0.902**

注：*表示相关性达显著水平（$P<0.05$）；**表示相关性达极显著水平（$P<0.01$）。

由表 7-14 知，除总孔隙度、土壤容重、根质量密度外，其他 5 个指标均与土壤入渗特性存在显著（$P<0.05$）或极显著（$P<0.01$）的相关关系，其中土壤有机质与初始入渗率、稳渗率、前 30 min 入渗量均呈现极显著（$P<0.01$）正相关关系，即土壤有机质越高，土壤入渗性能越好。其实，土壤有机质本身并不直接对土壤入渗产生作用，而是通过改变土壤团聚体、孔隙度的形成而间接影响土壤入渗性能。

土壤容重和总孔隙度均与 3 个表征土壤渗透性能的指标存在负相关关系，但均未达到显著水平（$P>0.05$）。土壤容重反映的是土壤总孔隙度，其值越小，土壤越松散，渗透性能越强。毛管孔隙度与初始入渗率、稳渗率、前 30 min 入渗量均呈显著的负相关关系（$P<0.05$），相关系数分别为-0.792、-0.524 和-0.509；土壤的非毛管孔隙度与土壤稳渗速率成极显著地正相关关系已经得到大部分数据的支持（张治伟等，2010；张黎等，2009），本研究也得到这样的结论，即非毛管孔隙度与 3 个土壤渗透性能指标均呈显著的正相关关系（$P<0.05$），相关系数分别为 0.545、0.689 和 0.588。而非毛管孔隙度反映的是土壤大孔隙，其导水能力远远大于毛管孔隙度，是土壤水分渗透的主要通道，与土壤渗透具有直接的关系。

从表 7-14 可知，除比根长外，根表面积密度和根体积密度均与初始入渗率、稳渗率、前 30 min 入渗量呈极显著的正相关关系（$P<0.01$）。地表层的根系大部分为 $D<2$ mm 的细根，细根的分解速度要大于凋落物的分解速度，细根的分解可以通过提高土壤通透力、增加土壤生物活性物质等途径改善土壤性质，进而影响植被生长的微环境。细根一方面可以通过交错穿插，改善土壤结构，降低土壤密度大小，另一方面通过快速生产力中周转，增加土壤有机质含量，进而促进土壤团聚体的形成，最终改善土壤理化性质，提高土壤渗透能力。

从土壤入渗影响因素与土壤入渗特征值相关分析结果，我们仅知土壤入渗性能与哪些指标存在关联，但无法弄清影响因素对土壤入渗产生作用的大小关系。典型相关分析能将指标分类统一化,用从两组变量之间分别提取的主成分的相关性来描述两组变量整体的相关关系。因此,本研究采用典型相关分析方法分析土壤入渗性能、土壤理化性质、根系结构三者的交互影响机制,结果见表 7-15。

表 7-15　土壤理化性质、根系结构、土壤渗透特征典型相关分析结果

典型相关 与变量	变量组负荷系数	典型 向量	典型相关系数	P 值
土壤理化性质 U_1 与 根系结构 V_1	$U_1=-0.411X_6-0.709X_7-0.409X_8$ $V_1=-0.646X_1+0.106X_2-0.119X_3+0.131X_4-0.015X_5$	1	0.976	0.023
	$U_1=0.542X_6-0.134X_7+0.431X_8$ $V_1=0.112X_1-0.206X_2-0.511X_3+0.378X_4-0.516X_5$	2	0.809	0.196
土壤理化性质 U_2 与 土壤渗透特征 V_2	$U_2=-0.321X_1+0.112X_2-0.510X_3+0.611X_4+0.307X_5$ $V_2=-0.901X_6-0.341X_7-0.981X_8$	1	0.941	0.028
	$U_2=-0.112X_1+0.221X_2+0.651X_3-0.102X_4+0.221X_5$ $V_2=-0.491X_6-0.285X_7-0.444X_8$	2	0.788	0.317
土壤渗透特征 U_3 与 根系结构 V_3	$U_3=-0.590X_6+0.112X_7-0.666X_8$ $V_3=-0.698X_9-0.431X_{10}-0.890X_{11}$	1	0.912	0.005
	$U_3=-0.268X_6+0.234X_7-0.342X_8$ $V_3=-0.234X_9-0.322X_{10}-0.121X_{11}$	2	0.815	0.107

从表 7-15 可知,3 个典型变量组第 1 对典型向量的典型相关系数分别为 0.976、0.941、0.912,卡方检验表明,土壤理化特征与根系结构、土壤渗透特征的相关关系达到显著水平($P<0.05$),而土壤渗透特征与根系结构相关关系呈极显著水平($P<0.01$);第 2 对典型相关关系均未达到显著水平。从第 1 组典型相关变量第 1 对变量组负荷系数可以看出,对土壤理化特征反应敏感的指标为比根长,其负荷系数绝对值为 0.709;对根系结构影响最大的土壤理化指标为土壤有机质含量,其负荷系数绝对值为 0.646。从第 2 组典型相关变量第 1 对变量组负荷系数可以看出,对土壤渗透特性影响最大的土壤理化指标为非毛管孔隙度(0.611),而对土壤理化性质反应敏感的土壤渗透指标为稳渗率(0.901)。从第 3 组典型相关变量第 1 对变量组负荷系数知,对土壤渗透特性影响最大的根系结构指标为根表面积密度(0.666),其次为根体积密度(0.590),而对根系结构具有指示作用的土壤渗透指标为土壤初始入渗率(0.890),其次为前 30 min 入渗量(0.698)。因此,对土壤渗透能力反映较为敏感的指标分别为非毛管孔隙度和根表面积密度。

7.2　不同演替阶段土壤化学特性变化规律

7.2.1　土壤 pH 值

土壤的酸碱性反应的是土壤的重要属性，以 pH 值表示。土壤的酸碱性直接影响着土壤中许多物理的、化学的及生物学的过程和性质，而土壤 pH 值的变化，会随着植被类型的不同和人为干扰强度有所变化。

从图 7-3 可以看出，在植苗造林和播种造林植被恢复措施下，除草丛外，pH 值总体随植被的正向演替而逐渐降低。随着演替的进行，pH 值在植苗造林和播种造林植被恢复措施下均呈逐渐减小趋势，植苗造林植被恢复措施下减少幅度较大。在植苗造林植被恢复措施下，随着植被的正向演替，除了在演替初期外，地表 10～20 cm 土层的 pH 值均大于 0～10 cm 土层的 pH 值；在播种造林植被恢复措施下，随着植被的正向演替，除了演替后期外，地表 10～20 cm 土层的 pH 值均大于 0～10 cm 土层的 pH 值。

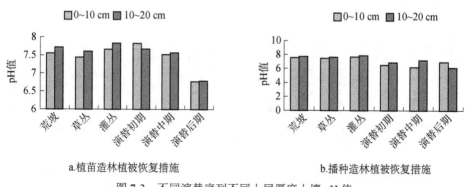

a.植苗造林植被恢复措施　　　　　　b.播种造林植被恢复措施

图 7-3　不同演替序列不同土层厚度土壤 pH 值

从不同植被恢复措施下不同演替序列土层厚度 0～20 cm 土壤 pH 值的平均值可知，植苗造林植被恢复措施下 pH 值均高于处于相同演替阶段播种造林植被恢复措施下的 pH 值。土壤 pH 值也是影响植物群落分布和物种多样性的一个重要因子，本研究中地表灌木和草本的种类及丰富度分布一定程度上受到土壤 pH 值的影响，在一些土壤 pH 值较低的地段，针叶树种分布较多，而在土壤 pH 值较高的地段，地表灌木、草本种类及数量下降。随着演替的正向进行，植被产生更多的凋落物，而大量凋落物分解产生较多的 CO_2 和有机酸，降低了土壤 pH 值，特别是在植苗造林的乔木演替阶段，土壤环境湿度增大，所产生的大量针叶凋落物易被降解，进而产生较多的酸性物质，pH 值逐渐降低。

7.2.2 土壤有机质

从图 7-4 可以看出，整体而言，植被演替到顶级群落时各个土层有机质含量均有显著提高。土层厚度 0～10 cm 的土壤有机质含量逐步增高，到演替后期达到最大值，而土层厚度 10～20 cm 的土壤有机质含量呈先增大后减小的趋势。这说明，随着植被恢复，土壤状况得到有效改善，但主要体现在土壤表层。从土壤有机质的垂直分布来看，所有演替阶段均呈现：土壤表层 0～10 cm 的土壤有机质含量大于 10～20 cm 的土壤有机质含量。显著性检验结果表明，植苗造林和播种造林植被恢复措施下的乔木演替序列中，有机质含量在不同土层都表现出显著性差异，这是由于凋落物主要在土壤表层聚集分解，表现出明显的表聚性，导致有机质含量在土壤上层大于下层。

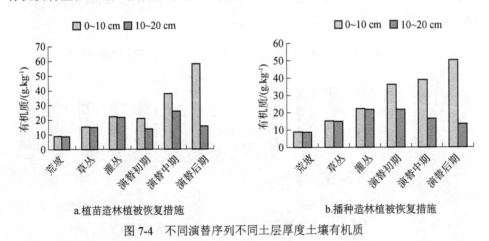

a.植苗造林植被恢复措施   b.播种造林植被恢复措施

图 7-4 不同演替序列不同土层厚度土壤有机质

7.2.3 土壤全 N、全 P、全 K

7.2.3.1 土壤全 N

由图 7-5 可见，随着植被正向演替，整体上土壤表层 0～10 cm 土壤全 N 含量呈现逐渐上升的趋势，这和土壤 pH 值呈相反的趋势，与土壤有机质变化规律基本一致。

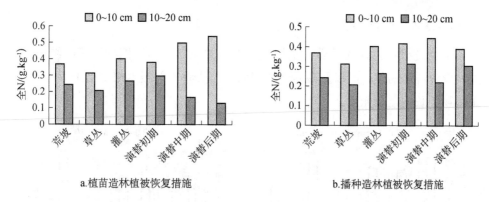

a.植苗造林植被恢复措施　　　　　　　b.播种造林植被恢复措施

图 7-5　不同演替序列不同土层厚度土壤全 N

土壤中 N 的含量随演替进程持续增加，主要原因有以下几点：①凋落物的归还。自然森林生态系统的土壤中，N 的最主要来源是凋落物的归还。凋落物的量和分解速率是决定土壤 N 含量的重要因素。随着演替正向进展，凋落物输入到土壤中的 N 随之逐渐增多，分解速率也逐渐增大。②N 沉降。除了植被凋落物的归还以外，大气 N 沉降是森林土壤 N 的另一个重要来源。

7.2.3.2　土壤全 P

由图 7-6 可见，同一土层各演替阶段土壤全 P 均随群落演替进程呈现不规则的变动规律，但是有一点规律是相同的，即全 P 含量随土壤深度的增加而迅速降低，表层全 P 远高于下层，具有生物表聚现象。

在植苗造林植被恢复措施下，在土壤 0～10 cm 和 10～20 cm 土层中，全 P 含量分别以灌丛和演替后期最为丰富，最低分别出现在乔木演替初期和演替中期；在播种造林植被恢复措施下，在土壤 0～10 cm 和 10～20 cm 土层中，全 P 含量分别以灌丛和演替中期最为丰富，最低值分别出现在演替中期和草丛演替阶段。

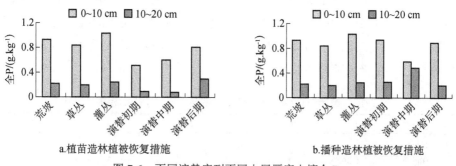

a.植苗造林植被恢复措施　　　　　　　b.播种造林植被恢复措施

图 7-6　不同演替序列不同土层厚度土壤全 P

7.2.3.3 土壤全 K

土壤是植物生存的基质，土壤理化性质的差异会影响植物群落的结构和功能，导致群落物种组成以及多样性的变化。土壤全 K 的根本来源是土壤母质，K 是植物生长的重要元素。

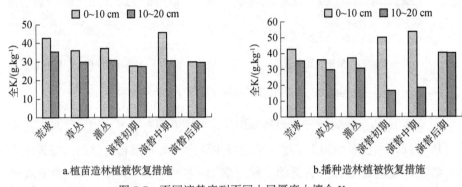

a.植苗造林植被恢复措施   b.播种造林植被恢复措施

图 7-7　不同演替序列不同土层厚度土壤全 K

如图 7-7 所示，各恢复阶段土壤全 K 含量呈现无规律性变化。由于 K 在凋落物中的含量很低，它们对土壤中总 K 量的影响也很小，这使得土壤总 K 量主要取决于它们在矿质层中的含量，而研究区母质基本相同，故含量变化较小。不同植被恢复措施下，全 K 在演替中期土壤 0～10 cm 土层的含量均高于其他演替阶段与 10～20 cm 土层的各演替阶段。

7.2.4　土壤养分指标间的相关性

从表 7-16 和表 7-17 可知，对土壤有机质与土壤 pH 值、全 N、全 P、全 K 的相关分析表明，不同植被恢复措施植被土壤有机质与土壤全 N、全 P、全 K 的相关性并不一致。在植苗造林恢复措施下，土壤有机质与土壤全 N 的相关性达到显著水平（$0.01<P<0.05$），相关系数为 0.642，呈现出明显的线性正相关关系。在播种造林恢复措施下，土壤有机质和土壤全 N 呈极显著相关关系（$P<0.01$），pH 值与全 K 呈极显著相关关系。

表 7-16　植苗造林植被恢复措施下主要土壤化学指标相关性分析

指标	pH 值	有机质	全 N	全 P	全 K
pH 值	1				
有机质	−0.308	1			
全 N	−0.168	0.642*	1		

续表

指标	pH 值	有机质	全 N	全 P	全 K
全 P	−0.247	−0.111	0.083	1	
全 K	−0.188	−0.278	−0.393	0.174	1

注：*表示显著性检验水平为 0.01<*P*<0.05；**表示显著性检验水平为 *P*<0.01。

上述分析结果一定程度上揭示了土壤全 N、全 P、全 K 的来源，若主要来源于土壤有机质的分解，则相关性显著，若部分或主要来源于成土母质，或受人为干扰和以土壤表层枯落物的分解的形式进入土壤，则相关性不明显。太行山低山丘陵区为造林困难地区，在植苗造林和播种造林植被恢复措施下中，土壤有机质和全 N 呈现极显著相关关系，这从一定程度上说明，有机质的分解是该林分土壤全 N 的主要来源。

表 7-17 播种造林植被恢复措施下主要土壤化学指标相关性分析

指标	pH 值	有机质	全 N	全 P	全 K
pH 值	1				
有机质	−0.116	1			
全 N	0.114	0.734**	1		
全 P	−0.358	−0.322	−0.259	1	
全 K	−0.546**	−0.075	−0.230	0.240	1

注：**表示显著性检验水平为 *P*<0.01。

7.3 播种造林和植苗造林植被土壤发育质量数量化评价

7.3.1 土壤发育综合评价指数的建立

目前，国际上比较流行的土壤质量评价方法有多变量指标克立格法、动力学方法、综合评分法、相对评价法等。在土壤质量定量化评价中经常使用的数学方法包括评分法、分等定级法、综合指数法、模糊评判法、聚类分析法以及地统计学方法等（刘世梁等，2006）。本研究在综合分析土壤发育各种方法优缺点，以及前面研究结果的基础上，用综合指数方法综合集成了土壤发育各个指标因子，并定义了土壤发育综合评价指数。

土壤发育综合评价指数（SDI）是评价植被恢复过程中的土壤发育动态变化的综合指标。定义土壤发育综合评价指数为：

$$SDI = \sum_{i=1}^{n} m_i W_i \qquad\qquad (7.4)$$

式中：m_i 和 W_i 分别表示第 i 种土壤发育指标所对应的归一化数值和权重系数；n 为参评因子数。

对于分类指标如土壤类型等，先进行定性指标定量化处理；对于数量化指标，对属于越大越优型指标，直接进行极大值标准化，对越小越优型指标，先进行倒数化处理后，再进行极大值标准化。这里的极大值，我们采用样地测定指标最大值。在归一化过程中，隶属度函数转折点的取值直接决定最后结果，由于研究者的目的不同，因此转折点的取值甚至评价因子的选取不尽相同。因为我们主要是考虑土壤发育与植被演替的关系，因此，我们采用极大值归一化的方法。上述指标处理方法，可以避免普遍采用的隶属度方法的缺陷，即人为确定隶属函数转折点取值。

由于各个土壤发育评价指标的重要性不同，故需引入权重系数来加权求和。这里我们利用主成分分析法来计算公因子方差，进一步计算各个公因子方差占公因子方差总和的比例，该比例即为权重系数，结果见表 7-18。

表 7-18　各样地土壤发育综合评价指标标准化数值及权重系数

样地号	pH 值	有机质	全 N	全 P	全 K	土壤容重	土壤饱和持水率	总孔隙度	SDI
1	0.688	0.382	0.638	0.240	0.503	0.756	0.479	0.445	0.518
2	0.677	0.204	0.405	0.351	0.728	0.750	0.498	0.527	0.512
3	0.673	0.059	0.379	0.267	0.679	0.756	0.497	0.457	0.565
4	0.755	1.000	0.749	0.336	0.562	0.703	0.572	0.487	0.651
5	0.684	0.529	0.113	0.337	0.492	0.587	0.554	0.403	0.468
6	0.765	0.536	0.395	0.273	0.801	0.667	0.461	0.376	0.624
7	0.755	0.317	0.583	0.255	0.577	0.644	0.610	0.472	0.526
8	0.670	0.578	0.638	0.231	0.565	0.842	0.504	0.493	0.571
9	0.677	0.360	0.700	0.198	0.418	0.659	0.608	0.473	0.519
10	0.689	0.362	0.486	0.281	0.611	0.726	0.401	0.433	0.494
11	0.656	0.223	0.511	0.262	0.489	0.798	0.385	0.376	0.460
12	0.904	0.225	0.445	0.680	0.755	0.852	0.589	0.609	0.622
13	1.000	0.103	0.355	0.425	0.751	0.819	0.633	0.649	0.687
14	0.687	0.827	1.000	0.287	0.455	0.674	0.621	0.514	0.641
15	0.668	0.314	0.370	0.224	0.540	0.853	0.687	0.705	0.563
16	0.998	0.331	0.365	0.416	0.691	0.677	0.672	0.554	0.583
17	0.687	0.548	0.731	0.567	0.611	0.667	0.650	0.557	0.625

样地号	pH值	有机质	全N	全P	全K	土壤容重	土壤饱和持水率	总孔隙度	SDI
18	0.733	0.730	0.768	0.365	0.541	0.727	0.690	0.588	0.751
19	0.947	0.213	0.379	0.443	0.886	0.906	0.754	0.833	0.672
20	0.793	0.495	0.613	0.645	0.841	0.881	0.751	0.823	0.632
21	0.760	0.618	0.727	0.415	0.492	0.739	0.939	0.846	0.714
22	0.721	0.550	0.656	0.406	0.922	0.830	0.927	0.950	0.757
23	0.989	0.458	0.346	0.595	0.657	0.821	0.925	1.000	0.742
24	0.811	0.345	0.346	0.437	0.583	0.745	0.497	0.541	0.537
25	0.669	0.202	0.493	0.190	1.000	0.778	0.687	0.654	0.580
26	0.749	0.330	0.411	0.310	0.872	0.789	0.828	0.794	0.643
27	0.945	0.567	0.630	0.272	0.852	0.798	0.810	0.797	0.715
28	0.686	0.410	0.559	0.345	0.765	0.837	0.356	0.364	0.627
29	0.772	0.394	0.397	1.000	0.883	0.727	0.690	0.588	0.763
30	0.972	0.370	0.266	0.672	0.733	0.587	1.000	0.711	0.565
31	0.814	0.236	0.484	0.625	0.609	0.767	0.428	0.395	0.530
32	0.664	0.269	0.259	0.354	0.614	0.844	0.356	0.304	0.450
33	0.642	0.190	0.194	0.258	0.764	0.730	0.655	0.587	0.506
34	0.654	0.255	0.380	0.235	0.536	0.798	0.286	0.336	0.440
40	0.745	0.244	0.419	0.616	0.603	0.753	0.897	0.834	0.451
42	0.649	0.217	0.242	0.481	0.773	0.775	0.347	0.331	0.460
46	0.674	0.684	0.559	0.315	0.540	0.793	0.845	0.826	0.479
50	0.687	0.370	0.628	0.337	0.572	1.000	0.514	0.615	0.598
52	0.717	0.089	0.453	0.573	0.658	0.650	0.257	0.290	0.436
53	0.667	0.202	0.575	0.483	0.850	0.590	0.207	0.272	0.429
权重系数	0.111	0.137	0.114	0.103	0.088	0.141	0.146	0.159	—

7.3.2 播种造林和植苗造林植被土壤发育综合评价指数

为了验证本研究所建立的土壤发育评价模型的适用性，本研究采用全部 40 块样地的 8 个土壤发育因子来计算 SDI。

基于前面章节的研究结果，选取表征土壤发育特征的 8 个土壤物理、化学特性指标，分别为 pH 值、有机质、全 N、全 P、全 K、土壤容重、土壤饱和持水率和土壤总孔隙度作为土壤发育评价的指标体系，采用极大值标准化方法进行标准化，各样地标准化后的数据见表 7-18。用 SPSS19.0 对所选取的 8 个土壤质量评价指标进行主成分分析，计算得出各成分的公因子方差，进而求各成分占公因子方差和的比例，即为权重系数，结果如表 7-18 所示。

依据表 7-18 的各样地标准化数据和权重系数，利用公式（7.4）可以计算出各样地的土壤发育综合评价指数，同时按不同植被恢复措施和不同演替阶段计算其平均值，并进行差异性显著检验，结果见图 7-8。

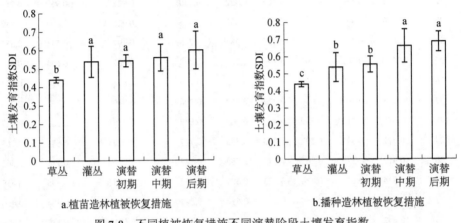

a.植苗造林植被恢复措施　　　　　　b.播种造林植被恢复措施

图 7-8　不同植被恢复措施不同演替阶段土壤发育指数

对土壤发育指数的计算结果表明，从草丛到乔木演替稳定期，不同植被恢复措施下，各演替阶段的土壤发育指数平均值逐步增加，这说明植被的改善，有效地改善了土壤发育状况。但在植苗造林植被恢复措施下，从灌丛演替阶段开始，各演替阶段的土壤发育综合评价指数（SDI）差异不显著（$P>0.05$）。而播种造林植被恢复措施下，乔木演替后期和演替中期之间 SDI 差异不显著（$P>0.05$）。但两个演替阶段的 SDI 均显著高于乔木演替初期、灌丛和草丛演替阶段的 SDI（$P<0.05$），灌丛演替阶段的 SDI 显著高于草丛演替阶段的 SDI（$P<0.05$）。

从图 7-9 可知，虽然在演替初期，播种造林植被恢复措施下的土壤发育综合评价指数（SDI）与植苗造林植被恢复措施下的 SDI 相差不大，但是总体来看，播种植被恢复措施下的土壤发育综合评价指数（SDI）指标值均高于植苗造林植被恢复措施下的 SDI 数值，其中，演替中期和演替后期 SDI 存在显著差异（$P<0.05$）。这说明播种造林所形成的植被促进了土壤发育，其促进作用比植苗造林所形成的植被类型要明显。

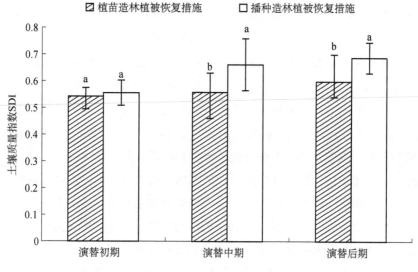

图 7-9　不同植被恢复措施下土壤发育指数

7.4　小结与讨论

（1）国内外大量研究表明（刘鸿雁等，2005；M. M. Johnannes，2000；周会萍等，2010），在植被进展演替过程中，土壤物理性状得到改善，土壤容重降低，土壤孔隙度也下降。本研究发现，随着演替的正向进行，植苗造林和播种造林两种植被恢复措施下的土壤容重和土壤孔隙度均逐渐减少，最小值出现在演替后期，这与前人研究结果基本一致。在演替初期，土壤沙化严重，而到演替后期，土壤有机质增加，土壤更加紧实；在相同演替序列下，播种造林植被恢复措施下，演替初期、中期的土壤毛管孔隙度和土壤总孔隙度均显著高于植苗造林植被恢复措施下的相应孔隙度指标，而演替后期的两种植被恢复措施下的土壤孔隙度指标值差异不大。

（2）在植苗造林植被恢复措施下，随着演替正向进行，土壤饱和持水率、毛管持水率和田间持水率均呈显著增加趋势，演替中、后期与演替初期有显著差异；而在播种造林植被恢复措施下，随着演替正向进行，土壤饱和持水率、毛管持水率和田间持水率呈下降趋势，土壤饱和持水量、非毛管持水量和毛管持水量均呈增加趋势，这说明植被演替过程中，林下土壤结构明显改善、持水性能上升，导致土壤透水、透肥、保持水土与蓄水能力增强，同时，枯枝落叶和有机质的增加，有利于增强土壤持水能力。研究还发现，相同演替序列的播种造林植被恢复措施下土壤持水量均高于植苗造林植被恢复下的土壤持水量。

（3）前人对土壤入渗性能影响因素的研究（张治伟等，2009；吕刚等，2008；许松葵等，2010），主要分析土壤密度、含水率及土壤质地，较少涉及根系结构指标；在分析方法上，主要采用相关系数、主成分分析等，未见采用典型相关分析方法。本研究发现，土壤有机质与土壤初始入渗率、稳渗率、前 30 min 入渗量均呈现极显著正相关关系。土壤有机质本身并不直接对土壤入渗产生作用，而是通过改变土壤团聚体、孔隙度的形成间接影响土壤入渗性能。土壤容重和总孔隙度均与初始入渗率、稳渗率、前 30 min 入渗量存在负相关关系。土壤容重反映的是土壤总孔隙度，其值越小，土壤越松散，渗透性能越强。Kostiakov、Philip 和 Horton 入渗模型均能很好描述土壤入渗速率与时间的关系，适合在本地区及相似地区应用。土壤渗透性受土壤质地、结构、盐分含量和湿度等指标的影响。土壤渗透性能的好坏，不仅影响地表径流和土壤流失情况，还影响下层水分贮量和土壤的蓄水保水效果。本研究发现，对土壤渗透能力反映较为敏感的指标分别为非毛管孔隙度和根表面积密度，这与相关研究结论一致（杜峰等，2005），即土壤的渗透性能主要取决于非毛管孔隙，非毛管孔隙中滞带的重力水在调节土壤蓄水能力方面具有更为重要的作用，其代表土壤大孔隙是土壤水分渗流的主要通道，与土壤入渗能力直接相关。

（4）随着演替的进行，pH 值在植苗造林和播种造林植被恢复措施下均呈逐渐减小趋势，其中植苗造林植被恢复措施下的减少幅度较大，这可能是植被环境向阴湿方向变化，使得土壤中更多的微生物能够存活，微生物分解凋落物的同时释放出更多的 CO_2 和有机酸，导致其 pH 值下降（K. Liu et al.，2010；P. Merilä et al.，2010）。植苗造林植被恢复措施下，pH 值均高于处于相同演替阶段的播种造林植被恢复措施下的土壤 pH 值。在演替初期，播种造林植被恢复措施下，土壤 0～20 cm 土壤有机质含量高于植苗造林土壤 0～20 cm 土壤有机质含量。但是到了演替中、后期，植苗造林植被恢复措施下林下土壤有机质含量比播种造林植被恢复措施略微增加。随着植被正向演替，土壤表层 0～10 cm 土壤全 N 含量呈现逐渐上升的趋势，这和土壤 pH 值呈相反的趋势，与土壤有机质变化规律基本一致，即土壤中全 N 含量随演替进行而持续增加。

（5）基于相关分析、主成分分析和综合指数法，选取表征土壤发育特征的 8 个土壤物理、化学特性指标，分别为土壤 pH 值、土壤有机质、土壤全 N、土壤全 P、土壤全 K、土壤容重、土壤饱和持水率和土壤总孔隙度组成土壤发育综合评价指标体系，建立了表征土壤发育特征的土壤发育综合评价指数（SDI）。对土壤发育综合评价指数的计算结果表明，从草丛到乔木演替后期，不同植被恢复措施下，各演替阶段的土壤发育指数均呈逐步增加的趋势，这说明植被的改善，有效地改善了土壤发育状况。不同植被恢复措施土壤发育综合评价指数对比结果表明，播种造林植被恢复措施下的土壤发育综合评价指数（SDI）指标值均高于植苗造林植被恢复措施下的 SDI 数值，其中，演替中期和演替后期 SDI 存在显著差异。这说明播种造林所形成的植被促进了土壤发育，其促进作用比植苗造林所形成的植被类型要明显。

8
植被与土壤协同恢复机制的数量化研究

8.1 物种多样性与土壤发育因子的数量化耦合

8.1.1 研究方法

排序常常用来研究群落与环境之间的关系，相关研究大多应用物种重要值来代表群落结构，用地形、土壤等生态环境因子代表环境（尹锴等，2009）。本研究采用综合程度更高的物种多样性指标来描述植被特征。物种多样性是基于重要值计算而来的，具有较强的综合性和代表性。土壤作为植物生长的重要物质基础，其物理、化学性质的不同，土壤母质的不同，都可能影响生长于其中的植物，最终会影响到物种多样性。

本研究中所涉及的植物多样性计算均基于重要值方法，选取灌木和草本物种丰富度指数（S）、Simpson 多样性指数（C）、Shannon-Wiener 指数（H）和 Pielou 均匀度指数（E）作为灌木层和草本层的植物物种多样性的测度指标，同时统计灌木层和草本层植被盖度，共计 10 个指标作为植物多样性特征评价指标。植苗造林植被恢复措施下共选择 12 块样地数据，播种造林植被恢复措施下共选择 16 块样地数据。

RDA 分析，即冗余分析。对比主成分分析可以发现，其实冗余分析就是约束化的主成分分析。PCA 和 RDA 的目的都是寻找新的变量来代替原来的变量，它们的主要区别在于后者样方在排序图中的坐标是环境因子的线性组合。RDA 的优点就是考虑了环境因子对样方的影响，因为有些时候我们想得到在某些特定条件限制下（如海拔、pH 值、酸碱度、疾病组与健康组等）物种的分布；可以得到哪些物种受特定的环境因子影响；可以得到如某些植被是受海拔高度影响，某些菌受 pH 值的影响等。在统计学中，冗余分析是通过原始变量与典型变量之间的相关性，分析引起原始变量变异的原因。以原始变量为因变量，典型变量为自变量，建立线性回归模型，则相应的确定系数等于因变量与典型变量间相关系数的平方。它描述了因变量和典型变量的线性关系引起的因变量变异在因变量总变异中的比例。

本研究采用 RDA 分析方法研究物种多样性特征与土壤发育因子之间的关系。因为各指标量纲不同，因此在进行 RDA 分析之前，对所有原始数据均进行对数转换。变量的显著性经过 499 次的 Monte Carlo 检验。

RDA 分析和作图软件选用国际通用软件 CANOCO4.5。物种多样性指标与土壤发育指标的回归分析采用双重筛选逐步回归分析方法，软件版本为 SPSS 19.0。

8.1.2 植苗造林条件下物种多样性与土壤发育因子的耦合关系

8.1.2.1 基于 RDA 分析的土壤发育因子提取

本研究中，物种多样性特征与环境变量之间的关系研究采用 RDA 分析方法，变量的显著性经过 499 次的 Monte Carlo 检验,结果对植苗造林植被恢复措施下 9 个土壤发育因子变量进行了量化统计。表 8-1 为土壤发育因子变量在 RDA 分析中的前瞻选择特征结果。从表可以看出，9 个土壤发育因子变量的膨胀系数均小于 20，且在此 9 个变量当中特征值大于 0.10 的有 4 个，分别为土壤 pH 值、土壤有机质、土壤全 N 和土壤全 P，且均达到 0.05 显著性水平。

表 8-1 土壤发育因子变量在 RDA 分析中的前瞻选择特征

变量名	均值	膨胀系数	特征根	P
pH 值	−0.106	4.163	0.270	0.004
有机质	−0.015	2.920	0.120	0.006
全 N	−0.096	4.921	0.110	0.014
全 P	−0.270	6.099	0.140	0.044
全 K	0.108	1.911	0.060	0.004
土壤容重	−0.270	16.645	0.060	0.004
土壤田间持水率	0.030	16.223	0.050	0.041
非毛管孔隙度	−0.084	8.474	0.050	0.012
毛管孔隙度	−0.053	17.447	0.040	0.004

8.1.2.2 物种多样性与土壤因子的 RDA 排序

利用 12 块样地的灌木物种丰富度指数（GS）、草本物种丰富度指数（CS），灌木 Simpson 多样性指数（GC）、草本 Simpson 多样性指数（CC），灌木 Shannon-Wiener 指数（GH）、草本 Shannon-Wiener 指数（CH），灌木 Pielou 均匀度指数（GE）、草本 Pielou 均匀度指数（CE），灌木盖度（GHC）和草本盖度（CHC）等 10 个因子，共同组成一个物种多样性矩阵（$X_{10} \times 12$）。土壤因子选取 pH 值、土壤有机质、全 N、全 P、全 K、土壤容重、土壤田间持水率、非毛管孔隙度和毛管孔隙度等 9 个因子。

从表 8-2 可以看出，对 4 个轴与土壤因子关系的 Monte Carlo 检验结果显示，排序轴与土壤因子呈极显著相关关系（$P=0.004$）。前 4 轴物种与环境因子之间的相关系数分别为 0.998、0.944、0.995 和 0.924，可以分别解释物种数据变化的 41.5%、20.4%、11.7%和 7.8%，4 轴可解释物种总变化的 81.4%。因此，基于 RDA 排序是描述物种多样性与土壤环境的有效方法。

由表 8-2 和图 8-1 可知，通过 RDA 排序，与第 1 排序轴相关性最高的是土壤有机质，相关系数为 0.788，其次为土壤容重，相关系数为 0.746；与第 2 排序轴相关性最高的为土壤全 N，相关系数为-0.678，其次为土壤田间持水率，相关系数为 0.505；与第 3 轴相关性最高的为毛管孔隙度，相关系数为 0.560。

表 8-2　RDA 排序结果

变量	AX_1	AX_2	AX_3	AX_4
pH 值	0.279	−0.202	−0.139	0.422
有机质	0.788	−0.027	0.406	−0.469
全 N	0.066	−0.678	0.214	0.132
全 P	−0.068	0.118	0.112	−0.674
全 K	−0.173	0.161	0.073	0.528
土壤容重	0.746	−0.260	0.288	0.419
土壤田间持水率	−0.325	0.505	0.481	0.233
非毛管孔隙度	0.222	0.398	0.317	0.090
毛管孔隙度	0.147	0.320	0.560	0.449
物种多样性与土壤因子相关系数	0.998	0.944	0.995	0.924
物种多样性数据变化的比例/%	41.5	20.4	11.7	7.8
物种多样性与土壤因子关系的累积比例/%	46.3	69.2	82.3	91.0
Morte Carlo 检验结果	$P=0.004$			

从 RDA 排序图及相关分析结果（表 8-3 和图 8-1）可以看出，在植苗造林恢

复措施下，选取的土壤因子 pH 值、全 P、全 K、非毛管孔隙度和毛管孔隙度等指标与物种多样性指标均无显著相关关系（*P*>0.05），而且，草本植物多样性指数与土壤养分指标没有相关关系，但是与土壤容重和土壤田间持水率等土壤物理特性指标存在显著的相关关系（*P*<0.05）。

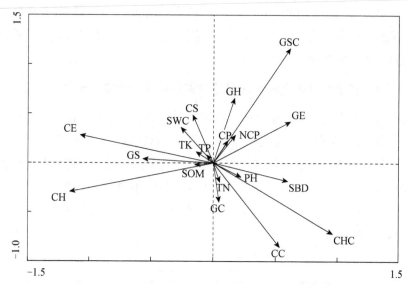

图 8-1　物种多样性与土壤发育因子的 RDA 二维排序图

注：GH——灌木 Shannon-Wiener 指数；GS——物种丰富度指数；GC——灌木 Simpson 多样性指数；GE——灌木 Pielou 均匀度指数；GHC——灌木盖度；CH——草本 Shannon-Wiener 指数；CS——草本物种丰富度指数；CC——草本 Simpson 多样性指数；CE——草本 Pielou 均匀度指数；CHC——草本盖度；pH 值——土壤 pH 值；SOM——土壤有机质；TN——全 N；TP——全 P；TK——全 K；SBD——土壤容重；SWC——土壤田间持水率；NCP——非毛管孔隙度；CP——毛管孔隙度

表 8-3　主要土壤发育因子与物种多样性指标相关系数

变量	pH 值	SOM	TN	TP	TK	SBD	SWC
GH	0.325	0.663*	0.615*	−0.636*	0.397	0.294	0.194
GE	0.405	−0.007	0.077	−0.253	0.038	0.415	0.165
GS	0.002	0.110	0.193	−0.184	0.624	0.034	0.542*
CH	−0.121	0.153	−0.013	−0.097	0.116	−0.551	0.244
CE	−0.271	0.001	−0.333	0.084	0.059	−0.855**	0.102
CS	0.148	0.247	0.012	−0.339	0.110	−0.190	−0.262

注：*表示相关性达显著水平（*P*<0.05）；**表示相关性达极显著水平（*P*<0.01）。

　　根据排序结果，选取与排序轴相关关系较大的土壤因子指标和物种多样性指标，计算其相关系数并进行显著性检验，结果见表 8-3。结果表明，植苗造林植被恢复措施下，灌木 Shannon-Wiener 指数与土壤有机质、全 N 和全 P 存在显著的相关关系（$P<0.05$）；草本均匀度指数与土壤容重存在显著的负相关关系（$P<0.05$）；灌木丰富度与土壤田间持水率存在显著的正相关关系（$P<0.05$）。由此可见，不同的植被恢复措施的物种多样性指数与土壤之间的关系并不相同，必然存在不同的协同演替进程。但是有一点结论可以确定，就是物种多样性与土壤发育之间的确存在协同关系，具体用什么模型可以表示，我们将采用双重筛选逐步回归的方法予以表述。

8.1.2.3 基于双重筛选逐步回归的物种多样性与土壤因子关系模型

在考察多组自变量对多组因变量的影响时，由于其中某些自变量只对一部分因变量有影响，而另外一些自变量则对其他因变量的取值区间有明显作用，因此，有必要引入双重筛选逐步回归这一方法，分组建立回归方程。将表征物种多样性的 10 个指标作为因变量，以表 8-1 中 9 个土壤因子变量作为自变量，进行双重筛选逐步回归。在临界值 $Fx=1.58$，$Fy=1.81$ 的条件下，能够建立 4 组回归模型，结果见表 8-4～表 8-7。

表 8-4　第 1 方程组

因变量	自变量							常数项 a	R^2	方程显著性概率
	pH 值	SOM	TN	SBD	SWC	NCP	CP			
GH	−0.127	−0.008	−2.408	−0.600	2.125	−1.778	2.062	2.835	0.912	0.287
CR	−0.054	−0.001	−0.449	−0.743	0.694	−0.417	−0.559	2.27	0.995	0.005

表 8-5　第 2 方程组

因变量	自变量			常数项 a	R^2	方程显著性概率
	TP	TK	SBD			
GD	0.382	−0.005	0.847	−0.44	0.416	0.702
CH	−0.975	0.007	−1.645	4.185	0.677	0.006

表 8-6　第 3 方程组

因变量	自变量					常数项 a	R^2	方程显著性概率
	pH 值	TP	SWC	NCP	CP			
GR	0.111	0.077	−1.701	1.622	1.229	−0.159	0.709	0.495
CD	0.130	1.192	−5.536	−0.206	2.633	0.715	0.708	0.499

表 8-7　第 4 方程组

| 因变量 | 自变量 | | 常数项 | R^2 | 方程显著性 |
	TK	NCP	a		概率
GS	0.18	12.555	1.379	0.742	0.041

从模型可以看出，在植苗造林植被恢复措施下，第 1 方程组显示，草本 Pielou 指数均可与 pH 值、有机质、土壤容重、土壤毛管持水率、土壤田间持水率和非毛管孔隙度建立线性回归模型，模型决定系数达到 0.995，方程达到极显著性水平（$P<0.01$）；第 2 方程组显示，草本 Shannon-Wiener 指数可与全 P、全 K、土壤容重建立线性回归模型，模型决定系数为 0.677，方程达到极显著水平（$P<0.01$）；第 4 方程组显示，灌木丰富度可以与全 K 和土壤孔隙度建立线性回归模型，模型拟合达到显著水平（$P<0.05$）。

8.1.3　播种造林条件下物种多样性与土壤发育因子的耦合关系

8.1.3.1　基于 RDA 分析的土壤发育因子提取

播种造林植被恢复措施下共选择 16 块样地数据，选取 10 个表征物种多样性的多样性指数指标和 9 个表征土壤发育的因子指标进行 RDA 分析，结果见表 8-8。

表 8-8　土壤发育因子变量在 RDA 分析中的前瞻选择特征

变量	均值	膨胀系数	特征根	P
pH 值	−0.175	4.038	0.23	0.006
有机质	0.026	6.042	0.07	0.002
全 N	−0.008	5.817	0.09	0.006
全 P	−0.070	2.610	0.07	0.026
全 K	0.183	7.847	0.09	0.032
土壤容重	−0.139	10.561	0.07	0.042
土壤田间持水率	0.035	13.696	0.02	0.796
非毛管孔隙度	−0.051	3.159	0.03	0.742
毛管孔隙度	0.017	10.168	0.01	0.948

由表 8-8 的对土壤发育因子变量在 RDA 分析前进行的前瞻选择结果可知，经检验能够保证所有 9 个变量的膨胀系数均小于 20。9 个变量当中特征值大于 0.05 的有 6 个，分别为土壤 pH 值、土壤有机质、土壤全 N、土壤全 P、土壤全 K 和土壤容重，且均达到显著性水平（$P<0.05$）。

8.1.3.2 物种多样性与土壤因子的 RDA 排序

从表 8-9 可以看出，对前 4 轴与土壤因子关系的 Monte Carlo 检验结果显示，排序轴与土壤发育因子呈极显著相关关系（$P=0.011<0.05$）。前 4 轴物种多样性与土壤发育因子之间的相关系数分别为 0.934、0.845、0.858 和 0.676，可以分别解释物种数据变化的 33.1%、24.0%、5.7%和 2.8%，4 轴可解释物种总变化的 65.3%，其中前 2 轴能够解释大部分信息。与第 1 排序轴相关性最高的是土壤全 N，其次是有机质，相关系数分别为 0.721 和 0.576；与第 2 排序轴相关性最高的为土壤田间持水率和土壤有机质，相关系数分别为 0.413 和−0.327。

表 8-9 RDA 排序结果

变量	AX_1	AX_2	AX_3	AX_4
pH 值	0.431	0.053	−0.049	0.057
有机质	0.576	−0.327	0.282	0.142
全 N	0.721	−0.081	0.157	0.107
全 P	−0.555	−0.281	0.227	0.081
全 K	−0.266	0.007	0.035	−0.117
土壤容重	−0.234	−0.129	−0.658	−0.056
土壤田间持水率	−0.053	0.413	0.415	−0.097
非毛管孔隙度	0.143	−0.010	−0.204	−0.066
毛管孔隙度	−0.216	−0.239	0.197	−0.213
物种多样性与土壤因子相关系数	0.934	0.845	0.858	0.676
物种多样性数据变化的比例/%	33.1	24.0	5.7	2.8
物种多样性与土壤因子关系的累积比例/%	48.5	83.6	92.0	95.7
Monte Carlo 检验结果	$P=0.011$			

表 8-10 主要土壤发育因子与物种多样性指标相关系数

变量	pH 值	SOM	TN	TP	TK	SBD	SWC
GH	0.304	0.661	0.601*	−0.348	−0.627**	−0.541*	0.047
GE	0.165	0.05	0.282	−0.326	−0.19	0.145	0.01
GS	0.244	0.598*	0.540*	−0.136	−0.492	−0.096	0.162
CH	−0.072	0.697	0.132	0.311	0.011	0.017	0.523*
CE	−0.372	0.578	−0.530*	0.577*	0.604*	0.185	0.211
CS	0.003	0.246	0.297	−0.117	−0.085	−0.189	0.032

由图 8-2 及表 8-10 可知，通过 RDA 排序，土壤因子和物种多样性的相关关系及关系程度可以很清晰地表达出来。在播种造林植被恢复模式下，灌木

Shannon-Wiener 指数与土壤全 N、全 K 和土壤容重均存在显著的相关关系（$P<0.05$）；灌木丰富度指数和土壤有机质、全 N 存在显著的正相关关系（$P<0.05$）；草本植物 Pielou 指数与土壤全 N、全 P、全 K 均存在显著的相关关系（$P<0.05$）。

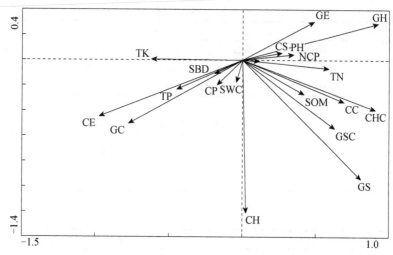

图 8-2 物种多样性与土壤发育因子的 RDA 二维排序图

8.1.3.3 基于双重筛选逐步回归的物种多样性与土壤因子关系模型

由表 8-11～表 8-15 可知，在播种造林植被恢复措施下，第 1 方程组显示，灌木 Shannon-Wiener 指数和灌木丰富度均可与有机质、全 K 和土壤田间持水率建立线性回归方程，模型决定系数分别为 0.693 和 0.805；第 2 方程组显示，草本均匀度指数可以与全 P 和全 K 建立线性回归方程，决定系数达到 0.711；第 5 方程组显示，草本植物 Simpson 指数可以与 pH 值、土壤容重、毛管孔隙度等土壤发育指标建立回归模型。上述模型可以定量地描述物种多样性与土壤环境因子的耦合关系，对于物种多样进展预测具有重要实用价值。

表 8-11 第 1 方程组

因变量	自变量			常数项 a	R^2	方程显著性概率
	SOM	TN	SWC			
GH	0.007	−0.025	0.27	1.249	0.693	0.043
GS	0.161	−0.31	12.126	6.268	0.805	0.005

表 8-12　第 2 方程组

因变量	自变量		常数项	R^2	方程显著性概率
	TP	TK	a		
CR	0.319	0.009	0.312	0.711	0.01

表 8-13　第 3 方程组

因变量	自变量		常数项	R^2	方程显著性概率
	SOM	CP	a		
GC	−0.003	−0.154	0.662	0.243	0.674
CH	0.02	1.548	0.122	0.541	0.106

表 8-14　第 4 方程组

因变量	自变量	常数项	R^2	方程显著性概率
	TN	a		
GR	−0.328	0.901	0.327	0.217

表 8-15　第 5 方程组

因变量	自变量				常数项	R^2	方程显著性概率
	pH 值	SBD	SWC	NCP	a		
CC	−0.04	−0.009	0.233	0.327	1.326	0.75	0.043

8.2　地表植物和凋落物与土壤养分的数量化协同关系

8.2.1　研究方法

8.2.1.1　地表层植物生物量

对研究区不同植被恢复措施下不同演替阶段的 51 块试验样地,从每块样地中随机选取 2 个 2 m×2 m 的灌木样方和 2 个 1 m×1 m 的草本样方,统计植物种类、物种频度、多度、盖度、高度和密度,同时将样方内植被齐地面刈割,分种统计地上部分鲜重,同时对地下根系全部挖掘。植物鲜样在恒温箱中 60 ℃烘至恒重,称干重。

测定营养元素含量时,在 105 ℃下烘 3 h 烘干,再粉碎、装瓶,准确称样,用 H_2SO_4-H_2O_2 凯氏消煮法溶样备用。

植物全 N：用硫酸-高氯酸消煮-靛酚蓝分光光度法测定。

植物全 P：用钼锑钪分光光度法测定。

植物全 K：用火焰光度法测定。

8.2.1.2 凋落物生物量

在每个乔木林和灌木林样方内设 1～2 个 50 cm×50 cm 小样方，将每个小样方沿对角线分为四个部分，在草本样方内直接沿对角线一分为四，选取对角的两个部分分凋落物未分解层、半分解层和分解层三个层次收集凋落物带回室内称湿重，然后在 85 ℃下烘干后称重，测定其干重，计算单位面积的凋落物蓄积量。将烘干后的凋落物粉碎，取 5 g 装入广口瓶密封，用于营养元素的测定，方法同植物样分析方法。土壤元素测定方法见 5.4.3。

利用样地数据分不同植被恢复措施，各样地数据见第 6 章、第 8 章相关章节。运用 SPSS19.0 统计分析软件对土壤和生物量之间的关系进行相关分析与回归拟合。

8.2.2 地表植物地上部分生物量、养分与土壤养分的协同关系

在植苗造林植被恢复措施下，在植被演替过程中，植被地表植物地上生物量、植物全 N 与土壤养分关系密切。对其与土壤养分各参数进行相关性分析，结果见表 8-16：植被地上生物量与土壤有机质含量和全 N 含量之间存在极显著相关关系（$P<0.01$）；植物全 N 与土壤有机质、土壤全 N 之间存在极显著相关关系（$P<0.01$）。在播种造林植被恢复措施下，植物地上部分生物量、全 N 与土壤有机质和土壤全 N 存在显著相关关系（$P<0.05$）。

表 8-16　地表植物地上部分生物量、植物全 N 与土壤养分相关关系

变量	生物量	植物全 N	土壤有机质	土壤全 N
生物量	1			
植物全 N	0.524^*（0.644^{**}）	1		
土壤有机质	0.839^{**}（0.761^{**}）	0.680^{**}（0.779^{**}）	1	
土壤全 N	0.801^{**}（0.745^{**}）	0.752^{**}（0.795^{**}）	0.892^{**}（0.782^{**}）	1

注：小括号内为播种造林植被恢复措施下变量间相关系数。

对存在显著相关关系的各参数进行回归分析，获得了它们两两之间散点图及耦合效应方程，见图 8-3～图 8-6。从图和耦合效应方程可以看出，在植苗造林植被恢复措施下，植被地表植物地上生物量与土壤有机质含量呈直线正相关，与土

壤全 N 含量呈二次曲线相关，方程决定系数分别为 0.705 和 0.781；植物全 N 与土壤有机质、土壤全 N 之间的回归关系可以用二次曲线描述，方程决定系数分别为 0.619 和 0.601。在播种造林植被恢复措施下，植被地表植物地上生物量与土壤有机质呈直线回归关系，与土壤全 N 含量呈二次曲线回归，方程决定系数分别为 0.580 和 0.558；植物全 N 与土壤有机质、土壤全 N 之间的回归关系可以分别采用直线和二次曲线描述，方程决定系数分别为 0.607 和 0.632。结果表明，华北低山丘陵区土壤有机质含量、全 N 含量等土壤养分含量的增加能促进植被生产力（地上生物量）的提高，同时，植被生产力的提高又能促进土壤养分的积累富集，加速植被生境的改善，它们之间为正向互作效应。

为了描述土壤有机质、土壤全 N 分别对地表植物地上生物量和土壤养分之间的关系模型，以土壤有机质（X_1）和土壤全 N（X_2）为自变量，分别以地表生物量（y_1）、地表植物全 N（y_2）为因变量，建立线性回归模型。

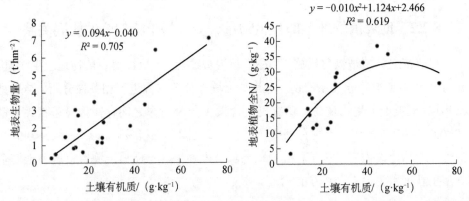

图 8-3 植苗造林植被恢复措施下土壤有机质与地表植物地上生物量、地表植物全 N 关系模型

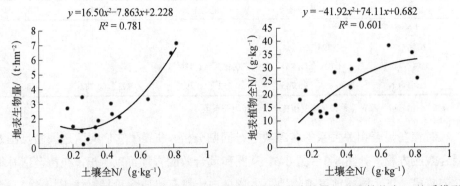

图 8-4 植苗造林植被恢复措施下土壤全 N 与地表植物地上生物量、地表植物全 N 关系模型

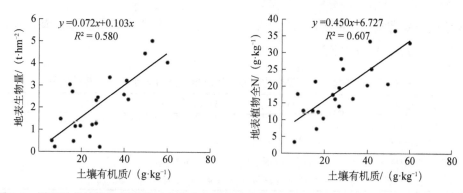

图 8-5　播种造林植被恢复措施下土壤有机质与地表植物地上生物量、地表植物全 N 关系模型

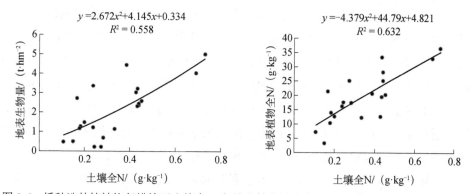

图 8-6　播种造林植被恢复措施下土壤全 N 与地表植物地上生物量、地表植物全 N 关系模型

植苗造林植被恢复措施下：

$y_1=-0.310+0.068X_1+2.373X_2$，$P<0.01$，$R^2=0.718$；

$y_2=7.832+0.024X_1+33.366X_2$，$P<0.01$，$R^2=0.752$。

播种造林植被恢复措施下：

$y_1=-0.201+0.043X_1+3.254X_2$，$P<0.01$，$R^2=0.637$；

$y_2=5.414+0.707X_1+36.787X_2$，$P<0.01$，$R^2=0.638$。

8.2.3　地表植物地下部分生物量、养分与土壤养分的协同关系

在植被演替过程中，植苗造林植被恢复措施下的各样地组成的演替序列植被地表根系生物量、植物全 N 与土壤养分关系密切。对各演替序列的平均值与土壤养分各参数进行相关性分析，结果见表 8-17：植被根系生物量与土壤有机质含量、土壤全 N 含量之间存在极显著相关关系（$P<0.01$）；植物根系全 N 与土壤有机质存在极显著相关关系（$P<0.01$），与土壤全 N 之间显著相关（$P<0.05$）。在播种造

林植被恢复措施下，植物根系生物量、根系全 N 均与土壤有机质和土壤全 N 存在显著相关关系（$P<0.05$）。

表 8-17　地表植物地下部分生物量、地表根系全 N 与土壤养分相关关系

变量	地表根系生物量	地表根系全 N	土壤有机质	土壤全 N
地表根系生物量	1			
地表根系全 N	0.767** (0.629*)	1		
土壤有机质	0.811** (0.745**)	0.907** (0.796**)	1	
土壤全 N	0.908** (0.944**)	0.692* (0.596*)	0.692* (0.771**)	1

注：小括号内为播种造林植被恢复措施下变量间相关系数。

在不同植被恢复措施下，以土壤有机质、土壤全 N 为自变量，地表根系生物量和地表根系全 N 为因变量，分别两两之间做散点图，观察其变化趋势，同时获得回归显著的耦合效应方程，见图 8-7～图 8-10。从图 8-7 和图 8-8 可以看出，在植苗造林植被恢复措施下，植被地表根系生物量与土壤有机质含量呈直线回归关系，与土壤全 N 含量呈二次曲线回归关系，方程决定系数分别为 0.658 和 0.841；植物根系全 N 与土壤有机质、土壤全 N 之间的回归关系可分别采用直线和二次曲线描述，方程决定系数分别为 0.824 和 0.563。

从图 8-9 和图 8-10 可以看出，在播种造林植被恢复措施下，植被地表根系生物量与土壤有机质含量呈直线回归关系，与土壤全 N 含量呈二次曲线回归关系，方程决定系数分别为 0.555 和 0.903，与土壤全 N 的方程拟合效果较好；植物根系全 N 与土壤有机质呈直线回归关系，与土壤全 N 之间的回归关系可用二次曲线描述，方程决定系数分别为 0.634 和 0.380，与土壤全 N 的拟合效果较差。结果表明：在华北低山丘陵区，土壤有机质含量和土壤全 N 含量等土壤养分含量的

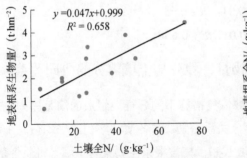
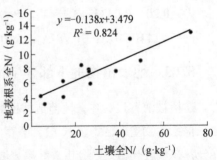

图 8-7　植苗造林植被恢复措施下土壤有机质与地表植物地下生物量、地表根系全 N 关系模型

增加能促进植被根系的生长，进而促进其生物量的显著增加，同时又能促进根系全 N 的积累富集，反过来，根系的大量周转又能促进土壤有机质和全 N 的积累。

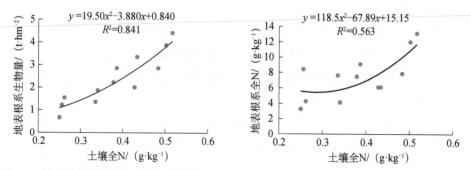

图 8-8　植苗造林植被恢复措施下土壤全 N 与地表植物地下生物量、地表根系全 N 关系模型

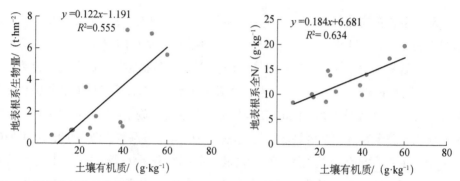

图 8-9　播种造林植被恢复措施下土壤有机质与地表植物地下生物量、地表根系全 N 关系模型

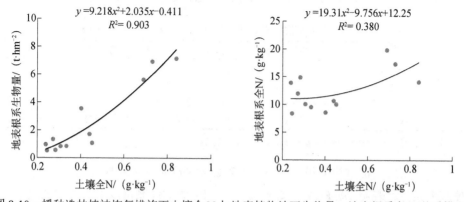

图 8-10　播种造林植被恢复措施下土壤全 N 与地表植物地下生物量、地表根系全 N 关系模型

为了描述土壤有机质、土壤全 N 分别对地表植物地表根系生物量和土壤养分之间的关系模型，用土壤有机质（X_1）和土壤全 N（X_2）为自变量，分别以地表根系生物量（y_1）、地表植物根系全 N（y_2）为因变量，建立线性回归模型，均通过显著性检验（$P<0.05$）。

植苗造林植被恢复措施下：

$y_1=-1.273+0.020X_1+7.986X_2$，$P<0.01$，$R^2=0.889$；

$y_2= 2.374+0.125X_1+3.880X_2$，$P<0.01$，$R^2=0.831$。

播种造林植被恢复措施下：

$y_1=2.551+0.007X_1+11.272X_2$，$P<0.01$，$R^2=0.892$；

$y_2=7.775+0.192X_1-0.777X_2$，$P<0.01$，$R^2=0.635$。

8.2.4　凋落物生物量、养分与土壤养分的协同关系

对凋落物生物量、凋落物全 N 与土壤有机质和土壤全 N 之间进行相关分析，结果见表 8-18：在不同植被恢复措施下，凋落物全 N 均与土壤有机质和土壤全 N 存在极显著相关关系（$P<0.01$）；在植苗造林植被恢复措施下，凋落物生物量与土壤全 N 之间显著相关（$P<0.05$），相关系数为 0.583，与土壤有机质之间极显著相关（$P<0.01$），相关系数为 0.820；在播种造林被恢复措施下，凋落物生物量与土壤有机质和土壤全 N 均存在极显著相关关系（$P<0.01$），相关系数分别为 0.860 和 0.810。

对以上存在显著相关关系的变量之间进行回归分析，以凋落物生物量和凋落物全 N 为因变量，以土壤养分参数为自变量，获得了凋落物生物量和凋落物全 N 与土壤养分参数之间的耦合效应关系方程（见图 8-11～图 8-14）。

表 8-18　凋落物生物量、凋落物全 N 与土壤养分相关关系

变量	凋落物全 N	凋落物生物量	土壤有机质	土壤全 N
凋落物全 N	1			
凋落物生物量	0.753** (0.631**)	1		
土壤有机质	0.841** (0.739**)	0.820** (0.860**)	1	
土壤全 N	0.710** (0.800**)	0.583* (0.810**)	0.742** (0.835**)	1

注：小括号内为播种造林植被恢复措施下变量间相关系数。

在植苗造林植被恢复措施下，凋落物生物量和凋落物全 N 与土壤有机质耦合效应关系方程表明（图 8-11 和图 8-12），它们之间的关系可以采用二次曲线拟合，方程决定系数分别为 0.679 和 0.727；凋落物生物量和凋落物全 N 与土壤全 N 呈

二次曲线正相关关系，方程决定系数分别为 0.352 和 0.614；播种造林植被恢复措施下凋落物生物量、凋落物全 N 与土壤有机质和土壤全 N 亦存在相同的耦合关系，方程及决定系数见图 8-13 和图 8-14。结果表明，随着土壤有机质含量、土壤全 N 含量的增加，凋落物生物量和凋落物全 N 含量亦不断增大，反之，凋落物生物量和全 N 的增加也会促进土壤养分含量的提高，维护土壤肥力，保证其生产力，二者之间为正向互作效应。

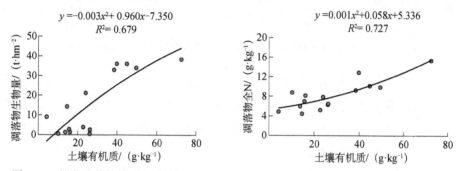

图 8-11 植苗造林植被恢复措施下土壤有机质与凋落物生物量、凋落物全 N 关系模型

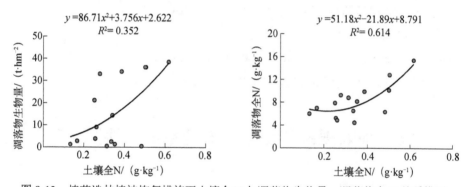

图 8-12 植苗造林植被恢复措施下土壤全 N 与凋落物生物量、凋落物全 N 关系模型

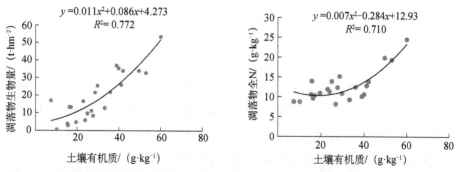

图 8-13 播种造林植被恢复措施下土壤有机质与凋落物生物量、凋落物全 N 关系模型

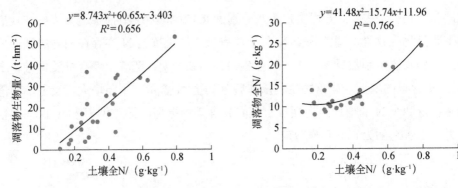

图 8-14　播种造林植被恢复措施下土壤全 N 与凋落物生物量、凋落物全 N 关系模型

为了描述土壤有机质、土壤全 N 分别对地表植物地表凋落物生物量和土壤养分之间的关系模型，用土壤有机质（X_1）和土壤全 N（X_2）为自变量，分别以地表凋落物生物量（y_1）、地表凋落物全 N（y_2）为因变量，建立线性回归模型。

植苗造林植被恢复措施下：

$y_1=-2.808+0.744X_1-6.479X_2$，$P<0.01$，$R^2=0.0.674$；

$y_2=3.416+0.117X_1+4.338X_2$，$P<0.01$，$R^2=0.724$。

播种造林植被恢复措施下：

$y_1=-7.472+0.601X_1+25.426X_2$，$P<0.01$，$R^2=0.876$；

$y_2=5.392+0.067X_1+14.836X_2$，$P<0.01$，$R^2=0.811$。

8.3　地表根系与土壤发育的数量化协同关系

8.3.1　研究方法

地表层根系主要由细根（$D<2$ mm）组成。细根是林木吸收水分和养分的主要器官，由于生长和周转迅速，在碳循环和分配中扮演重要作用，具有改良土壤、固土保水及碳汇的功能，这些功能的发挥主要取决于根系生物量的变化。而细根虽然只占整个森林生物量的 1%，但平均每年生产力占森林全部生产力的 50% 以上。由于细根的分解速度大于凋落物的分解速度，通过细根归还到土壤中的 N 比通过凋落物的要多，同时，细根可以通过提高土壤通透力、增加土壤生物活性物质等改善土壤性质，进而影响植被生长的微环境，反过来，根系的生长与分布还受制于所处的土壤环境。

　　森林地表层（0～20 cm）在水土保持中具有重要作用，是决定水土保持效益的关键。而地表层根系的生长和分布不仅与土地利用状况有关，还与土壤的物理化学性质密切相关。有关地表根系的研究主要集中在细根生物量、生产力、周转量、细根动态及细根对森林生态系统和养分循环的贡献等研究，而采用多元统计分析方法分析根系结构与土壤埋化特性的关系的报道较少。本研究应用典型相关分析（canonical correlation analysis，CCA）对比研究了森林恢复过程中，土壤理化特性、根系结构以及两者之间的关系，通过分析土壤有机质和全 N 与根系结构参数的相关关系，分别建立了土壤有机质、全 N 与相关关系显著的根系结构参数的拟合模型，以期探讨根系结构与土壤理化特性的关系及其对森林恢复的响应。

　　根系结构参数选取根长密度、根系生物量、根体积密度、根表面积密度、比根长和根平均直径等 5 个参数指标。

　　选取地表 0~20 cm 的 8 个土壤物理化学特性指标与根系结构参数指标进行典型相关分析，分别为 pH 值、有机质、全 N、全 P、全 K、土壤容重、土壤饱和持水率和总孔隙度。

　　典型相关分析是研究两组变量之间相关关系的一种多元统计方法。它能够揭示出两组变量之间的内在联系。典型相关分析由 Hotelling 提出，其基本思想和主成分分析非常相似。首先在每组变量中找出变量的线性组合，使得两组的线性组合之间具有最大的相关系数；然后选取和最初挑选的这对线性组合不相关的线性组合，使其配对，并选取相关系数最大的一对；如此继续下去，直到两组变量之间的相关性被提取完毕为止。被选出的线性组合配对称为典型变量，它们的相关系数称为典型相关系数。典型相关系数度量了这两组变量之间联系的强度。

　　在植苗造林植被恢复措施下，选择 12 块样地的根系结构参数指标和土壤发育特征指标进行典型相关分析；在播种造林植被恢复措施下，选择 16 块样地的根系结构参数指标和土壤发育特征指标进行典型相关分析，样地情况见表 5-1。在典型相关分析的基础上，选取主要土壤发育特征指标与根系结构参数进行相关分析和回归模型的建立。

　　数据分析和处理采用 SPSS 19.0、DPS V12.50 统计分析软件。

8.3.2　根系参数与土壤发育特性指标的典型相关

　　把根系结构参数（U）和土壤发育特征指标（V）作为两组典型相关变量，利用典型相关分析方法分析了两者之间的相关关系，结果见表 8-19、表 8-20。

由表 8-19 的植苗造林植被恢复措施下根系结构参数与土壤环境特性指标典型相关分析结果可知，2 组变量的 6 个典型相关系数分别为 1、1、0.955、0.865、0.535 和 0.210；6 对典型向量的显著性检验（t 检验）结果表明，前 3 对典型相关关系是极显著的（$P<0.01$），第 4、5、6 对典型相关关系是不显著的（$P>0.05$）。

表 8-19　植苗造林植被恢复措施下根系结构参数与土壤理化特性
指标典型相关分析结果

典型相关变量	典型向量	变量组变量负荷系数	典型相关系数	显著性
根系结构参数 U 与土壤发育特征 V	1	$U=-0.268X_1+0.526X_2-0.279X_3+0.303X_4+0.334X_5-0.472X_6-0.281X_7-0.343X_8$ $V=0.548X_9+0.105X_{10}+0.241X_{11}+0.376X_{12}+0.466X_{13}+0.336X_{14}$	1	0.000
	2	$U=0.254X_1-0.149X_2+0.689X_3+0.354X_4-0.167X_5+0.014X_6+0.265X_7+0.239X_8$ $V=-0.439X_9+0.232X_{10}+0.340X_{11}+0.006X_{12}-0.148X_{13}+0.445X_{14}$	1	0.000
	3	$U=-0.089X_1+0.056X_2+0.034X_3+0.255X_4+0.113X_5-0.259X_6-0.076X_7-0.201X_8$ $V=0.244X_9+0.570X_{10}+0.755X_{11}+0.691X_{12}-0.580X_{13}+0.606X_{14}$	0.955	0.000
	4	$U=-0.215X_1+0.361X_2+0.445X_3+0.258X_4-0.162X_5-0.512X_6+0.402X_7+0.183X_8$ $V=-0.048X_9-0.288X_{10}+0.080X_{11}+0.058X_{12}+0.143X_{13}-0.003X_{14}$	0.865	0.759
	5	$U=0.031X_1-0.304X_2-0.284X_3-0.195X_4+0.361X_5-0.022X_6+0.191X_7+0.189X_8$ $V=-0.245X_9-0.237X_{10}-0.228X_{11}-0.303X_{12}+0.260X_{13}-0.286X_{14}$	0.535	0.927
	6	$U=-0.094X_1+0.116X_2+0.082X_3-0.021X_4+0.066X_5+0.045X_6+0.093X_7+0.105X_8$ $V=0.100X_9-0.110X_{10}-0.022X_{11}+0.022X_{12}+0.075X_{13}+0.007X_{14}$	0.210	0.945

注：X_1——pH 值；X_2——有机质；X_3——全 N；X_4——全 P；X_5——全 K；X_6——土壤容重；X_7——土壤饱和持水率；X_8——总孔隙度；X_9——根长密度；X_{10}——根系生物量；X_{11}——根体积密度；X_{12}——根表面积密度；X_{13}——比根长；X_{14}——根平均直径。

变量组变量负荷系数表征某一组变量各指标对另一组变量影响程度的大小。从表 8-19 可知，在植苗造林植被恢复措施下，第 1 对典型变量的变量组变量负荷系数显示，对根系结构参数值影响较大的土壤理化特性指标为有机质（0.526）、土壤容重（-0.472）；对土壤理化特征反应最敏感的为根长密度，负荷系数为 0.548，其次为比根长（0.466）。第 2 对典型变量的变量组变量负荷系数显示，对根系结构影响最大的土壤特征指标分别为全 N（0.689）和全 P（0.354）；对土壤结构特征反应最强的根系结构参数分别为根平均直径（0.445）和根长密度（0.439）。因此，在植被表层土壤中，有机质和全 N 等指标是指示根系生长的土壤环境的主要指标。

由表 8-20 的播种造林植被恢复措施下根系结构参数与土壤环境特性指标典型相关分析结果可知，2 组变量的 6 个典型相关系数分别为 1、1、0.874、0.705、0.453 和 0.269；6 对典型向量的显著性检验（t 检验）结果表明，前 2 对典型相关关系是极显著的（$P<0.01$），后 4 对典型相关关系是不显著的（$P>0.05$）。由表 8-20

的第 1 对典型相关变量可知,对根系结构影响较大的土壤发育特性指标为土壤全 N 和土壤饱和持水率,负荷系数分别为 0.754 和-0.508;对土壤发育特性反应敏感的根系结构特征指标分别为根体积密度和根平均直径,负荷系数分别为 0.477 和 0.440。由第 2 对典型相关变量可知,对根系结构影响较大的土壤发育特性指标为土壤有机质和土壤全 N,负荷系数分别为 0.668 和 0.470;对土壤发育特性反应敏感的根系结构特征指标分别为根长密度和比根长,负荷系数分别为 0.454 和-0.424。

表 8-20 播种造林植被恢复措施下根系结构参数与土壤理化特性指标典型相关分析结果

典型相关变量	典型向量	变量组变量负荷系数	典型相关系数	显著性
根系结构参数 U 与土壤发育特征 V	1	$U=0.123X_1+0.135X_2+0.754X_3-0.386X_4-0.005X_5-0.065X_6-0.508X_7-0.105X_8$ $V=-0.184X_9-0.011X_{10}+0.477X_{11}-0.013X_{12}-0.292X_{13}+0.440X_{14}$	1	0.000
	2	$U=0.070X_1+0.668X_2+0.470X_3+0.409X_4+0.003X_5+0.292X_6+0.147X_7+0.224X_8$ $V=0.452X_9-0.072X_{10}+0.029X_{11}+0.334X_{12}-0.424X_{13}-0.301X_{14}$	1	0.000
	3	$U=-0.327X_1-0.093X_2-0.243X_3+0.341X_4+0.822X_5+0.368X_6+0.321X_7+0.495X_8$ $V=0.402X_9-0.301X_{10}-0.592X_{11}-0.228X_{12}+0.567X_{13}-0.447X_{14}$	0.874	0.989
	4	$U=0.079X_1+0.267X_2-0.023X_3-0.102X_4-0.014X_5+0.078X_6-0.248X_7-0.222X_8$ $V=-0.518X_9-0.652X_{10}-0.437X_{11}-0.614X_{12}+0.280X_{13}-0.449X_{14}$	0.705	0.996
	5	$U=0.233X_1+0.264X_2+0.388X_3-0.156X_4-0.125X_5+0.200X_6-0.085X_7+0.019X_8$ $V=0.038X_9-0.062X_{10}+0.069X_{11}+0.047X_{12}+0.165X_{13}+0.024X_{14}$	0.453	0.995
	6	$U=0.052X_1+0.155X_2+0.109X_3-0.014X_4-0.044X_5-0.138X_6-0.010X_7-0.050X_8$ $V=0.016X_9+0.010X_{10}-0.086X_{11}-0.062X_{12}-0.041X_{13}-0.058X_{14}$	0.269	0.953

注:X_1——pH 值;X_2——有机质;X_3——全 N;X_4——全 P;X_5——全 K;X_6——土壤容重;X_7——土壤饱和持水率;X_8——总孔隙度;X_9——根长密度;X_{10}——根系生物量;X_{11}——根体积密度;X_{12}——根表面积密度;X_{13}——比根长;X_{14}——根平均直径。

8.3.3 根系参数与土壤有机质、土壤全 N 的相关分析

根据典型相关分析结果,选取对根系结构影响较大的有机质和全 N 两个土壤发育特征指标,计算其与根系结构参数之间的相关系数并进行检验,结果见表 8-21 和表 8-22。结果发现,在植苗造林植被恢复措施下,土壤全 N 与根生物量有极显著正相关关系($r=0.747$,$P<0.01$),与根体积密度等参数存在着显著的正相关性关系($r=0.636$,$P<0.05$);土壤有机质与根体积密度、根表面积密度、根平均直径间均呈显著的正相关关系(分别是 $r=0.640$,$P<0.05$;$r=0.643$,$P<0.05$;$r=0.590$,$P<0.05$),与根系生物量存在极显著相关关系($r=0.745$,$P<0.01$);这说明土壤全 N 与有机质在某种程度上决定着根的生长发育。而比根长和根平均直径对土壤有机质和土壤

全 N 的变化反应并不敏感，它们之间并不存在显著的相关关系（$P>0.05$）。

表 8-21　播种造林植被恢复措施下根系结构参数与主要土壤理化特性指标简单相关分析

变量	TN	SOM	RB	RVD	RSAD	RAD	RLD	SRL
RB	0.747**	0.745**	1					
RVD	0.636*	0.640*	0.890**	1				
RSAD	0.585	0.643*	0.811**	0.746**	1			
RAD	0.512	0.590*	0.706**	0.746**	0.773**	1		
RLD	−0.019	0.020	0.125	0.294	0.343	0.604*	1	
SRL	−0.548	−0.427	−0.775**	−0.554	−0.537	−0.500	0.268	1

　　注：TN——全 N；SOM——土壤有机质；RB——根生物量；RVD——根体积密度；RSAD——根表面积密度；RAD——根平均直径；RLD——根长密度；SRL——比根长。

表 8-22　植苗造林植被恢复措施下根系结构参数与主要土壤理化特性指标简单相关分析

变量	TN	SOM	RAD	RB	SRL	RLD	RVD	RSAD
RB	0.718**	0.609*	1					
RVD	0.602*	0.717**	0.639*	1				
RSAD	0.478	0.538*	0.43	0.603*	1			
RAD	0.692**	0.808**	0.704**	0.837**	0.417	1		
RLD	0.224	−0.09	0.527	0.035	−0.273	0.19	1	
SRL	0.08	−0.241	0.288	0.084	−0.368	0.106	0.812**	1

　　注：TN——全 N；SOM——土壤有机质；RB——根生物量；RVD——根体积密度；RSAD——根表面积密度；RAD——根平均直径；RLD——根长密度；SRL——比根长。

　　在播种造林植被恢复措施下，土壤全 N、土壤有机质与根系结构参数之间的相关分析结果表明，土壤全 N 与根生物量和根平均直径间存在极显著正相关关系（$r=0.718$，$P<0.01$；$r=0.692$，$P<0.01$；），而与根体积密度存在着显著的正相关性关系（$r=0.602$，$P<0.05$）；土壤有机质与根系生物量和根系表面积密度间呈显著的正相关关系（分别是 $r=0.609$，$P<0.05$；$r=0.538$，$P<0.05$），与根体积密度和根平均直径间存在极显著相关关系（$r=0.717$，$P<0.01$；$r=0.808$，$P<0.01$）。

8.3.4　主要根系参数与土壤有机质、土壤全 N 的回归模型

　　为了深入分析根系结构特征指标随土壤特征的变化规律，选取与土壤全 N 和土壤有机质相关关系密切的根系生物量、根系平均直径、根表面积密度和根体积密度等 4 个根系结构特征指标进行拟合回归。在植苗造林植被恢复措施下，土壤有机质和土壤全 N 与根系结构参数拟合回归模型（表 8-23）表明，土壤全 N 与根系生物量、根表面积密度和根体积密度均可以采用二次曲线、三次曲线和直线模型进行

拟合，但拟合效果最好的模型均为二次曲线（分别是 $R^2=0.882$，$P<0.01$；$R^2=0.802$，$P<0.01$；$R^2=0.668$，$P<0.01$）。土壤有机质与根生物量、根平均直径、根表面积密度和根体积密度均可以采用幂函数、S 形曲线、直线模型进行拟合，拟合效果最好的模型分别为直线（$R^2=0.765$，$P<0.01$）、幂函数（$R^2=0.719$，$P<0.01$）、S 形曲线（$R^2=0.540$，$P<0.01$）、二次曲线（$R^2=0.498$，$P<0.01$）。因此，直线模型虽然可以拟合土壤全 N、有机质与根系结构参数之间的回归关系，但并非一直是最好的模型。

表 8-23　植苗造林植被恢复措施下土壤有机质、土壤全 N 与根系结构参数拟合回归模型

变量	土壤全 Nx/（g·kg^{-1}）			土壤有机质 x/（g·kg^{-1}）		
	回归模型	R^2	P	回归模型	R^2	P
根生物量 y/（mg·cm^{-3}）	$y=0.471+17.343x-343.320x^2$	0.882	0.000	$y=0.122x^{1.310}$	0.761	0.000
	$y=-0.134+32.543x-199.548x^2+443.853x^3$	0.755	0.004	$y=-0.153+0.089x$	0.765	0.001
	$y=0.907+5.549x$	0.689	0.020	$y=e^{(1.980-28.001/x)}$	0.584	0.010
根平均直径 y/（mm）	$y=22.613-454.509x+2767.122x^2$	0.402	0.125	$y=0.490x^{1.448}$	0.719	0.000
	$y=-12.131+933.132x-1095.144x^2+35678.700x^3$	0.243	0.456	$y=-7.098+0.899x$	0.361	0.007
	$y=-7.443+176.456x$	0.233	0.512	$y=e^{(2.390-27.092/x)}$	0.480	0.002
根表面积密度 y/(mm^2·cm^{-3})	$y=29.222-471.098x+2988.856x^2$	0.802	0.000	$y=0.257x^{1.097}$	0.512	0.001
	$y=-33.244+1689.325x-16443.444x^2+54564.149x^3$	0.697	0.001	$y=-7.675+1.012x$	0.478	0.004
	$y=-7.055+233.635x$	0.605	0.008	$y=e^{(3.309-26.433/x)}$	0.540	0.001
根体积密度 y/（mm^3·cm^{-3}）	$y=2.722-31.245x+244.178x^2$	0.668	0.004	$y=0.031x^{1.322}$	0.498	0.002
	$y=-4.568+265.579x-2288.043x^2+6724.138x^3$	0.573	0.005	$y=-0.590+1.119x$	0.432	0.003
	$y=-0.131+21.124x$	0.651	0.014	$y=e^{(2.660-23.089/x)}$	0.490	0.001

表 8-24　播种造林植被恢复措施下土壤有机质、土壤全 N 与
根系结构参数拟合回归模型

变量	土壤全 Nx/（g·kg^{-1}）			土壤有机质 x/（g·kg^{-1}）		
	回归模型	R^2	P	回归模型	R^2	P
根生物量 y/（mg·cm^{-3}）	$y=5.243x^{0.547}$	0.508	0.005	$y=0.099x^{0.583}$	0.461	0.002
	$y=1.973+3.494x$	0.697	0.001	$y=0.284-0.014x$	0.346	0.001
	$y=e^{(1.691-0.192/x)}$	0.305	0.018	$y=e^{(0.223-15.264/x)}$	0.504	0.010
根平均直径 y/（mm）	$y=4.615x^{0.822}$	0.606	0.001	$y=0.051x^{1.099}$	0.462	0.003
	$y=0.425+4.810x$	0.743	0.000	$y=-0.421+0.090x$	0.373	0.007
	$y=e^{(1.492-0.269/x)}$	0.336	0.012	$y=e^{(1.789-28.159/x)}$	0.437	0.003
根表面积密度 y/(mm^2·cm^{-3})	$y=1.192x^{0.541}$	0.052	0.669	$y=0.182x^{0.841}$	0.509	0.001
	$y=0.331+1.000x$	0.055	0.844	$y=1.084+0.074x$	0.402	0.005
	$y=e^{(0.159-0.179/x)}$	0.044	0.403	$y=e^{(2.003-23.324/x)}$	0.501	0.001
根体积密度 y/（mm^3·cm^{-3}）	$y=20.754x^{0.710}$	0.362	0.034	$y=0.563x^{0.867}$	0.473	0.002
	$y=3.225+20.028x$	0.595	0.005	$y=0.773+0.339x$	0.420	0.004
	$y=e^{(2.988-0.277/x)}$	0.251	0.034	$y=e^{(3.153-21.591/x)}$	0.484	0.001

在播种造林植被恢复措施下，拟合回归结果（表 8-24）显示，土壤全 N 与根生物量、根平均直径和根体积密度均可以采用幂函数、直线和 S 形曲线模型进行拟合，但拟合效果最好的模型均为直线模型（分别是 R^2=0.697，P<0.01；R^2=0.743，P<0.01；R^2=0.595，P<0.01）。土壤有机质与根生物量、根平均直径、根表面积密度和根体积密度均可以采用幂函数、S 形曲线、直线模型进行拟合，拟合效果最好的模型分别为 S 形曲线（R^2=0.504，P<0.01）、幂函数（R^2=0.462，P<0.01）、幂函数（R^2=0.509，P<0.01）、S 形曲线（R^2=0.484，P<0.01）。

8.4 天然更新与土壤发育的数量化协同关系

8.4.1 研究方法

天然更新是森林健康发展中一个非常重要和复杂的生态学过程，也是森林资源再生产的生物学过程。充足且有生命力的种子/种源，适宜的种子萌发、支持幼苗成活和生长以及幼树形成的环境条件是森林生态系统天然更新（有性繁殖）的必备条件。土壤作为林木生长的重要生境，其土层厚度等理化性质对林木更新产生显著影响。养分的含量以及空间分布特征等直接影响森林的更新过程。

分植苗造林植被恢复措施和播种造林植被恢复措施，对不同演替序列的样地数据进行统计汇总，样地基本情况见表 5-1。选取 pH 值、土壤有机质、土壤全 N、土壤全 P、土壤全 K、土壤容重、土壤含水率、凋落物全 N、凋落物生物量等 9 个因子作为影响植被更新的土壤发育因子，选择幼苗密度作为描述植被天然更新特征的因子，在对 9 个土壤因子进行主成分分析的基础上，选择主要土壤发育因子与幼苗密度进行相关分析和通径分析。

通径分析是数量遗传学家 Sewall Wright 于 1921 年提出的一种多元统计技术。通径分析可以通过对自变量与因变量之间表面直接相关性的分解，来研究自变量对因变量的直接重要性和间接重要性，从而为统计决策提供可靠的依据。通径分析需要事先构建模型，也就是要预先设定变量之间的关系（即谁对谁起作用）。模型中的变量，特别是因变量需要保证统计独立性，即模型中尽可能不要同时选择存在明显相关的几个被解释变量，选择一个即可。输入数据进行分析后，如果模型能够通过检验，则表明预先建立的关系是可信的，否则需要进行调整。将通径分析运用到生物多样性的研究中，将有助于解释环境因子之间以及与生物多样性之间的相互关系。通径分析中，某变量对因变量的影响可分为两个部分，一个为直接效应（Direct Effect），另一个为通过其他变量产生的效应，即间接效应（Indirect Effect），直接效应和间接效应之和为总效应（Total Effect），而直接效应也称为通径系数（Path Coefficient）。

逐步回归方法，即回归方程中每引入一个因子的条件是该因子的方差贡献是显著的，同时，在引入一个新因子后，要对老因子逐个检验，将方差贡献不显著的因子剔除。这种方案是利用求解线性方程中求逆同时并行的方法，使得计算因子的方差贡献和求解回归方程系数同时进行，并且由于每步都作了检验，因而保证了最后所得的方程中所有因子都是显著的。

采用 SPSS 19.0 统计软件进行数据处理。

8.4.2 影响幼苗密度的土壤发育因子主成分分析

利用 SPSS 19.0 统计分析软件对 12 块植苗造林恢复措施下的样地数据和 16 块播种造林植被恢复措施下的样地数据进行正态标准化，然后对标准化后的数据进行主成分分析，提取对分析结果起决定性作用的前 m 个主要因子，使得累积贡献率达到≥80%。主成分分析结果（表 8-25）显示，在植苗造林植被恢复措施下，第 1、2、3 主成分分别解释了总变异的 48.389%、19.834%和 11.243%，共解释了总变异的 80.466%，包含了原始数据的绝大部分信息量，符合主成分分析的条件。在播种造林植被恢复措施下，前 3 个主成分累积贡献率到 80.351%，其中第 1 主成分解释了总变异的 49.693%，第 2 主成分解释了总变异的 18.423%，第 3 主成分解释了总变异的 11.235%。因此，在两种植被恢复措施下，均选取前 3 个主成分。

表 8-25 主成分因子负荷矩阵

变量	主成分		
	1	2	3
pH 值	−0.209（0.692）	−0.516（−0.698）	0.048（−0.111）
土壤有机质/（g·kg⁻¹）	0.908（0.880）	−0.274（0.247）	0.176（0.245）
土壤全 N/（g·kg⁻¹）	0.639（0.890）	−0.533（0.231）	0.381（0.201）
土壤全 P/（g·kg⁻¹）	0.760（−0.556）	0.371（0.429）	−0.161（0.152）
土壤全 K/（g·kg⁻¹）	−0.472（−0.656）	0.573（0.065）	0.567（0.619）
土壤容重/（g·cm⁻³）	−0.510（−0.305）	−0.226（−0.564）	0.627（0.601）
土壤含水率/%	0.334（−0.430）	0.711（0.737）	0.218（−0.082）
凋落物全 N/（g·kg⁻¹）	0.893（0.781）	−0.306（0.317）	0.126（0.347）
凋落物生物量/（t·hm⁻²）	0.884（0.895）	0.208（0.188）	0.170（0.056）

注：括号内为播种造林植被恢复措施下主成分因子负荷量。

在植苗造林植被恢复措施下，对第 1 主成分负效应最大的是土壤容重（−0.510），正效应较大的是土壤有机质（0.908）、凋落物全 N（0.893）和凋落物生物量（0.884）；对第 2 主成分负荷量较大的效应指标主要为土壤含水率（0.711）和土壤全 N（−0.533）。因此在植苗造林植被恢复措施下，土壤有机质、土壤全 N、土壤容重、土壤含水率、凋落物全 N 和凋落物生物量为主要土壤发育因子。

在播种造林植被恢复措施下，对第 1 主成分正效应最大的土壤发育因子为凋落物生物量，其次为土壤全 N 和土壤有机质，负荷量分别为 0.895、0.890 和 0.880；对第 2 主成分正效应最大的土壤发育因子为土壤含水率（0.737），负效应最大的为 pH 值（−0.698）。因此，在播种造林植被恢复措施下，土壤有机质、土壤全 N、土壤含水率和凋落物全 N 为土壤环境发育的主要因子。

8.4.3　幼苗密度与土壤发育因子相关分析

在植苗造林植被恢复措施下，选择主成分分析选取的 6 个土壤发育因子与幼苗密度进行相关分析，结果见表 8-26。由表可知，幼苗密度与各土壤发育特征指标均存在显著相关关系（$P<0.05$），其中与土壤有机质、土壤全 N、土壤含水率存在极显著相关关系（$P<0.01$），相关系数分别为 0.824、0.857 和 0.872；幼苗密度与土壤容重存在显著地负相关关系（$P<0.05$），相关系数为−0.647，说明随着土壤容重的增加，土壤结构变差，不利于幼苗的生长。

表 8-26　植苗造林植被恢复措施下幼苗密度与土壤发育因子相关关系

变量	土壤有机质	土壤全 N	土壤容重	土壤含水率	凋落物全 N	凋落物生物量	幼苗密度
土壤有机质	1						
土壤全 N	0.800**	1					
土壤容重	−0.678	−0.466	1				
土壤含水率	0.634	0.600	−0.668*	1			
凋落物全 N	0.942**	0.711*	−0.587	0.509	1		
凋落物生物量	0.778**	0.632	−0.548	0.659*	0.747*	1	
幼苗密度	0.824**	0.857**	−0.647*	0.872**	0.736*	0.743*	1

从播种造林植被恢复措施下幼苗密度与土壤发育因子相关性分析（表 8-27）可以看出，幼苗密度与土壤有机质、土壤全 N、土壤含水率和凋落物全 N 存在极显著的正相关关系（$P<0.01$），这说明上述土壤发育因子能够促进播种造林所形

成的植被林分天然更新。pH 值和幼苗密度呈极显著的负相关关系（$P<0.01$），相关系数为-0.668。

表 8-27　播种造林植被恢复措施下幼苗密度与土壤发育因子相关关系

变量	pH 值	土壤有机质	土壤全 N	土壤含水率	凋落物全 N	幼苗密度
pH 值	1					
土壤有机质	-0.545*	1				
土壤全 N	-0.555*	0.894**	1			
土壤含水率	-0.705**	0.454	0.482	1		
凋落物全 N	-0.577*	0.699**	0.683**	0.759**	1	
幼苗密度	-0.668**	0.817**	0.818**	0.786**	0.851**	1

8.4.4　幼苗密度与土壤发育因子的通径分析

在相关分析的基础上，通过通径分析进一步比较各种影响因子对幼苗密度效应的直接和间接贡献的大小，结果见表 8-28 和表 8-29。对于植苗造林植被恢复措施所形成的植被而言，从幼苗密度与其影响因子的通径分析可知，土壤有机质和土壤含水率对幼苗密度产生了较大的直接正效应，而土壤容重对幼苗产生了较大的负效应。凋落物生物量通过其他影响因子对幼树密度产生总的间接正效应最大（合计达到 0.844），其次为土壤全 N（为 0.633），而土壤容重通过其他影响因子对幼树密度产生总的间接负效应最大（合计达到-0.712）。这说明凋落物通过将营养元素返还到土壤中，进而影响着幼苗的生长发育。

表 8-28　植苗造林植被恢复措施下幼苗密度与土壤发育因子的通径分析

土壤因子	直接作用	间接作用						
		土壤有机质	土壤全 N	土壤容重	土壤含水率	凋落物全 N	凋落物生物量	合计
土壤有机质	0.657		0.176	0.030	0.352	-0.247	-0.075	0.236
土壤全 N	0.220	0.526		0.021	0.333	-0.186	-0.061	0.633
土壤容重	-0.444	-0.445	-0.103		-0.371	0.154	0.053	-0.712
土壤含水率	0.555	0.417	0.132	0.029		-0.133	-0.063	0.382
凋落物全 N	0.262	0.619	0.156	0.026	0.282		-0.072	1.011
凋落物生物量	0.096	0.511	0.139	0.024	0.366	-0.196		0.844

表 8-29　播种造林植被恢复措施下幼苗密度与土壤发育因子的通径分析

土壤因子	直接作用	间接作用					
		pH 值	土壤有机质	土壤全 N	土壤含水率	凋落物全 N	合计
pH 值	−0.719		0.148	−0.184	0.054	0.026	0.044
土壤有机质	0.271	0.392		0.297	−0.042	−0.031	0.616
土壤全 N	0.332	0.399	−0.242		−0.044	−0.031	0.082
土壤含水率	0.076	0.507	−0.150	0.193		−0.034	0.516
凋落物全 N	0.045	0.415	−0.189	0.227	−0.058		0.395

对于播种造林植被恢复措施所形成的植被而言，从幼苗密度与其影响因子的通径分析可知，土壤有机质和土壤全 N 对幼苗密度产生了较大的直接正效应，而土壤 pH 值对幼苗产生了较大的负效应。土壤有机质通过其他影响因子对幼树密度产生总的间接正效应最大，合计达到 0.616，这说明土壤有机质直接和间接影响着幼苗的生长发育，对幼苗的生长起着决定性的作用。

8.4.5　幼苗密度与土壤发育因子的逐步回归模型

将幼苗密度作为因变量，土壤有机质、土壤全 N、土壤容重、土壤含水率、凋落物全 N 和凋落物生物量作为自变量，进行逐步回归分析，结果见表 8-30。由表可知，幼苗密度可与土壤有机质、土壤含水率建立线性回归模型，且模型达到显著水平。这说明，在当地，土壤含水率和土壤有机质是决定幼苗生长繁殖的最重要的指标，影响着植被更新及其演替的进程。因此，在研究区植被生态建设中，必须把保持土壤水分作为生态恢复与重建的重要工作。

表 8-30　幼苗密度与土壤发育因子的逐步回归分析模型

模型	自变量	回归系数及其显著性检验		
		B	t	P
1	常量	−532.315	−1.927	0.009
	土壤含水率/%	3990.136	5.044	0.001
2	常量	−507.167	−3.425	0.011
	土壤含水率/%	2765.709	5.518	0.001
	土壤有机质/$(g \cdot kg^{-1})$	13.554	4.571	0.003

8.5　植被–土壤生态系统协同效应现时评价

8.5.1　现时评价模型建立的背景

植被演替过程其实是植被动态特征与土壤环境的协调耦合过程。由前面的分析可知，植被演替特征参数与土壤发育特征参数之间存在着显著的互作耦合效应。但是，如何定量描述各个演替阶段特定群落（样方）距离当地最优顶级群落的距离，揭示二者在演替过程的不同阶段的协同效应关系，是一个复杂的科学问题。植物群落的演替不但体现在种类组成和结构上，也体现在环境的改变上。土壤作为植被演替中环境的主要因子，其基本属性和特征必然影响群落演替。某一演替阶段的群落特征和土壤特征，是群落和土壤协同作用的结果。因此，需要建立一个模型，来衡量土壤–植被协同效应状况，即协同效应现时评价模型。

8.5.2　现时评价模型的建立

在一个保护较好的群落或生态系统，即使退化的森林生态系统也可以逐步地演替到结构良好的生态系统。但现实往往并非如此，外界的干扰往往会阻碍植被或土壤的演替进程，人工措施可以加快植被的演替进程，而土壤演替进程滞后；有时会出现这样的情形，虽然土壤发育状况较好，处于演替的较高阶段，但由于外界干扰，植被演替仍然处于较低阶段，造成协同滞后。为了定量描述植被与土壤的协同关系，本研究建立了植被演替–土壤发育协同现实评价模型，并定义了植被–土壤演替协同度指数：

$$\text{SCDI} = \frac{V_d}{S_d} = \frac{\dfrac{1}{n_1}\sum_{i=1}^{n_1}(\dfrac{V_i}{IV_i})W_i}{\dfrac{1}{n_2}\sum_{j=1}^{n_2}(\dfrac{S_j}{IS_j})W_j} \tag{8.1}$$

式中：SCDI 是演替协同度指数，描述了植被与土壤的协同关系。SCDI 取值大于1，说明植被演替速度较土壤发育速度快；SCDI 取值越小于1，说明植被演替速度较土壤发育速度越慢，没有充分地利用土壤肥力资源；SCDI 取值越接近于1，说明两者之间演替状态越趋于同步协调发展。

V_d 为基于植被指标演替距离指数，其取值在 0~1，数值大小表示现实植被演替距离顶级群落的相对距离；S_d 为基于土壤指标的演替距离指数，其取值在 0~1，数值大小表示现实土壤发育状态距离演替顶级的距离。两个指数均为基于综合指标的距离指数。V_i 为选择的植被演替指标值，共选择 n_1 个指标，IV_i 为当地处于理想状态下的最优群落的植被演替指标值；S_j 为选择的土壤发育指标，IS_j 为当地处于理想状态下的土壤发育指标值，共选择 n_2 个指标。对于处于不同演替序列的植被类型，可以选择不同的表征植被演替和土壤发育的指标，具体指标可以根据当地植被的演替趋势和主要影响因子确定。

W_i 和 W_j 分别为各植被演替指标的权重系数和各土壤发育指标的权重系数。权重系数可以通过主成分分析法确定，也可以通过专家打分法、层次分析法等方法确定。

植被-土壤演替协同度指数不仅能反映生态系统植被演替与土壤发育的协同演替程度，还能反映植被演替的程度、受干扰的程度以及土壤发育的程度和受干扰的程度。

定义：$V_r=1-V_d$，$S_r=1-S_d$。V_r 和 S_r 分别表示植被演替干扰指数和土壤发育干扰指数。

8.5.3　现时评价模型的检验

以华北低山丘陵区不同演替序列的 42 块样地的植被和土壤数据为依据，通过计算植被-土壤演替协同度指数，分析植被演替与土壤发育的协同关系，验证植被-土壤演替协同度模型的适用性和准确性。

根据重要性、代表性和易于获得性原则，在前面研究的基础上，选择生物量（含地上生物量和地下根系生物量）、物种多样性 Shannon-Wiener 指数作为表征植被演替趋势的指标，选择土壤容重、土壤有机质、土壤含水量作为表征土壤发育的指标。权重系数采用主成分分析法确定，即把演替变量在演替指标体系中的负荷量占总负荷量的百分比作为权重系数，从而计算植被演替状态指数和土壤发育状态指数。各样地基于植被数据的演替距离指数和基于土壤指标的演替距离指数以及土壤发育综合评价指数见表 8-31。按照植苗造林植被恢复措施和播种造林植被恢复措施两个演替序列分别计算各演替阶段的协同度指数，结果见图

8-16 和图 8-18。

表 8-31 42 块样地演替距离指数

样地号	V_d	S_d	SCDI
1	0.286	0.246	1.163
3	0.297	0.171	1.733
4	0.246	0.218	1.131
5	0.310	0.269	1.153
6	0.291	0.299	0.973
7	0.183	0.216	0.847
8	0.280	0.225	1.242
9	0.235	0.236	0.993
10	0.179	0.187	0.959
11	0.215	0.159	1.354
12	0.192	0.229	0.837
13	0.292	0.256	1.141
14	0.168	0.226	0.745
15	0.142	0.208	0.682
16	0.325	0.239	1.361
18	0.492	0.286	1.718
19	0.208	0.223	0.931
20	0.176	0.206	0.856
21	0.292	0.283	1.032
22	0.284	0.235	1.210
24	0.159	0.235	0.676
25	0.313	0.204	1.533
26	0.300	0.221	1.358
27	0.409	0.267	1.533
28	0.458	0.274	1.674
29	0.467	0.280	1.669
30	0.174	0.220	0.792
31	0.182	0.201	0.907
32	0.286	0.248	1.151
33	0.236	0.211	1.118
34	0.069	0.168	0.409

续表

样地号	V_d	S_d	SCDI
36	0.100	0.136	0.734
36	0.116	0.152	0.765
37	0.095	0.153	0.621
37	0.111	0.181	0.611
42	0.161	0.167	0.967
43	0.174	0.141	1.235
45	0.166	0.170	0.977
46	0.105	0.192	0.546
47	0.163	0.196	0.830
48	0.099	0.133	0.746
50	0.118	0.184	0.644

表 8-32　植苗造林植被恢复措施下演替距离指数

演替序列	V_d	V_r	S_d	S_r
草丛	0.098	0.902	0.158	0.842
灌丛	0.141	0.859	0.169	0.831
乔木初期	0.222	0.778	0.194	0.806
乔木中期	0.244	0.756	0.205	0.795
乔木后期	0.309	0.691	0.264	0.736

从表 8-32 和图 8-15 可以看出，在植苗造林植被恢复措施下，随着正向演替进行，植被演替距离指数 V_d 呈稳定增长趋势，从 0.098 增加到 0.309，相应的植被演替干扰指数从 0.902 减小到 0.691；土壤发育距离指数亦呈稳定增长趋势，从 0.158 增加到 0.264，相应的土壤发育干扰指数从 0.842 减小到 0.736。可以看出，随着演替正向进行，植被演替干扰指数和土壤发育干扰指数虽然一直在减小，但仍处于较高的数值状态。从图 8-15 可知，随着演替正向进行，两个指数的数值在逐渐趋近相同，即逐步向基本协同状态逼近。从图 8-16 可知，在植苗造林植被恢复措施下，在草丛和灌丛演替阶段，演替协同度指数远小于临界值 1，即植被演替没有跟上土壤发育的步伐。因此，人工植苗造林后，由于人为促进植被的演替进行，植被演替与土壤发育在乔木演替初期，其协同演替度指数就超过临界值 1，并在以后的演替过程中保持稳定，这说明人工造林能够有效加速植被与土壤的协同演替进程。

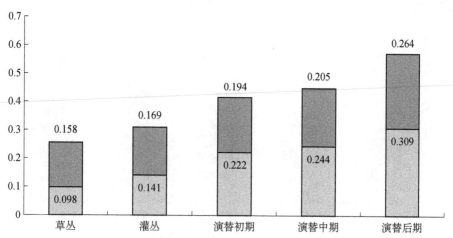

图 8-15 植苗造林植被恢复措施下演替距离指数

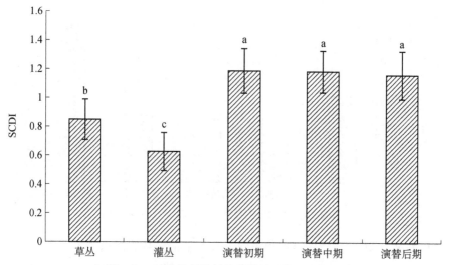

图 8-16 植苗造林植被恢复措施下协同度指数

表 8-33 播种造林植被恢复措施下演替距离指数

演替序列	V_d	V_r	S_d	S_r
草丛	0.098	0.902	0.158	0.842
灌丛	0.141	0.859	0.169	0.831
乔木初期	0.174	0.826	0.217	0.783
乔木中期	0.256	0.744	0.235	0.765
乔木后期	0.403	0.597	0.274	0.726

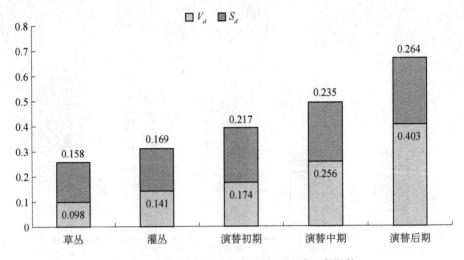

图 8-17　播种造林植被恢复措施下演替距离指数

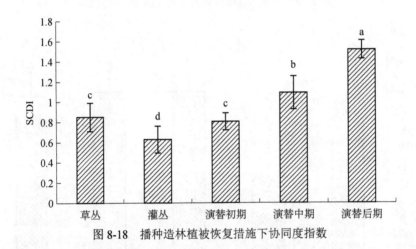

图 8-18　播种造林植被恢复措施下协同度指数

　　从表 8-33 可知，随着演替的正向进行，植被演替距离指数 V_d 呈稳定增长趋势，从 0.098 增加到 0.403，相应的植被演替干扰指数从 0.902 减小到 0.597；土壤发育距离指数亦呈稳定增长趋势，从 0.158 增加到 0.264，相应的土壤发育干扰指数从 0.842 减小到 0.736。从图 8-17 和图 8-18 可以看出，在播种造林植被恢复措施下，植被演替与土壤发育的协同规律呈渐进式，而且，即使到了乔木演替后期，仍然没有达到较好的协同关系。因此，在播种造林植被恢复措施下，到乔木演替初期，土壤发育速度仍大于植被演替的速度，直到乔木演替中期，植被演替距离指数已大于土壤发育状态指数，其比值超过临界值 1，而且随着演替进行，比值仍在增加，即土壤发育指数的增加幅度小于植被状态指数的增加幅度。这说明，播种造林植被恢复措施下所形成的栓皮栎、刺槐等天然次生林具有较强的适应环境能力，其演替的速度超过了土壤发育的速度，这也可能是由于这种植被适应当地的环境但对土壤的改造能力有限。

从图 8-19 可知，在乔木演替阶段，在演替初期，植苗造林植被恢复措施所形成的植被演替距离指数高于播种造林植被恢复措施所形成的植被演替距离指数，而前者的土壤发育距离指数显著低于后者；在演替中、后期，播种造林植被恢复措施所形成的植被演替距离指数、土壤发育距离指数均高于植苗造林植被恢复措施所形成的植被，且差异在演替中期达到显著水平（$P<0.05$）。

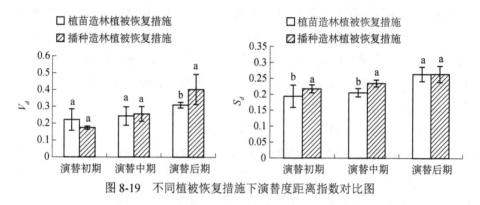

图 8-19　不同植被恢复措施下演替度距离指数对比图

8.6　小结与讨论

（1）本研究在利用主成分分析方法对物种多样性和土壤发育因子关系指标进行筛选的基础上，利用 RDA 方法分析筛选后的物种多样性和土壤发育因子指标之间的关系，结果发现：在植苗造林植被恢复措施下，灌木 Shannon-Wiener 指数与土壤有机质、土壤全 N 和土壤全 P 存在显著的相关关系；草本均匀度指数与土壤容重存在显著负相关关系，与灌木丰富度和土壤田间持水率均存在显著正相关关系；草本 Pielou 指数可与土壤 pH 值、土壤有机质、土壤容重、土壤毛管持水率、土壤田间持水率和非毛管孔隙度建立线性回归模型。在播种造林植被恢复措施下，灌木 Shannon-Wiener 指数与土壤全 N、土壤全 K 和土壤容重均存在显著相关关系；灌木丰富度指数和土壤有机质、土壤全 N 存在显著正相关关系；草本植物 Pielou 指数与土壤全 N、土壤全 P 和土壤全 K 均存在显著相关关系；灌木 Shannon-Wiener 指数和灌木丰富度均可与土壤有机质、土壤全 K 和土壤田间持水率建立线性回归方程，该模型可以定量描述物种多样性与土壤环境因子的耦合关系，对于物种多样进展预测，具有重要实用价值。

（2）植被恢复和演替过程是土壤和植被相互影响的过程。比如土壤理化性质的改善最终会引起植被群落生长的变化，可以不断促进植被的生长，推动植被演替进展的速度。与此同时，随着植被演替的进行，土壤质量会得到逐步改善和提高，二者之间表现为正向互作效应（孟京辉等，2010；韩路等，2010）。本研究也得到相似的结论，即在植苗造林植被恢复措施下，植被地表植物地上生物量和植物全 N 均可与土壤有机质含量、土壤全 N 含量呈二次曲线正相关；在播种造林植被恢复措施下，植被地表植物地上生物量与土壤有机质含量、土壤全 N 含量呈二次曲线正相关，植物全 N 与土壤有机质、土壤全 N 之间的回归关系可以用二次曲线描述。土壤有机质含量、土壤全 N 含量等土壤养分含量的增加能有效促进植被地上生物量的提高，反过来，植被地上生物量的提高又能促进土壤养分的积累富集，两者之间呈现相互促进的作用。

（3）在不同植被恢复措施下，植被地表根系生物量、凋落物生物量与土壤有机质含量、土壤全 N 含量呈二次曲线正相关；二次曲线方程也可以描述植物根系全 N 和凋落物全 N 与土壤有机质、土壤全 N 之间的回归关系。这说明，土壤有机质含量、土壤全 N 含量等土壤养分含量的增加能促进植被根系的生长，促进其生物量的显著增加，同时又能促进根系全 N 的积累富集。反过来，根系的大量周转又能促进土壤有机质和土壤全 N 的积累。同时，凋落物生物量和凋落物全 N 含量亦不断增大，反之亦然，凋落物生物量和凋落物全 N 的增加也会促进土壤养分含量的提高。二者之间为正向相互促进效应。

（4）在不同地区不同立地条件下，影响根系的土壤限制因子有所差异。相关研究表明，干旱地区的限制因子为土壤水分（C.E. Wells et al., 2001），燕辉等（2009）等认为土壤容重是影响根系分布的一个重要限制因素。本研究发现，在植苗造林植被恢复措施下，对根系结构参数值影响较大的土壤理化特性指标为土壤有机质、土壤全 N 和土壤容重等，对土壤理化特征反应最敏感的根系结构指标为根长密度、比根长和根平均直径等；在播种造林植被恢复措施下，对根系结构影响较大的土壤发育特性指标为土壤全 N、土壤饱和持水率和土壤有机质等，对土壤发育特性反应敏感的根系结构特征指标分别为根体积密度、根平均直径和根长密度等。

（5）本研究结果表明，在植苗造林植被恢复措施下，土壤全 N 与根生物量有极显著正相关关系，与根体积密度等参数存在着显著的正相关关系；土壤有机质与根体积密度、根表面积密度、根平均直径间均呈显著的正相关关系，与根生物量存在极显著相关关系。这说明土壤全 N 与土壤有机质在某种程度上决定着根系的生长发育，而比根长和根平均直径对土壤有机质和土壤全 N 的变化反应并不敏感，它们之间并不存在显著的相关关系。在播种造林植被恢复措施下，土壤全 N 与根生物量和根平均直径间存在极显著正相关关系，而与根体积密度存在着显著的正相关关系；土壤有机质与根系生物量和根系表面积密度间呈显著的正相关关系，与根体积密度和根平均直径间存在极显著相关关系。地表层根系具有改良土壤、固土保水及碳汇的功能，这些功能的发挥主要取决于根系生物量的变化，而细根虽然只占整个森林生物量的 1%，但平均每年细根生产力占森林全部生产力的 50%以上（G. Dirk et al., 2008）。地表根系生物量和土壤因子存在一定的关系，同时，根系吸收养分的机制是在比较肥沃的土层中投入尽可能多的碳水化合物，通过扩大根系表面积获取水分和养分。B. Fransen 等（1998）的研究表明，根长密度在肥沃与贫瘠土壤间具有显著差异，具有随养分条件的改善而增加的趋势，而比根长差异不显著。

（6）已有的表述土壤特性指标与根系结构指标关系的模型大都采用直线模型。如王树堂等（2010）分别建立了土壤碳、土壤 N 与细根生物量、比根长和根表面积密度的直线回归模型，结果并不理想。本研究结果表明，植苗造林植被恢复措施下，土壤全 N 与根系生物量、根表面积密度和根体积密度均可以采用二次曲线、三次曲线和直线模型进行拟合，但拟合效果最好的模型均为二次曲线模型。土壤有机质与根生物量、根平均直径、根表面积密度和根体积密度均可以采用幂函数、S 形曲线、直线模型进行拟合，拟合效果最好的模型分别为直线、幂函数、S 形曲线和二次曲线模型。在播种造林植被恢复措施下，土壤全 N 与根系生物量、根表面积密度和根体积密度均可以采用幂函数、直线和 S 形曲线模型进行拟合，但拟合效果最好的模型均为直线模型。土壤有机质与根生物量、根平均直径、根表面积密度和根体积密度均可以采用幂函数、S 形曲线、直线模型进行拟合，拟合效果最好的模型分别为 S 形曲线、幂函数、幂函数和 S 形曲线模型。有关土壤理化特性与根系结构关系的研究往往集中在单一土壤因子与单一的根系分布参数之间的关系，而各个土壤理化特性参数间及根系结构参数间均存在一定的联系，因此，单一参数间的定量并不能全面描述两者的耦合关系，本研究采用的典型相关分析的方法能够弥补这一缺点。同时，已有的表述土壤特性指标与根系结构指标关系的模型大都采用直线模型，本研究发现直线模型并不是最好的拟合两者关系的模型。

（7）天然更新是森林生态系统中森林资源再生产的一个重要生态学过程，是森林生态系统自我繁衍恢复的重要手段，是植被演替的重要动力（马姜明等，2009）。影响植被天然更新的因子较多，森林类型或更新树种不同，影响树种更新的关键因子也不同。本研究在主成分分析和相关性分析的基础上，通过通径分析方法进一步研究了各种影响因子对幼苗密度的直接和间接影响。在植苗造林植被恢复措施下，土壤有机质和土壤含水率对幼苗密度产生了较大的直接正效应，而土壤容重对幼苗产生了较大的负效应。凋落物生物量通过其他影响因子对幼树密度产生总的间接正效应最大，合计达到 0.844，而土壤容重通过其他影响因子对幼树密度产生总的间接负效应最大，合计达到-0.712，这说明凋落物通过将营养元素返还到土壤中，进而影响着幼苗的生长发育。对于播种造林植被恢复措施所形成的植被而言，土壤有机质和土壤全 N 对幼苗密度产生了较大的直接正效应，而土壤 pH 值对幼苗产生了较大的负效应。土壤有机质通过其他影响因子对幼树密度产生总的间接正效应最大，合计达到 0.616，这说明土壤有机质直接和间接影响着幼苗的生长发育，对幼苗的生长起着决定性的作用。通过通径分析，不仅能够得出变量两两之间的直接关系，还能够通过构建因果关系模型，了解变量之间的间接关系。因此，通径分析是研究多个环境因子与植被变量之间关系的有力工具。不过，在构建通径分析的模型时，合理的假设是必备的前提条件。有时候变量之间可能不是简单的线性关系，那么对原始数据的"转化"也是必要的，如取对数、平方根等。因为通径分析本质上还是一种回归分析，足够的数据量也是必备的前提条件，分析的结果如果不够理想，则很可能是遗漏了重要的变量。在自然生态系统中，生物与其所处的环境相互关联、相互配合、相互制约、互为因果且协调发展。通径分析为分析这些因素之间的因果关系，辨识其中主要的影响因素及其施加影响的过程，提供了很好的思路与方法。

（8）为了定量描述植被与土壤发育的协同关系，达到基于某现时样地数据就可以判断土壤-植被协同程度，进而判读演替趋势的目的，本研究建立了植被演替-土壤发育协同现实评价模型，并定义了植被-土壤演替协同度指数（SCDI）。为了验证本协同演替度指数的适用性，根据研究区域植被演替特征和土壤发育特征，选择生物量（含地上生物量和地下根系生物量）、物种多样性 Shannon-Wiener 指数作为表征植被演替趋势的指标，选择土壤容重、土壤有机质、土壤含水量作为表征土壤发育的指标，将演替变量在指标体系中的负荷量占总负荷量的百分比作为权重系数，计算各演替阶段的协同度指数。

在植苗造林植被恢复措施下，随着演替的正向进行，植被演替距离指数 V_d 呈稳定增长趋势，从 0.098 增加到 0.309，相应的植被演替干扰指数从 0.902 减小到 0.691；两个指数的数值在逐渐趋近相同，即逐步向基本协同状态发展。在播种造林植被恢复措施下，植被演替与土壤发育的协同规律呈渐进式的进程，随着植被演替进行，演替协同度指数一直在增加，即土壤发育指数的增加幅度小于植被状态指数的增加幅度。这说明，播种造林植被恢复措施下所形成的栓皮栎和刺槐等天然次生林具有较强的适应环境能力，其演替的速度超过了土壤发育的速度，这也可能是由于这种植被适应当地的环境但对土壤的改造能力有限。

9

结论、讨论与展望

9.1　结　　论

在太行山低山丘陵区，根据研究区域的植被现状，以"时空替代法"，分别以植苗造林植被恢复措施下所形成的侧柏林演替序列和播种造林植被恢复措施下所形成的栓皮栎和刺槐天然次生林演替序列为研究对象，采用典型取样法设置样地，进行野外测树学和生态学调查，对植物样品和土壤样品进行室内分析，研究了不同植被恢复措施下植被演替和土壤发育的协同机制。研究首先对不同植被恢复措施所形成的植被所处的演替阶段进行了定量识别和量化分析，并分别对不同植被恢复措施下不同演替阶段优势种（乔木、灌木和草本）的种群结构、物种多样性、更新特征和植被生物量及其营养元素（乔木、地表和地下）等植被演替特征进行了研究，建立了修正演替度指数模型；研究了植被演替过程中土壤理化特性及其影响因子，建立了土壤发育综合评价指数模型；分别研究了物种多样性、生物量、根系结构和更新特征与土壤发育的协同关系，最后通过构建植被-土壤系统协同演替度现时评价模型对不同演替阶段植被-土壤系统协同状态进行现时评价。

本研究主要得到以下结论：

（1）综合运用主成分分析法、灰色关联聚类法和 DCA 排序法，对研究区域不同植被恢复措施下各演替阶段进行量化识别和划分。植被演替呈现出草本群落-灌丛群落-乔木群落发展的趋势，其中灌丛和乔木演替阶段均可划分为演替初期、演替中期和演替后期。在播种造林植被恢复措施下，以栓皮栎为优势种的群落类型是研究区的演替顶级群落，以刺槐为主要优势种的群落类型形成一个偏途演替顶级群落；侧柏种群在植苗造林植被恢复措施所形成的针叶植被中处于绝对优势地位。

（2）对乔木、灌木和草本优势种的数量结构特征的研究结果表明：随着演替的正向进行，侧柏优势种群重要值逐渐增大，栓皮栎和刺槐种群重要值呈下降趋势；荆条种群为灌丛演替中、后期的指示种，酸枣为灌丛演替初期的指示种。

（3）对不同植被恢复措施不同演替阶段植被物种多样性的研究结果表明：乔木物种多样性在不同植被恢复措施下不同演替阶段均呈较低水平；随着演替正向进行，不同植被恢复措施下的灌木物种多样性均呈先增大后减小趋势；同时处于演替初期、中期的植苗造林植被恢复措施下的乔木演替阶段林下灌木 Shannon-Wiener 指数显著低于播种造林植被恢复措施下的灌木 Shannon-Wiener 指数，而草本 Shannon-Wiener 指数则相反。

（4）对天然更新特征的研究结果表明：植被更新主要为实生更新；与播种造林相比，由植苗造林所形成的针叶林分更新过程波动更大，随着演替进行，侧柏幼苗重要值急剧下降，而栓皮栎、刺槐和构树等幼苗重要值逐渐增加；在播种造林植被恢复措施下，与其他更新种相比，栓皮栎和刺槐更新种重要值始终最大，处于绝对优势地位；对更新种物种多样性的分析印证了上述结论，在各个演替阶段，植苗造林植被恢复措施下更新种 Simpson 优势度指数均低于播种造林植被恢复措施下更新种 Simpson 优势度指数，而 Shannon-Wiener 多样性指数则相反。

（5）植被生物量和营养元素储量研究结果表明：播种造林植被恢复措施下，各演替阶段乔木生物量和单位面积营养元素储量均高于处于相同演替阶段的植苗造林植被恢复措施下的乔木生物量和单位面积元素储量。与播种造林植被恢复措施相比，植苗造林植被恢复措施下的乔木地下根系生物量在乔木总生物量中所占比重较高，但是从绝对值来看，远低于播种造林植被恢复措施下的地下乔木根系生物量；两者单位面积 N 储量、P 储量和 K 储量与单位面积生物量基本保持相同的大小关系；在演替初期，植苗造林植被恢复措施下的单位面积灌木生物量高于播种造林植被恢复措施下的单位面积灌木生物量，而到了演替中、后期则呈相反趋势。

（6）本研究对演替度指数进行了优化，同时考虑物种多样性、重要值和物种相对寿命，建立了表征植被演替特征的修正演替度指数（D_i）。修正演替度指数的计算结果表明，在不同的植被恢复措施下，修正演替度指数均随植被正向演替而增加。尤其是在从灌木演替阶段向乔木演替阶段进行时，该指数存在明显上升趋势。相同演替阶段的播种造林植被恢复措施下的演替度指数均显著高于植苗造林植被恢复措施下的演替度指数（$P<0.05$）。

（7）对植被演替过程中土壤物理性质的研究结果表明：随着演替的正向进行，不同植被恢复措施下的土壤容重和土壤孔隙度均呈下降趋势，最小值出现在演替后期；演替初期、中期的播种造林植被恢复措施下的土壤毛管孔隙度和土壤总孔隙度均显著高于植苗造林植被恢复措施下的相应孔隙度指标，而演替后期则差别不大；随着演替的正向进行，土壤饱和持水量、非毛管持水量和毛管持水量均呈增加趋势；处于相同演替阶段的播种造林植被恢复措施下的土壤持水量各指标值均高于植苗造林植被恢复措施下土壤持水量各指标值。

（8）采用主成分分析和典型相关分析方法对土壤渗透性及其影响因素进行了分析。结果表明：土壤有机质与土壤初始入渗率、稳渗率、前 30 min 入渗量均呈现极显著正相关关系；土壤容重和总孔隙度与初始入渗率、稳渗率、前 30 min 入渗量均存在显著负相关关系；Kostiakov、Philip 和 Horton 入渗模型均能很好描述土壤入渗速率与时间的关系；对土壤渗透能力反映较为敏感的土壤特性指标和根系结构指标分别为非毛管孔隙度和根表面积密度。

（9）对植被演替过程中土壤化学性质的研究结果表明：随着演替的正向进行，不同植被恢复措施下的土壤 pH 值均呈逐渐下降趋势；而有机质含量则呈增大趋势，且随着土层厚度增加，有机质含量降低；在演替中、后期，植苗造林植被恢复措施下的土壤有机质含量比播种造林植被恢复措施的略大，而演替初期则相反。随着植被正向演替，土壤表层 0～10 cm 土壤全 N 含量呈逐渐上升的趋势，与土壤有机质变化规律基本一致。

（10）基于相关分析、主成分分析和综合指数法，选取表征土壤发育特征的 8 个土壤物理、化学特性指标，分别为土壤 pH 值、土壤有机质、土壤全 N、土壤全 P、土壤全 K、土壤容重、土壤饱和持水率和土壤总孔隙度组成土壤发育综合评价指标体系，建立了表征土壤发育特征的土壤发育综合评价指数（SDI）。对土壤发育综合评价指数的计算结果表明，从草丛到乔木演替后期，不同植被恢复措施下，各演替阶段的土壤发育指数均呈逐步增加的趋势。不同植被恢复措施下的土壤发育综合评价指数对比结果表明，播种造林恢复措施下的土壤发育综合评价指数（SDI）指标值均高于植苗造林植被恢复措施下的 SDI 数值，其中，演替中期和演替后期的 SDI 存在显著差异。

（11）利用主成分分析和 RDA 分析方法，对植被演替过程中不同植被恢复措施下的物种多样性与土壤发育的耦合关系进行了分析。研究结果表明：在植苗造林植被恢复措施下，灌木 Shannon-Wiener 指数与土壤有机质、土壤全 N 和土壤全 P 存在显著的相关关系；草本均匀度指数与土壤容重存在显著的负相关关系；灌木丰富度与土壤田间持水率存在显著的正相关关系；草本 Pielou 指数均可与 pH 值、土壤有机质、土壤容重、土壤毛管持水率、土壤田间持水率和非毛管孔隙度建立线性回归模型。在播种造林植被恢复措施下，灌木 Shannon-Wiener 指数与土壤全 N、土壤全 K 和土壤容重均存在显著的相关关系；灌木丰富度指数和土壤有机质、土壤全 N 存在显著的正相关关系；草本植物 Pielou 指数与土壤全 N、土壤全 P 和土壤全 K 均存在显著的正相关关系；灌木 Shannon-Wiener 指数和灌木丰富度均可与土壤有机质、土壤全 K 和土壤田间持水率建立线性回归方程。

（12）对凋落物生物量的研究结果表明：随着演替的正向进行，地表凋落物总储量越来越大，且相同演替阶段的播种造林植被恢复措施下的凋落物现存生物量均显著高于植苗造林植被恢复措施下的凋落物现存量；凋落物生物量在不同凋落物层次大小关系为分解层>半分解层>未分解层。对植被演替过程中地表植物地上部分、地下部分、凋落物生物量和元素储量与土壤发育耦合关系的研究结果表明：不同植被恢复措施下，植被地表植物地上生物量、地表根系生物量和凋落物生物量均与土壤有机质含量、土壤全 N 含量呈二次曲线正相关关系；植物地上部分、地下部分和凋落物全 N 含量与土壤有机质、土壤全 N 之间的回归关系可以用二次曲线回归方程描述。

（13）对不同植被恢复措施下不同演替阶段地表根系结构和分布状态的研究结果表明：在不同植被恢复措施下的不同演替阶段，根长密度、根表面积密度和根体积密度等根系结构指标最大值均出现在演替中期，其次为演替初期，最小值出现在演替后期；根系主要由 $D<2$ mm 的细根组成，细根根系长度占根系总长度的 93.64%～97.52%；与播种造林植被恢复措施下所形成的阔叶林分相比，演替中、后期植苗造林植被恢复措施下所形成的针叶林分的各根系结构参数指标值较大。

（14）应用典型相关分析方法对根系结构参数和土壤发育特征的耦合关系进

行了分析，并应用模型分析法建立了根系结构参数和土壤发育特征参数间的耦合模型。结果表明：在植苗造林植被恢复措施下，土壤全 N 与地表根系生物量和根体积密度有显著正相关关系，并均可以采用二次曲线、三次曲线和直线模型进行拟合，但拟合效果最好的模型均为二次曲线；土壤有机质与根系生物量、根体积密度、根表面积密度和根平均直径间均呈显著的正相关关系，并可以采用幂函数、S 形曲线和直线模型进行拟合；对根系结构参数值影响较大的土壤理化特性指标为有机质、土壤全 N 和土壤容重等；对土壤理化特征反应最敏感的根系结构指标为根长密度、比根长和根平均直径等。在播种造林植被恢复措施下，土壤全 N 与地表根生物量、根平均直径和根体积密度间存在显著正相关关系，均可以采用幂函数、直线和 S 形曲线模型进行拟合，但拟合效果最好的模型均为直线模型；土壤有机质与根系生物量、根系表面积密度、根体积密度和根平均直径间呈显著的正相关关系，均可以采用幂函数、S 形曲线、直线模型进行拟合；对根系结构影响较大的土壤发育特性指标为土壤全 N、土壤饱和持水率和土壤有机质等；对土壤发育特性反应敏感的根系结构特征指标分别为根体积密度、根平均直径和根长密度等。

（15）应用主成分分析法和通径分析法，对植被更新特征和土壤发育因子之间的耦合关系进行了分析。结果表明：在植苗造林植被恢复措施下，土壤有机质含量和土壤含水率对幼苗密度产生了较大的直接正效应，而土壤容重对幼苗密度产生了较大的负效应；凋落物生物量对幼苗密度产生总的间接正效应最大，而土壤容重通过其他影响因子对幼树密度产生总的间接负效应最大。在播种造林植被恢复措施所下，土壤有机质和土壤全 N 对幼苗密度产生了较大的直接正效应，而土壤 pH 值对幼苗密度产生了较大的负效应；土壤有机质对幼苗密度产生总的间接正效应最大。

（16）应用模型分析法建立了植被演替-土壤发育协同程度现时评价模型，并对模型进行了检验。结果表明：在现时评价时，可以选择生物量（含地上生物量和地下根系生物量）、物种多样性 Shannon-Wiener 指数作为表征植被演替趋势的指标，可以选择土壤容重、土壤有机质和土壤含水量作为表征土壤发育的指标，可利用演替变量在指标体系中的负荷量占总负荷量的百分比作为权重系数，计算各演替阶段的协同度指数；本研究建立并定义的植被-土壤协同演替度指数（SCDI）具有良好的适用性。在植苗造林植被恢复措施下，随着演替的正向进行，植被演替距离指数呈稳定增长趋势，而植被演替干扰指数则相反，且植被演替距离指数与土壤发育距离指数的数值逐渐趋近并相等，达到基本协同状态。在播种造林植被恢复措施下，植被演替与土壤发育的协同规律呈渐进式的过程，随着植被演替的正向进行，协同度指数一直在增加，即土壤发育指数的增加幅度小于植被状态指数的增加幅度。在植被演替评价中，可利用本研究提出的现时评价模型，计算演替过程中植被和土壤干扰力，植物多样性的作用和距离演替顶级距离等，为生态系统管理和生态恢复工程措施优化提供依据。

9.2 讨 论

（1）实践证明，"时空替代"方法有效地解决了在缺乏长期系统定位资料时，研究植被演替过程的时空置换问题。但由于受各种条件的影响，不同的空间可能有着不同演替进程，且存在人为干扰的强度和广度等问题，这些都会造成不同研究区域可比性较差的现象，这对研究结果可能会有一定程度的影响。但研究结果总体上仍有较高的可信度和较强的说服力。因此，建立长期的系统定位观测研究，弥补短时间内研究的不足，以宏观与微观、长期和短期相结合，是今后的研究中亟待解决的关键问题。

（2）在植被-土壤恢复系统研究中，恢复生态学一方面逐渐开始强调从微观角度对植被恢复演替过程中的机理开展研究；另一方面在宏观上对景观恢复过程开展研究，包括生物组成、景观结构以及生态系统之间的功能相互作用，充分利用包括 3S 技术等高新技术手段。在影响演替进程的内在机理方面，本研究主要是在群落尺度上开展调查研究，对机理研究还不够深入，同时，在建立演替阶段识别与量化评价指标体系，以及在选择植被-土壤耦合关系指标时，鉴于实验条件受限和研究机理不清楚，选取的评价指标只是植被-土壤生态系统结构功能指标体系中的一部分，可能还存在更重要的指标没包括在内。

（3）虽然本研究对植被演替过程中植被更新特征进行了分析，但是，土壤种子库是植被更新动态过程中重要的生态过程，生态系统的恢复与重建都涉及种子库的时空格局、种子萌发和幼苗的补充更新。土壤种子库与植物群落的演替动态有着直接的关系，在植被的发生和演替、更新和恢复过程中起着重要的作用，因此，应当加强对土壤种子库在植被恢复演替进程中的作用与潜力的研究，为植被的保护和恢复重建提供合理解决方案。本研究没有涉及土壤种子库的研究，需要进一步的研究。

（4）林地根系的分布特征反映了土壤的物质和能量被利用的可能性以及生产力。根系的生长和分布不仅与土地利用状况有关，还与土壤的物理化学性质密切相关。因此，森林根系结构在植被演替过程中的动态过程是与功能过程耦合的，植被演替过程中根系功能值得深入研究。但是目前与森林演替相联系的根系分布动态研究资料还极为缺乏，在研究的尺度上，已有的也主要是对单个树种或群落的根系研究；从生态系统角度，特别是从演替进程角度进行的研究还甚少，根系分布模式与成层现象在演替进程中的作用及动态目前尚未见研究。同时，由于根系存在很大的空间分异性，根系随演替而产生的功能性变化的测定尚缺乏统一有效的方法，根系取样及其分类缺乏有效的方法且存在很大的不确定性，新方法的引入不够，已有的方法也不够标准化。因此，应该加强新技术的应用，逐步实现对森林根系动态的实时监测。

（5）根据普通物理学理论，自然界的运动变化是在"能量-作用力-功"三者相互作用的变化中实现的，植被演替过程也不能离开三者的作用关系。本研究虽然提出了基于植被和土壤协同过程的协同度指数，但是对"能量-作用力-功"过程机理的掌握不透彻。因此，能否利用生态系统恢复动力学原理和模型，进一步发展植被演替过程中恢复动力与生态系统"功"的理论，并与植被生态系统功能、能量生态学、数量生态学等学科建立联系，进一步延伸到植被-土壤生态系统与生态系统抵抗力、变异性的研究，并使植被演替与土壤发育进程和生态系统稳定性研究结合起来，是作者下一步研究的重点。

（6）随着统计软件的大量问世，多元统计方法中的主成分分析、相关分析、因子分析、回归分析和通径分析等在诸多科研领域中已经取得了广泛应用，典范排序法也被生态学家迅速应用到物种-环境关系的分析中。本研究将典型相关分析、排序方法（DCA、RCA）、模型分析法、主成分分析和通径分析等各种多元数据分析方法与双重筛选逐步回归方法结合起来，立足于解决多对多的回归问题，为描述植被演替与土壤发育的耦合关系提供了有效方法。但由于目前这方面的研究成果较少，可利用的模型和方法较少，本研究所使用方法的合理性还需要进一步研究、确认。

9.3 展　　望

　　植被恢复过程也是生态系统的演替过程，在其演替过程中，生物中的植被演替与环境中的土壤演替是同时进行的，植被演替与土壤发育是息息相关的一个过程的两个方面。植物群落的演替不但体现在植物本身种类组成和群落结构上，也体现在生境，特别是土壤环境的改变上。一方面，土壤作为植被恢复中环境的主要因子，其基本属性和特征必然影响群落演替方向和速度；另一方面，某一特定演替阶段的群落特征和土壤特征，是植物群落和土壤协同作用的结果。恢复生态学研究中的一个重要内容就是通过营造植被以抑制水土流失，依靠根系增加土壤结构稳定性和增强土壤抗冲性，通过改良土壤使植被群落具备正向演替的土壤条件。植物根系分泌的有机物质能促进土壤中的微生物活动，进而改善土壤结构，促进土壤水稳性团聚体的形成，进一步增强土壤的抗冲性，改良土壤的理化性质，进而为植物生长提供更佳的土壤环境。因此，在进行植被恢复实践中，把握不同恢复策略下的植被演替与土壤演替的方向和速度，以及二者的协同作用，对生态环境建设和植被生态建设的研究都有积极意义。

　　由于不同的研究者或管理者对恢复生态系统服务功能需求的不同，其评价生态系统恢复进程的角度也不同，并且大多数研究只是提出恢复评价的概念性框架，许多研究还停留在定性分析阶段，因而实际可操作性较差，恢复评价研究仅局限于从植被因子的角度，缺乏从生态系统的角度进行综合定量评价。同时，自然恢复评价研究较多，而人工恢复评价研究较少。本研究以探讨不同植被恢复策略下植被演替以及地下部根系发育趋势与土壤发育为出发点，将土壤-植被协同演替理论与植被建设研究相结合，对半干旱区植被演替与土壤发育进程的复杂响应关系进行定量化研究，基本探明了特定植被自然演替规律、植物根系分布与生长规律的协同关系，揭示了植被演替规律与土壤发育的复杂影响机制，以及二者之间的正负反馈机制和关键影响要素。

　　植物演替是一个长期过程，演替顶级是其重要理论之一，然而演替顶级并不意味着植被是绝对稳定的，恰恰相反，植被始终是一个不断变化的群落。同时，植被演替过程不仅受群落本身控制，而且还是环境改变的结果，因此，自然环境条件和人为干扰因素都会对植被演替产生重要影响。本研究也一直受到这样的困惑，就是在样地设置时，无法找到保护完好、受外界干扰较少的群落。现实情况是，人为干扰已经严重影响了植被和土壤的演替进程，特别是在演替早期，干扰指数非常高，这在本研究的协同度模型中可以看出。上述分析说明，在对植被演替和土壤发育进行研究的过程中，样地的代表性极其重要。因此，在以后的研究中，只有通过长期定位观测，才可以描述自然状态下植被演替与土壤发育的协同进程，这需要在以后的研究中加以重视。

在植被恢复进程评价的实践中，大多数研究评估的措施可以分为多样性、植被结构和生态过程三大生态系统属性。多样性通常通过确定不同营养级别的生物体的多度和丰度来衡量，植被结构通常通过测量植被覆盖度（例如草本植物、灌木、树木）、木本植物密度、生物量，这些测度对于预测植物演替方向是非常有价值的，而诸如养分循环和生物相互作用（例如菌根等）的生态过程是重要的，因为它们提供关于恢复的生态系统的恢复能力的信息。养分和生物相互作用的恢复对于生态系统功能的长期维持也是至关重要的。因此，评价多样性、植被结构和生态过程，能够反映恢复的生态系统的恢复策略和自我维持能力。

始于 20 世纪 90 年代的生物多样性与生态系统功能（biodiversity and ecosystem functioning，BEF）研究一直是生态学界关注的热点。然而，随着研究的深入，人们逐步认识到，生态系统并非仅仅提供单个生态系统功能，而是同时提供多个功能，这一特性被称之为"生态系统多功能性"（ecosystem multifunctionality，EMF）。尽管有此认识，但直到 2007 年，研究者才开始定量描述生物多样性与生态系统多功能性（biodiversity and ecosystem multifunctionality，BEMF）的关系。目前，BEMF 研究已成为生态学研究的一个重要议题，将 BEMF 引入到植被-土壤协同恢复评价中是未来研究的一个重要议题。

近年来，环境 DNA Metabarcoding 作为在 DNA 条形码技术的基础上研究出来的新兴方法，被广泛地应用于恢复生态学的研究中。环境 DNA 整合 DNA 条形码（DNA Metabarcoding）和第二代高通量测序技术（next generation sequencing，NGS），通过提取环境样品（如土壤、植物根系等）中的 DNA，并使用特异性引物进行 PCR 扩增，对扩增产物进行测序后得到的可操纵分类单元（operational taxonomic units，OTUs）进行物种鉴定，该技术最大的优势在于高通量、低成本并能快速地鉴定物种。应用环境 DNA Metabarcoding 技术被认为是生物多样性评估的可靠和有效的手段，已经开始应用于微生物、植物、动物、水等环境样品多样性评估。伴随着 DNA 条形码技术的发展，特别是相关数据库的完善，植被-土壤协同体系研究将可以在更大的时间和空间尺度上开展，有助于从机理上解决这一科学问题。

主要参考文献

安慧，杨新国，刘秉儒，等. 2011. 荒漠草原区弃耕地植被演替过程中植物群落生物量及土壤养分变化. 应用生态学报，22（12）：3145-3149.

曹靖，陈琦，常雅军，等. 2009. 甘肃兴隆山自然保护区森林演替对土壤肥力影响的评价. 水土保持研究，16（4）：89-93.

常超，谢宗强，熊高明，等. 2009. 三峡库区不同植被类型土壤养分特征. 生态学报，29（11）：5978-5985.

陈存根，彭鸿. 1996. 秦岭火地塘林区主要森林类型的现存量和生产力.西北林学院学报，（S1）：92-102.

陈光升. 2008. 华西雨屏区几种植被恢复模式凋落物的生态功能研究. 四川农业大学博士学位论文.

陈金林，吴春林，姜志林. 2002. 栎林生态系统凋落物分解及磷素释放规律. 浙江林学院学报，19（4）：36-37.

陈金玲，金光泽，赵凤霞. 2010. 小兴安岭典型阔叶红松林不同演替阶段凋落物分解及养分变化. 应用生态学报，21（9）：2209-2216.

陈俊华，刘兴良，何飞，等. 2010. 卧龙巴朗山川滇高山栎灌丛主要木本植物种群生态位特征. 林业科学，46（3）：23-28.

陈英义，李道亮. 2008. 北方农牧交错带沙尘源植被恢复潜力评价模型研究. 农业工程学报，24（3）：130-134.

陈永亮，李淑兰. 2004. 胡桃楸、落叶松纯林及其混交林下叶凋落物分解与养分归还的比较研究. 林业科技，29（5）：9-13.

程冬兵，蔡崇法，孙艳艳. 2006. 植被恢复研究综述. 亚热带水土保持，18（2）：24-26.

程小琴，赵方莹. 2010. 门头沟区煤矿废弃地自然恢复植被数量分类与排序. 东北林业大学学报，38（11）：75-79.

春敏莉，谢宗强，赵常明，等. 2009. 神农架巴山冷杉天然林凋落量及养分特征. 植物生态学报，

33（3）：492-498.

戴全厚，薛萐，刘国彬，等. 2008. 侵蚀环境撂荒地植被恢复与土壤质量的协同效应. 中国农业科学，41（5）：1390-1399.

邓小文，张岩，韩士杰，等. 2007. 外源氮输入对长白山红松凋落物早期分解的影响. 北京林业大学学报，29（6）：16-22.

丁绍兰，杨乔媚，赵串串，等. 2009. 黄土丘陵区不同林分类型枯落物层及其林下土壤持水能力研究. 水土保持学报，23（5）：104-108.

杜峰，梁宗锁，徐学选，等. 2007. 陕北黄土丘陵区撂荒草地群落生物量及植被土壤养分效应. 生态学报，27（5）：1673-1683.

杜峰，山仑，陈小燕，等. 2005. 陕北黄土丘陵区撂荒演替研究−撂荒演替序列.草地学报，13（4）：328-333.

杜丽，戈峰. 2004. 生物多样性与生态系统功能的关系研究进展. 中国生态农业学报，12（2）：24-27.

杜晓军，姜凤岐，沈慧，等. 2001. 辽西低山丘陵区生态系统退化程度的定量确定. 应用生态学报，12（1）：156-158.

范玮熠，王孝安，郭华. 2006. 黄土高原子午岭植物群落演替系列分析. 生态学报，26（3）：706-714.

方精云. 2004. 探索中国山地植物多样性的分布规律.生物多样性，12（01）：1-4+213.

高俊香，鲁小珍，马力，等. 2010. 凤阳山常绿阔叶林乔木层优势种群生态位分析. 南京林业大学学报（自然科学版），34（4）：157-160.

葛东媛，张洪江，王伟，等. 2010. 重庆四面山林地土壤水分特性. 北京林业大学学报，32（4）：155-160.

龚直文. 2009. 长白山退化云冷杉林演替动态及恢复研究. 北京林业大学博士学位论文.

龚直文，亢新刚，顾丽. 2009. 森林植被恢复阶段群落研究动态综述. 江西农业大学学报，31（2）：283-291.

郭利平，姬兰柱，王珍，等. 2011. 长白山红松阔叶林不同植被恢复阶段优势种的变化. 应用生态学报，22（4）：866-872.

郭宁，邢韶华，姬文元，等. 2010. 森林资源质量状况评价方法及其在川西米亚罗林区的应用. 生态学报，30（14）：3784-3791.

郭帅，赵宏霞. 2011. 恢复生态学领域的植被演替研究综述. 聊城大学学报（自然科学版），24（3）：59-63.

郭伟，张健，黄玉梅，等. 2009. 森林凋落物生态功能研究进展. 安徽农业科学,37(5):1984-1985.

郭志彬. 2010. 半干旱黄土高原地区不同干预方式下撂荒地演替植被生物量与土壤物化性质变化. 兰州大学博士学位论文.

韩路，王海珍，彭杰，等. 2010. 塔里木荒漠河岸林植物群落演替下的土壤理化性质研究. 生态环境学报，19（12）：2808-2814.

韩学勇, 赵凤霞, 李文友. 2007. 森林凋落物研究综述. 林业科技情报, 39（3）: 12-13.

郝艳茹, 彭少麟. 2005. 根系及其主要影响因子在森林演替过程中的变化. 生态环境, 14（5）: 762-767.

何志华, 柏明娥, 高立旦, 等. 2008. 浙江海宁鼠尾山露采废弃矿山植被修复的群落结构和持水效应研究. 林业科学研究, 21（4）: 576-581.

胡建忠, 郑佳丽, 沈晶玉. 2005. 退耕地人工植物群落根系生态位及其分布特征. 生态学报, 25（3）: 481-490.

胡小宁, 赵忠, 袁志发, 等. 2010. 黄土高原刺槐细根生长模型的建立. 林业科学, 46（4）: 126-132.

华娟, 赵世伟, 张扬, 等. 2009. 云雾山草原区不同植被恢复阶段土壤团聚体活性有机碳分布特征. 生态学报, 29（9）: 4613-4619.

蒋高明. 1995. 陆地生态系统净第一性生产力对全球变化的响应. 植物资源与环境, 15（04）: 53-59.

谌小勇, 彭元英, 张昌建, 李金华. 亚热带两类森林群落产量结构及生产力的比较研究. 中南林学院学报, 20（01）: 1-7.

蓝良就, 黄炎和, 李德成, 等. 2011. 花岗岩侵蚀区不同恢复阶段的植物群落特征. 福建农林大学学报（自然科学版）, 40（6）: 642-647.

雷云飞, 张卓文, 苏开君, 等. 2007. 流溪河森林各演替阶段凋落物层的水文特性. 中南林业科技大学学报, 27（6）: 38-43.

李朝, 周伟, 关庆伟, 等. 2010. 徐州石灰岩山地侧柏人工林生物量及其影响因子分析. 安徽农业大学学报, 37（4）: 669-674.

李翠环, 余树全, 周国模. 2002. 亚热带常绿阔叶林植被恢复研究进展. 浙江林学院学报, 19（3）: 101-105.

李飞, 赵军, 赵传燕, 等. 2011. 中国干旱半干旱区潜在植被演替. 生态学报, 31（3）: 689-697.

李灵, 张玉, 孔丽娜, 等. 2011. 武夷山风景区不同林地类型土壤水分物理性质及土壤水库特性. 水土保持通报, 31（3）: 60-65.

李帅锋, 刘万德, 苏建荣, 等. 2011. 季风常绿阔叶林不同恢复阶段乔木优势种群生态位和种间联结. 生态学杂志, 30（3）: 508-515.

李兴东, 宋永昌. 1993. 浙江东部常绿阔叶林次生演替的随机过程模型. 植物生态学与地植物学学报, 17（4）: 345-351.

李志勇, 王彦辉, 于澎涛, 等. 2010. 重庆酸雨区马尾松香樟混交林的土壤化学性质和林木生长特征. 植物生态学报, 34（4）: 387-395.

李振问, 池善群, 黄长辉. 2001. 针叶林下套种阔叶树的效果与技术探讨. 林业科技开发, 10（S1）: 52-54.

刘国华, 傅伯杰, 陈利顶, 郭旭东. 2000. 中国生态退化的主要类型、特征及分布. 生态学报, 1（01）: 14-20.

刘海岗, 刘一, 黄忠良. 2008. 森林凋落物研究进展. 安徽农业科学, 36（3）: 1018-1020.

刘鸿雁. 2005. 缙云山森林群落次生演替中土壤特性动态变化及其影响因素研究. 西南农业大学博士学位论文.

刘鸿雁, 黄建国. 2005. 缙云山森林群落次生演替中土壤理化性质的动态变化. 应用生态学报, 16 (11): 2041-2046.

刘鸿雁, 邢丹, 肖玖军, 等. 2010. 铅锌矿渣场植被自然演替与基质的交互效应. 应用生态学报, 21 (12): 3217-3224.

刘建军. 1998. 林木根系生态研究综述. 西北林学院学报, 13 (3): 74-78.

刘丽丽, 金则新, 李建辉. 2010. 浙江大雷山夏蜡梅群落植物物种多样性及其与土壤因子相关性. 植物研究, 30 (1): 57-64.

刘世梁, 傅伯杰, 陈利顶, 等. 2003. 两种土壤质量变化的定量评价方法比较. 长江流域资源与环境, 12 (5): 422-426.

刘世梁, 傅伯杰, 刘国华, 马克明. 2006. 我国土壤质量及其评价研究的进展. 土壤通报, 1 (1): 137-143.

刘宪钊, 陆元昌, 周燕华. 2010. 退化次生林恢复过程中群落结构和生态位动态. 生态学杂志, 29 (1): 22-28.

刘勇, 王瑾瑜. 2010. 黄土高原植被演替过程中植被与土壤养分、水分关系研究进展. 吉林农业科学, 35 (5): 25-27.

刘中奇, 朱清科, 秦伟, 等. 2010. 半干旱黄土区自然恢复与人工造林恢复植被群落对比研究. 生态环境学报, 19 (4): 857-863.

罗东辉, 夏婧, 袁婧薇, 等. 2010. 我国西南山地喀斯特植被的根系生物量初探. 植物生态学报, 34 (5): 611-618.

吕刚, 曹小平, 卢慧, 等. 2010. 辽西海棠山森林枯落物持水与土壤贮水能力研究. 水土保持学报, 24 (3): 203-208.

吕刚, 吴祥云, 雷泽勇, 等. 2008. 辽西半干旱低山丘陵区人工林地表层土壤水文效应. 水土保持学报, 22 (5): 204-208.

马姜明, 刘世荣, 史作民, 等. 2009. 川西亚高山暗针叶林恢复过程中岷江冷杉天然更新状况及其影响因子. 植物生态学报, 33 (4): 646-657.

马姜明, 刘世荣, 史作民, 等. 2010. 退化森林生态系统恢复评价研究综述. 生态学报, 30 (12): 3297-3303.

马强, 宇万太, 赵少华, 等. 2004. 黑土农田土壤肥力质量综合评价. 应用生态学报, 15 (10): 1916-1920.

马钦彦. 1988. 油松林生物量—密度管理图. 北京林业大学学报, 45 (03): 67-76.

毛齐正, 杨喜田, 苗蕾. 2008. 植物根系构型的生态功能及其影响因素. 河南科学, 26 (2): 172-176.

梅莉, 王政权, 韩有志, 等. 2006. 水曲柳根系生物量、比根长和根长密度的分布格局. 应用生态学报, 17 (1): 1-4.

梅雪英, 张修峰. 2007. 崇明东滩湿地自然植被演替过程中储碳及固碳功能变化. 应用生态学报, 18（4）: 933-936.

孟京辉, 陆元昌, 刘刚, 等. 2010. 不同演替阶段的热带天然林土壤化学性质对比. 林业科学研究, 23（5）: 791-795.

莫江明, 薛碌花, 方运霆. 2004. 鼎湖山主要森林植物凋落物分解及其对 N 沉降的响应. 生态学报, 24（7）: 1413-1421.

欧芷阳, 苏志尧, 叶永昌, 等. 2009. 东莞地表植被对表层土壤化学特性的指示作用. 生态学报, 29（2）: 984-992.

彭少麟. 2002. 恢复生态学研究进展与我国发展战略. 生态安全与生态建设——中国科协 2002 年学术年会论文集.

彭少麟, 郝艳茹. 2005. 森林演替过程中根系分布的动态变化. 中山大学学报: 自然科学版, 44（5）: 65-69.

彭少麟, 刘强. 2002. 森林凋落物动态及其对全球变暖的响应. 生态学报, 22（9）: 1535-1546.

彭晚霞, 宋同清, 曾馥平, 等. 2010. 喀斯特常绿落叶阔叶混交林植物与土壤地形因子的耦合关系. 生态学报, 30（13）: 3472-3481.

彭镇华, 董林水, 张旭东, 等. 2005. 黄土高原水土流失严重地区植被恢复策略分析. 林业科学研究, 18（4）: 471-478.

齐泽民, 王开运, 张远彬, 等. 2009. 川西亚高山林线过渡带及邻近植被土壤性质. 生态学报, 29（12）: 6325-6332.

权伟, 连洪燕, 徐侠, 等. 2010. 武夷山不同海拔植被土壤细根生物量季节变化. 南京林业大学学报（自然科学版）, 34（3）: 1095-1103.

任建宏, 燕辉, 朱铭强, 等. 2010. 秦岭北坡 4 种植被类型的土壤养分状况和微生物特征比较研究. 水土保持研究, 17（4）: 228-232.

任丽娜, 王海燕, 丁国栋, 等. 2010. 华北土石山区人工林土壤健康评价研究. 水土保持学报, 24（6）: 46-52.

任晓旭, 蔡体久, 王笑峰. 2010. 不同植被恢复模式对矿区废弃地土壤养分的影响. 北京林业大学学报, 32（4）: 151-154.

沈会涛, 由文辉, 蒋跃. 天童常绿阔叶林不同演替阶段枯落物和土壤水文特征. 2010. 华东师范大学学报（自然科学版）, 2010（6）: 35-44.

沈泽昊. 2002. 山地森林样带植被-环境关系的多尺度研究. 生态学报, 22（04）: 461-470.

司彬, 姚小华, 任华东, 等. 2008. 黔中喀斯特植被自然演替过程中物种组成及多样性研究——以贵州省普定县为例. 林业科学研究, 21（5）: 669-674.

宋洪涛, 张劲峰, 田昆, 等. 2007. 滇西北亚高山地区黄背栎林植被演替过程中的林地土壤化学响应. 西部林业科学, 36（2）: 65-70.

孙昌平, 刘贤德, 雷蕾, 等. 2010. 祁连山不同林地类型土壤特性及其水源涵养功能. 水土保持通报, 30（4）: 68-72.

孙长安，王炜炜，董磊，等.2008.我国植被恢复对土壤性状影响研究综述.长江科学院院报，25（3）：6-8.

孙多.1994.苏南丘陵天然次生栎林根系分布特征和生物量结构的研究-中国森林生态系统的定位研究.哈尔滨：东北林业大学出版社.

索安宁，巨天珍，张俊华，等.2004.甘肃小陇山锐齿栎群落生物多样性特征分析.西北植物学报，24（10）：1877-1881.

陶宝先，张金池，林杰，等.2009.苏南丘陵不同林分类型土壤质量评价.南京林业大学学报（自然科学版），33（6）：74-78.

田大伦，朱小年，蔡宝玉，等.1989.杉木人工林生态系统凋落物的研究Ⅱ：凋落物的养分含量及分解速率.中南林学院学报，9（增）：45-55.

佟静秋，牟长城，赖富丽.2009.哈尔滨城市人工林自然演替趋势.东北林业大学学报，37（3）：24-25.

万猛，樊巍，田大伦.2008.太行山南麓栓皮栎林生物量和材积关系的探讨.安徽农业科学，36（4）：1437-1438.

王迪海，赵忠，李剑.2010.土壤水分对黄土高原主要造林树种细根表面积季节动态的影响.植物生态学报，34（7）：819-826.

王俊明，张兴昌.2010.退耕草地演替过程中植被根系的动态变化及其垂直分布.中国水土保持科学，8（4）：67-72.

王琳琳，陈云明，张飞，等.2010.黄土丘陵半干旱区人工林细根分布特征及土壤特性.水土保持通报，30（4）：27-31.

王乃江，张文辉，陆元昌，等.2010.陕西子午岭森林植物群落种间联结性.生态学报，30（1）：67-78.

王树堂，韩士杰，张军辉，等.2010.长白山阔叶红松林表层土壤木本植物细根生物量及其空间分布.应用生态学报，21（3）：583-589.

王鑫，胡玉昆，阿迪拉，等.2008.高寒草地主要类型土壤因子特征及对地上生物量的影响.干旱区资源与环境，22（3）：196-200.

王莹，李道亮.2005.煤矿废弃地植被恢复潜力评价模型.中国农业大学学报，10（2）：88-92.

王云琦，王玉杰，张洪江，等.2004.重庆缙云山几种典型植被枯落物水文特性研究.水土保持学报，18（3）：41-44.

王韵.2007.喀斯特地区土壤质量对植被演替的响应特征研究.湖南农业大学硕士学位论文.

王占孟，赵金荣.1993.陇东黄土高原沟壑区各立地类型水保适生树种的确认.中国水土保持，20（2）：39-43.

王志强，刘宝元，王旭艳，等.2007.黄土丘陵半干旱区人工林迹地土壤水分恢复研究.农业工程学报，23（11）：77-83.

魏振荣，肖云丽，李锐.2010.巴山山地退耕地植被自然恢复过程及物种多样性变化.中国水土保持科学，8（2）：99-104.

温仲明, 焦峰, 李静. 2009. 黄土丘陵区纸坊沟流域植被自然演替阶段的识别与量化分析. 水土保持研究, 16 (5): 40-44.

温仲明, 焦峰. 2009. 自然植被分布预测研究进展. 中国水土保持科学, 7 (5): 117-124.

吴承祯, 洪伟, 姜志林, 等. 2000. 我国森林凋落物研究进展. 江西农业大学学报, 22 (3): 405-410.

武春华, 陈云明, 王国梁. 2008. 黄土丘陵区典型群落特征及其与环境因子的关系. 水土保持学报, 22 (3): 64-69.

席青虎, 铁牛, 淑梅, 等. 2009. 寒温带兴安落叶松林天然更新研究. 林业资源管理, 16 (1): 44-48.

肖洋, 陈丽华, 余新晓. 2010. 北京密云麻栎人工混交林凋落物养分归还特征. 东北林业大学学报, 38 (7): 13-15.

谢瑾, 李朝丽, 李永梅, 等. 2011. 纳板河流域不同土地利用类型土壤质量评价. 应用生态学报, 22 (12): 3169-3176.

熊利民, 汪莉. 1992. 亚热带常绿阔叶林不同演替阶段土壤种子库的初步研究. 植物生态学与地植物学学报, 16 (3): 249-257.

熊能, 金则新, 顾婧婧, 等. 2010. 千岛湖次生林优势种种群结构与分布格局. 生态学杂志, 29 (5): 847-854.

胥晓刚, 杨冬生, 胡庭兴, 等. 2004. 建立坡面植被恢复群落质量评价体系的探讨. 水土保持学报, 18 (2): 189-191.

许建伟, 沈海龙, 张秀亮, 等. 2010. 我国东北东部林区花楸树的天然更新特征. 应用生态学报, 21 (1): 9-15.

许松葵, 薛立. 2010. 韶关地区 6 种阔叶树种幼林的凋落物持水特性研究. 水土保持通报, 30 (1): 59-62.

薛立, 何跃君, 屈明, 等. 2005. 华南典型人工林凋落物的持水特性. 植物生态学报, 29 (3) 415-421.

薛萐, 李占斌, 戴全厚, 等. 2009. 侵蚀环境撂荒地植物群落恢复动态研究. 中国水土保持科学, 7 (6): 14-19.

闫东锋, 杨喜田. 2011. 豫南山区典型林地土壤入渗特征及影响因素分析. 中国水土保持科学, 9 (6): 43-50.

闫明, 毕润成. 2009. 山西霍山植被分类及不同演替阶段群落物种多样性的比较分析. 植物资源与环境学报, 18 (03): 56-62.

阎恩荣, 王希华, 周武. 2008a. 天童常绿阔叶林不同退化群落的凋落物特征及与土壤养分动态的关系. 植物生态学报, 32 (1): 1-12.

阎恩荣, 王希华, 周武. 2008b. 天童常绿阔叶林演替系列植物群落的 N: P 化学计量特征. 植物生态学报, 32 (1): 13-22.

燕辉, 苏印泉, 朱昱燕, 等. 2009. 秦岭北坡杨树人工林细根分布与土壤特性的关系. 南京林业大学学报 (自然科学版), 33 (2): 85-89.

杨刚, 谢永宏, 陈心胜, 等. 2009. 退田还湖后洞庭湖区土壤颗粒组成和化学特性的变化. 生态学报, 29 (12): 6392-6400.

杨海龙, 王芳, 包昱峰, 等. 2008. 晋西黄土区蔡家川封禁流域植被演替规律. 水土保持研究, 15 (5): 129-131.

杨丽锝, 代力民, 张扬建. 2002. 长白山北坡暗针叶林倒木贮量和分解的研究. 应用生态学报, 13 (9): 1069-1071.

杨宁, 邹冬生, 李建国, 等. 2010. 衡阳盆地紫色土丘陵坡地主要植物群落自然恢复演替进程中种群生态位动态. 水土保持通报, 30 (4): 87-93.

杨万勤, 邓仁菊, 张健. 2007. 森林凋落物分解及其对全球气候变化的响应. 应用生态学报, 18 (22): 2889-2895.

杨喜田, 董惠英, 山寺喜成, 冯建灿. 2003. 播种造林种基盘基质的改良研究. 中国水土保持科学, 1 (4): 87-91.

杨喜田, 霍利娜, 赵宁, 等. 2009. 种基盘苗与营养钵苗根系生长和形态的差异. 中国水土保持科学, 7 (5): 48-51.

杨小林, 赵垦田, 马和平, 等. 2010. 拉萨半干旱河谷地带的植被数量生态研究. 林业科学, 46 (10): 15-22.

杨新兵, 张伟, 张建华, 等. 2010. 生态抚育对华北落叶松幼龄林枯落物和土壤水文效应的影响. 水土保持学报, 24 (1): 119-122.

姚强, 赵成章, 郝青, 等. 2010. 旱泉沟流域次生植被不同恢复阶段的多样性特征. 生态环境学报, 19 (4): 849-852.

殷秀琴, 宋博, 邱丽丽. 2007. 红松阔叶混交林凋落物-土壤动物-土壤系统中 N、P、K 的动态特征. 生态学报, 27 (1): 128-135.

银晓瑞, 梁存柱, 王立新, 等. 2010. 内蒙古典型草原不同恢复演替阶段植物养分化学计量学. 植物生态学报, 34 (1): 39-47.

尹锴, 崔胜辉, 赵千钧, 等. 2009. 基于冗余分析的城市森林林下层植物多样性预测. 生态学报, 29 (11): 6085-6094.

俞筱押, 李玉辉. 2010. 滇石林喀斯特植物群落不同演替阶段的溶痕生境中木本植物的更新特征. 植物生态学报, 34 (8): 889-897.

余作岳, 彭少麟. 1996. 热带亚热带退化生态系统植被恢复生态学研究. 广州:广东科技出版社.

袁金凤, 胡仁勇, 慎佳泓, 等. 2011. 四种不同演替阶段森林群落物种组成和多样性的比较研究. 植物研究, 31 (1): 61-66.

曾锋, 邱治军, 许秀玉. 2010. 森林凋落物分解研究进展. 生态环境学报, 19 (1): 239-243.

翟明普. 1993. 混交林和树种间关系的研究现状. 世界林业研究, 36 (01): 39-45.

张斌, 张金屯, 苏日古嘎, 等. 2009. 协惯量分析与典范对应分析在植物群落排序中的应用比较. 植物生态学报, 33 (5): 842-851.

张传余, 喻理飞, 姬广梅. 2011. 喀斯特地区不同演替阶段植物群落天然更新能力研究. 贵州农业科学，39（6）：155-158.

张春梅，焦峰，温仲明，等. 2011. 延河流域自然与人工植被地上生物量差异及其土壤水分效应的比较. 西北农林科技大学学报（自然科学版），39（4）：132-138.

张春雨，赵秀海，赵亚洲. 2009. 长白山温带森林不同演替阶段群落结构特征. 植物生态学报，33（6）：1090-1100.

张东来，毛子军，张玲，等. 2006. 森林凋落物分解过程中酶活性研究进展. 林业科学，42（1）：105-108.

张红，吕家珑，赵世伟. 2010. 子午岭林区植被演替下的土壤微生物响应. 西北林学院学报，25（2）：104-107.

张光富，郭传友. 2000. 恢复生态学研究历史. 安徽师范大学学报（自然科学版），24（04）：395-398.

张会儒，汤孟平. 2009. 金沟岭林场混交林 TWINSPAN 分类及演替序列分析. 南京林业大学学报（自然科学版），33（1）：37-42.

张江英，周华荣，高梅. 2007. 艾里克湖湿地植物群落特征指数与土壤因子的关系. 生态学杂志，26（7）：983-988.

张金屯. 2010. 数量生态学（第二版）. 北京：科学出版社.

张黎，于贵瑞，何洪林，等. 2009. 基于模型数据融合的长白山阔叶红松林碳循环模拟. 植物生态学报，33（6）：1044-1055.

张林海，曾从盛，仝川. 2010. 闽江河口湿地优势植物生物量与土壤因子灰色关联分析. 首都师范大学学报（自然科学版），31（4）：88-93.

张伟，陆宗芳，孙学刚，等. 2007. 林型尺度森林植被恢复评价指标体系的构建. 甘肃农业大学学报，42（5）：114-118.

张象君，王庆成，郝龙飞，等. 2011. 长白落叶松人工林林隙间伐对林下更新及植物多样性的影响. 林业科学，47（8）：7-13.

张小朋，殷有，于立忠，等. 2010. 土壤水分与养分对树木细根生物量及生产力的影响. 浙江林学院学报，27（4）：606-613.

张秀娟，吴楚，梅莉，等. 2006. 水曲柳和落叶松人工林根系分解与养分释放. 应用生态学报，17（8）：1370-137.

张野. 2010. 不同植被恢复措施对退化红壤物理性状的影响. 福建农林大学硕士学位论文.

张治伟，傅瓦利，张洪，袁红，朱章雄，文志林，李芹. 2009. 石灰岩土壤结构稳定性及影响因素研究.水土保持学报，23（01）：164-168.

张治伟，朱章雄，王燕，等. 2010. 岩溶坡地不同利用类型土壤入渗性能及其影响因素. 农业工程学报，26（6）：71-76.

章家恩，徐琪. 1997. 现代生态学研究的几大热点问题透视.地理科学进展，16（03）：31-39.

赵成章，姚强，郝青，等. 2010. 东祁连山地次生林演替过程中种群格局动态. 山地学报，28（2）：234-239.

赵德怀，李素清. 2011. 晋西北丘陵风沙区人工植被数量分类与排序研究. 山西师范大学学报（自然科学版），25（1）：103-109.

赵景学，曲广鹏，多吉顿珠，等. 2011. 藏北高寒植被群落物种多样性与土壤环境因子的关系. 干旱区资源与环境，25（6）：105-108.

赵鹏武，宋彩玲，苏日娜，等. 2009. 森林生态系统凋落物研究综述. 内蒙古农业大学学报（自然科学版），30（2）：292-299.

赵伟，金慧，李江楠，等. 2010. 长白山北坡天然次生杨桦林群落演替状态. 东北林业大学学报，38（12）：1-3.

赵勇，陈桢，樊巍，王谦，杨喜田. 2010. 太行山低山丘陵区 7 种典型植物水分利用特征. 中国水土保持科学，8（05）：61-66.

赵勇，樊巍，范国强. 2008. 黄河小浪底库区山地植物群落恢复进程研究. 北京林业大学学报，30（2）：33-38.

赵勇，樊巍，吴明作，等. 2009. 太行山丘陵区刺槐人工林主要养分元素分配及循环特征. 中国水土保持科学，7（5）：111-116.

赵勇，王鹏飞，樊巍，等. 2009. 太行山丘陵区不同龄级栓皮栎人工林养分循环特征. 中国水土保持科学，7（4）：66-71.

赵勇，吴明作，樊巍，等. 2009. 太行山针、阔叶森林凋落物分解及养分归还比较. 自然资源学报，24（9）：1616-1624.

赵勇. 2007. 太行山低山丘陵区退化生态系统植被恢复过程生态特征分析与评价. 河南农业大学博士学位论文.

郑粉莉，张锋，王彬. 2010. 近 100 年植被破坏侵蚀环境下土壤质量退化过程的定量评价. 生态学报，30（22）：6044-6051.

周存宇. 2003. 凋落物在森林生态系统中的作用及其研究进展. 湖北农学院学报，23（2）：140-145.

周会萍，蔡祖国，牛德奎. 2010. 江西吉安退化湿地松群落土壤物理性质及养分状况研究. 西北林学院学报，25（4）：7-10.

周璟，张旭东，周金星，等. 2009. 我国植被恢复对土壤质量的影响研究综述. 世界林业研究，22（2）：56-61.

庄家尧，张金池，林杰，等. 2007. 安徽省大别山区上舍小流域植被根系与土壤抗冲性研究. 中国水土保持科学，5（6）：45-49.

Allison S D，Gartner T B，Mack M C，et al. 2010. Nitrogen alters carbon dynamics during early succession in boreal forest. Soil Biology and Biochemistry，42（7）：1157-1164.

Aronson J，Blignaut J N，Aronson T B. 2017. Conceptual frameworks and references for landscape-scale restoration: reflecting back and looking forward. Annals of the Missouri Botanical Garden，102（2）：188-200.

Banning N C，Grant C D，Jones D L，et al. 2008. Recovery of soil organic matter，organic matter turnover and nitrogen cycling in a post-mining forest rehabilitation chronosequence. Soil Biology and Biochemistry，40（8）：2021-2031.

Berg B，Berg M I，Botner P. 1993. Litter mass loss rates in pine forests of Europe and Eastern United States：some relationships with climate and litter quality. Biogeochemistry，20（3）：127-153.

Browning B J，Jordan G J，Dalton P J，et al. 2010. Succession of mosses，liverworts and ferns on coarse woody debris，in relation to forest age and log decay in Tasmanian wet eucalypt forest. Forest Ecology and Management，260（10）：1896-1905.

Burga C A，Krüsi B，Egli M，et al. 2010. Plant succession and soil development on the foreland of the Morteratsch glacier（Pontresina，Switzerland）：straight forward or chaotic?，Flora，205（9）：561-576.

Campetella G，Botta-Dukát Z，Wellstein C，et al. 2011. Patterns of plant trait-environment relationships along a forest succession chronosequence. Agriculture，Ecosystems & Environment，145（1）：38-48.

Castillo-Núñez M，Sánchez-Azofeifa G A，Croitoru A，et al. 2011. Delineation of secondary succession mechanisms for tropical dry forests using LiDAR. Remote Sensing of Environment，115（9）：2217-2231.

Chen S，Zou J，Hu Z，et al. 2014. Global annual soil respiration in relation to climate, soil properties and vegetation characteristics：Summary of available data. Agricultural and forest meteorology，198：335-346.

Chrimes D，Nilson K. 2005. Overstorey density influence on the height of regeneration in northern Sweden. Forestry，254（78）：433-442.

Clark A L，St Clair S B. 2011. Mycorrhizas and secondary succession in aspen-conifer forests：Light limitation differentially affects a dominant early and late successional species. Forest Ecology and Management，262（2）：203-207.

Dietrich H，Marieke A H，Christoph L. 2009. Conversion of a tropical forest into agroforest alters the fine root-related carbon flux to the soil. Soil Biology & Biochemistry，41（3）：481-490.

Diochon A，Kellman L，Beltrami H. 2009. Looking deeper：An investigation of soil carbon losses following harvesting from a managed northeastern red spruce（Picea rubens Sarg. ）forest chronosequence. Forest Ecology and Management，257（2）：413-420.

Dirk G，Dietrich H，Werner B，et al. 2008. Effects of experimental drought on the fine root system of mature Norway spruce. Forest Ecology and Management，256（5）：1151-1159.

Ebermayer E. 2013. Die gesammte Lehre der Waldstreu mit Rücksicht auf die chemische Statik des Waldbaues. Unter Zugrundlegung der in den Königl. Staatsforsten Bayerns angestellten Untersuchungen. Springer Berlin Heidelberg.

Edmonds R L，Thomas T B. 1995. Decomposition and nutrient release from green needles of western hemlock anti Pacific silver fir in an old-growth temperate rainforests. Olympic National Park

Washington Canadian Journal of Botany, 25 (7): 1049-1057.

Etterson M A, Etterson J R, Cuthbert F J. 2007. A robust new method for analyzing community change and an example sing 83 years of avian response to forest succession. Biological Conservation, 138 (3-4): 381-389.

Fabienne V R. 2009. Succession stage variation in population size in an early-successional herb in a peri-urban forest. Acta Oecologica, 35 (2): 261-268.

Faleelli M, Pickett S T A. 1991. Plant litter: its dynamics and efects On plant community stnlcture. The Botanical Review, 57 (1): 1-32.

Falkowski M J, Evans J S, Martinuzzi S, et al. 2009. Characterizing forest succession with lidar data: An evaluation for the Inland Northwest, USA. Remote Sensing of Environment, 113 (5): 946-956.

Fonseca W, Benayas J M R, Alice F E. 2011. Carbon accumulation in the biomass and soil of different aged secondary forests in the humid tropics of Costa Rica. Forest Ecology and Management, 262 (8): 1400-1408.

Fransen B, Kroon H D, Berendse F. 1998. Root morphological plasticity and nutrient acquisition of perennial grass species from habitats of different nutrient availability. Oecologia, 115 (3): 351-358.

Frouz J, Prach K, Pižl V, et al. 2008. Interactions between soil development, vegetation and soil fauna during spontaneous succession in post mining sites. European Journal of Soil Biology, 44 (1): 109-121.

Fujimaki R, Tateno R, Hirobe M, et al. 2004. Fine root mass in relation to soil N supply in a cool temperate forest. Ecological Research, 19 (5): 559-562.

Fukushima M, Kanzaki M, Hara M, et al. 2008. Secondary forest succession after the cessation of swidden cultivation in the montane forest area in Northern Thailand. Forest Ecology and Management, 255 (5-6): 1994-2006.

Gassibe P V, Fabero R F, Hernández-Rodríguez M, et al. 2011. Fungal community succession following wildfire in a Mediterranean vegetation type dominated by Pinus pinaster in Northwest Spain. Forest Ecology and Management, 262 (4): 655-662.

Gaudinski J B, Trumbore S E, Davidson E A, et al. 2001. The age of fine root carbon in three forests of the eastern United States measured by radio carbon. Ecologia, 129 (3): 420-429.

Gellie N J C, Mills J G, Breed M F, et al. 2017. Revegetation rewilds the soil bacterial microbiome of an old field. Molecular ecology, 26 (11): 2895-2904.

Gordon W, Jackson R B. 2000. Nutrient concentrations in fine roots. Ecology, 81 (1): 275-280.

Gough C M, Vogel C S, Hardiman B, et al. 2010. Wood net primary production resilience in an unmanaged forest transitioning from early to middle succession. Forest Ecology and Management, 260 (1): 36-41.

Gray J M, Humphreys G S, Deckers J A. 2009. Relationships in soil distribution as revealed by a global soil database. Geoderma, 150 (3-4): 309-323.

Groeneveld J, Alves L F, Bernacci L C, et al. 2009. The impact of fragmentation and density regulation on forest succession in the Atlantic rainforest. Ecological Modelling, 220 (19): 2450-2459.

Hartter J, Lucas C, Gaughan A E, et al. 2008. Detecting tropical dry forest succession in a shifting cultivation mosaic of the Yucatán Peninsula, Mexico. Applied Geography, 28 (2): 134-149.

Hassler S K, Zimmermann B, Van-Breugel M, et al. 2011. Recovery of saturated hydraulic conductivity under secondary succession on former pasture in the humid tropics. Forest Ecology and Management, 261 (10): 1634-1642.

Hingston A B, Grove S. 2010. From clearfell coupe to old-growth forest: Succession of bird assemblages in Tasmanian lowland wet eucalypt forests. Forest Ecology and Management, 259 (3): 459-468.

John P D, Bruce H, David C, et al. 2004. Fine root dynamics along an elevational gradient in the southern Appalachian Mountains, USA. Forest Ecology and Management, 187 (1): 19-34.

Johannes M M. 2000. Dynamics of soil nitrogen and carbon accumulation for 61 years after agricultural abandonment. Ecology, 81 (1): 88-99.

Jr H H, Pope K L, Wheeler C A. 2008. Using multiple metrics to assess the effects of forest succession on population status: A comparative study of two terrestrial salamanders in the US Pacific Northwest. Biological Conservation, 141 (4): 1149-1160.

Kalacska M, Sanchez-Azofeifa G A, Rivard B, et al. 2007. Ecological fingerprinting of ecosystem succession: Estimating secondary tropical dry forest structure and diversity using imaging spectroscopy. Remote Sensing of Environment, 108 (1): 82-96.

Karev G P, Korotkov V N. 2008. Ergodicity and successions in Prioksko-Terrasnyi Biosphere Reserve. Ecological Modelling, 212 (12): 116-121.

Ladislav H. 2008. Nematode assemblages indicate soil restoration on colliery spoils afforested by planting different tree species and by natural succession. Applied Soil Ecology, 40 (1): 86-99.

Ladislav H. 2010. An outline of soil nematode succession on abandoned fields in South Bohemia. Applied Soil Ecology, 46 (3): 355-371.

Lebrija T E, Meave J A, Poorter L, et al. 2010. Pathways, mechanisms and predictability of vegetation change during tropical dry forest succession. Perspectives in Plant Ecology, Evolution and Systematics, 12 (4): 267-275.

Leprun J, Grouzis M, Randriambanona H. 2009. Post-cropping change and dynamics in soil and vegetation properties after forest clearing: Example of the semi-arid Mikea Region (southwestern Madagascar). Comptes Rendus Geoscience, 341 (7): 526-537.

Letcher S G, Chazdon R L. 2009. Lianas and self-supporting plants during tropical forest succession.

Forest Ecology and Management，257（10）：2150-2156.

Li H，Mausel P，Brondizio E，et al. 2010. A framework for creating and validating a non-linear spectrum-biomass model to estimate the secondary succession biomass in moist tropical forests. ISPRS Journal of Photogrammetry and Remote Sensing，65（2）：241-254.

Liebsch D，Marques M C M，Goldenberg R. 2008. How long does the Atlantic Rain Forest take to recover after a disturbance? Changes in species composition and ecological features during secondary succession. Biological Conservation，141（6）：1717-1725.

Liu K，Fang Y，Yu F，et al. 2010. Soil Acidification in Response to Acid Deposition in Three Subtropical Forests of Subtropical China. Pedosphere，20（3）：399-408.

Maguire D A. 1994. Branch mortality and potential litter fall from Douglas-fir trees in stands of varying density. Forest Ecology and Management，70（1-3）：41-53.

Manning R，Valliere W，Minteer B. 1999. Values，ethics，and attitudes toward national forest management：An empirical study[J]. Society & Natural Resources，12（5）：421-436.

Matuszewski S，Bajerlein D，Konwerski S，et al. 2010. Insect succession and carrion decomposition in selected forests of Central Europe. Part 2：Composition and residency patterns of carrion fauna. Forensic Science International，195（1-3）：42-51.

Matuszewski S，Bajerlein D，Konwerski S，et al. 2010. Insect succession and carrion decomposition in selected forests of Central Europe. Part 1：Pattern and rate of decomposition. Forensic Science International，194（1-3）：85-93.

Mcnamara N P，Griffiths R I，Tabouret A，et al. 2007. The sensitivity of a forest soil microbial community to acute gamma-irradiation. Applied Soil Ecology，37（1-2）：1-9.

Meli P，Holl K D，Benayas J M R，et al. 2017. A global review of past land use，climate，and active vs. passive restoration effects on forest recovery. PloS one，12（2）：e0171368.

Merilä P，Malmivaara-Lämsä M，Spetz P，et al. 2010. Soil organic matter quality as a link between microbial community structure and vegetation composition along a successional gradient in a boreal forest. Applied Soil Ecology，46（2）：259-267.

Negrete Y S，Fragoso C，Newton A C，et al. 2007. Successional changes in soil，litter and macroinvertebrate parameters following selective logging in a Mexican Cloud Forest. Applied Soil Ecology，35（2）：340-355.

Neumanncosel L，Zimmermann B，Hall J S，et al. 2011. Soil carbon dynamics under young tropical secondary forests on former pastures—A case study from Panama. Forest Ecology & Management，261（10）：1625-1633.

Ostonen I，Lohmus K，Pajuste K. 2005. Fine root biomass，production and its proportion of NPP in a fertile middleaged Norway spruce forest：Comparison of soil core and in growth core methods. Forest Ecology and Management，212（2）：264-277.

Rammig A，Fahse L. 2009. Simulating forest succession after blowdown events：The crucial role of space for a realistic management. Ecological Modelling, 220 (24): 3555-3564.

Rammig A, Fahse L, Bebi P, et al. 2007. Wind disturbance in mountain forests: Simulating the impact of management strategies, seed supply, and ungulate browsing on forest succession. Forest Ecology and Management, 242 (2-3): 142-154.

Ranatunga K, Keenan R J, Wullschleger S D, et al. 2008. Effects of harvest management practices on forest biomass and soil carbon in eucalypt forests in New South Wales, Australia: Simulations with the forest succession model LINKAGES. Forest Ecology and Management, 255 (7): 2407-2415.

Rogers P C, Ryel R J. 2008. Lichen community change in response to succession in aspen forests of the southern Rocky Mountains. Forest Ecology and Management, 256 (10): 1760-1770.

Sánchez-Azofeifa G A, Kalácska M, Espírito-Santo M M D, et al. 2009. Tropical dry forest succession and the contribution of lianas to wood area index (WAI). Forest Ecology and Management, 258 (6): 941-948.

SER. 2013. The SER international primer on ecological restoration, Version 2. Society for Ecological Restoration Science and Policy Working Group, Tucson, Arizona.

Styger E, Rakotondramasy H M, Pfeffer M J, et al. 2007. Influence of slash-and-burn farming practices on fallow succession and land degradation in the rainforest region of Madagascar. Agriculture, Ecosystems & Environment, 119 (3-4): 257-269.

Sun D, Dickinson G. 1995. Direct seeding for rehabilitation of degraded lands in north-east Queensland. Australian Journal of Soil and Water Conservation, 8: 14-17.

Vander K J, Yassir I, Buurman P. 2009. Soil carbon changes upon secondary succession in Imperata grasslands (East Kalimantan, Indonesia). Geoderma, 149 (1-2): 76-83.

Villarin L A, Chapin D M, Jones J E I. 2009. Riparian forest structure and succession in second-growth stands of the central Cascade Mountains, Washington, USA. Forest Ecology and Management, 257 (5): 1375-1385.

Visscher D R, Merrill E H. 2009. Temporal dynamics of forage succession for elk at two scales: Implications of forest management. Forest Ecology and Management, 257 (1): 96-106.

Wainwright CE, Staples TL, Charles LS, et al. 2017. Links between community ecology theory and ecological restoration are on the rise. Journal of Applied Ecology. https: //doi.org/10.1111/1365-2664.12975

Wang J, Ren H, Yang L, et al. 2009. Soil seed banks in four 22-year-old plantations in South China: Implications for restoration. Forest Ecology and Management, 258 (9): 2000-2006.

Wells C E, Eissenstat D M. 2001. Marked differences in survivor ship among apple roots of different diameters. Ecology, 82 (3): 882-892.

Yassir I, Vander K J, Buurman P. 2010. Secondary succession after fire in Imperata grasslands of East Kalimantan, Indonesia. Agriculture, Ecosystems & Environment, 137 (1-2): 172-182.

Yin Y，Wu Y，Bartell S M，et al. 2009. Patterns of forest succession and impacts of flood in the Upper Mississippi River floodplain ecosystem. Ecological Complexity，6（4）：463-472.

Yin Y，Wu Y，Bartell S M. 2009. A spatial simulation model for forest succession in the Upper Mississippi River floodplain. Ecological Complexity，6（4）：494-502.

Zhang L，Wang J，Bai Z，et al. 2015. Effects of vegetation on runoff and soil erosion on reclaimed land in an opencast coal-mine dump in a loess area. Catena，128：44-53.

Zhou Z，Zhou P，Shang G. 2007. Vertical distribution of Wne roots in relation to soil factors in Pinus tabulaeformis Carr. forest of the Loess Plateau of China. Plant Soil，291（1-2）：119-129.